建设工程工程量清单计价规范(GB 50500—2003)应用软件丛书

三维算量 2003 软件

使用手册及工程实例高级教程

深圳市清华斯维尔软件科技有限公司　编著

中国建筑工业出版社

图书在版编目(CIP)数据

三维算量 2003 软件使用手册及工程实例高级教程/深圳市清华斯维尔软件科技有限公司编著.—北京:中国建筑工业出版社,2003

(建设工程工程量清单计价规范(GB 50500—2003)应用软件丛书)

ISBN 7-112-06092-3

Ⅰ.三…　Ⅱ.深…　Ⅲ.建筑装饰—工程造价—应用软件.三维算量 2003　Ⅳ.TU723.3-39

中国版本图书馆 CIP 数据核字(2003)第 097171 号

建设工程工程量清单计价规范(GB 50500—2003)应用软件丛书

三维算量 2003 软件
使用手册及工程实例高级教程
深圳市清华斯维尔软件科技有限公司　编著

*

中国建筑工业出版社出版、发行(北京西郊百万庄)

新 华 书 店 经 销

北京市彩桥印刷厂印刷

*

开本:787×1092 毫米　1/16　印张:22½　字数:560 千字
2003 年 11 月第一版　2004 年 7 月第二次印刷
印数:4,001—5,200 册　定价:60.00 元(含光盘)

ISBN 7-112-06092-3
TU·5358 (12105)

工程量计算一直是工程造价计算工作的难点，费时费力。三维算量软件是国内首创基于设计院 AutoCAD 平台的算量软件，以先进的技术解决了工程造价中的这一难题。该软件于 2000 年 8 月通过国家建设部鉴定，达国内领先水平。本书详细的介绍了三维算量软件强大的功能，并通过工程实例教会读者使用三维算量软件进行工程量计算和钢筋抽量计算。

本书包括三个部分及随书光盘。第一部分简要介绍了建设工程工程量清单计价规范。第二部分是三维算量的使用手册，详细介绍了软件安装、功能、使用及维护方法。第三部分通过一个实例工程，讲述如何建立工程量计算模型、钢筋模型、套清单子目及定额子目，最终计算出清单工程量及定额工程量。随书光盘提供了可供读者实际操作的三维算量 7.0 及 2003 评估版软件，并收录了约 6 个多小时用软件完成该工程实例的操作讲解录像。

本书结构清晰，内容丰富，并且注重理论与实践相结合，相信读者通过本书的学习以及实践，定会获益匪浅，成为算量高手。

本书适合的读者范围很广，学生、教师、造价工程师、概预算人员及业界实践者都能从本书获益。

* * *

责任编辑：刘爱灵

责任设计：孙　梅

责任校对：黄　燕

前　言

　　《建设工程工程量清单计价规范》(GB 50500—2003)已于 2003 年 7 月 1 日在全国范围内正式实施，这是我国工程造价管理改革的一大里程碑。

　　规范(GB 50500—2003)规定招标人在编制工程量清单时必须遵守"四统一"规则，按照全国统一的工程量计算规则计算清单工程量。但是同时，招标单位需要编制标底、投标单位需要计算投标报价，他们还都需要按照套挂定额的做法来进行计价，定额的工程量一般情况下需要沿用当地确定的工程量计算规则或者企业根据自身的施工管理水平确定的计算规则。因此工程量计算软件需要同时包含两套工程量计算规则：一套满足招投标需要的全国统一的清单工程量计算规则，一套满足将来单价分析计价需要的定额工程量计算规则。招标方与投标方对工程量计算软件的要求是不一样的。

　　三维可视化工程量智能计算软件(注册商标为"三维算量")是国内技术领先的基于完备三维空间模型的工程量计算及钢筋抽量计算软件。经多年的研究开发，本软件已经做得相当深入细致，可以精确计算出建筑、结构、装饰工程量以及钢筋用量。本版是最新的研发成果，在其中电子文档自动识别得到了全面优化，识别操作简单，识别正确率接近 100％。可快速、准确地识别出轴网、柱、梁、墙、门窗洞口、人工挖孔桩、预制桩等构件和柱筋、梁筋、墙筋、板筋等钢筋。另外，在国标清单规范的支持上，三维算量支持国标清单算量，定额算量，清单定额算量相结合，可以输出招标方的招标工程量清单，也可以输出投标方报价所需要的，根据实际施工要求的定额工程量清单，二者有机结合，充分体现国标清单规范算量报价的优点。

一、国内工程量计算软件发展历程

　　为了解决繁琐的工程量计算问题，人们开发了各种各样的工程量计算软件。迄今为止，已先后有三代计量软件问世。

　　第一代算量软件：(1990～1995 年)**表格参数法算量软件**

　　原理：使用与手工算量类似的方法，分构件类型、分建筑部位列出算量表格，并由用户从施工图中查出相关参数录入电脑，由电脑进行工程量计算及汇总。

　　优势：与手工算法十分接近，易于用户掌握使用。

　　弱势：难以描述构件之间的几何连接关系，不能进行工程量自动扣减。

　　举例：清华斯维尔《工程量计算、钢筋抽量及计价一体化电脑软件》

　　第二代算量软件：(1995～2000 年)**二维图形法算量软件**

　　原理：使用二维图形技术，将施工图录入电脑，并套用定额，由电脑进行工程量计算及汇总。

　　优势：能自动判定构件之间的几何关系，进一步提高了工程量计算的自动化程度。

　　弱势：只能处理二维图形，不能直观描述较复杂的建筑构件；

缺乏严谨的数学空间模型,计算复杂建筑物时容易出现误差;

不能利用设计院的施工图电子文档,用户录入图形操作复杂。

举例:目前国内绝大部分图形算量软件均属此类软件。

第三代算量软件:(2000～现在)**三维算量软件**

原理:使用设计院广泛采用的 AutoCAD 设计平台,实现快速三维图形建模,并套用定额,由电脑自动进行工程量计算及汇总。

优势:快速三维图形建模,用户操作更加简便、直观;

拥有十分严谨的数学空间模型,计算精度高、速度快;

可直接识别利用设计院施工图电子文档,彻底改变算量工作方法。

弱势:需要用户具备基本的图形操作知识。

举例:清华斯维尔《三维可视化工程量智能计算软件》。

二、清华斯维尔三维算量软件设计思路

目前国内流行的二维图形法缺点主要在于:

1. 这种图形平台数学模型不完备,不能较真实地虚拟现实建筑,未能真正实现图形直观的特长,只能提供二维的图形。

2. 操作不方便:图形的系统的优势在于其编辑能力,自行开发的平台受限于国内图形开发能力的不足,不能提供方便易用的操作。而开发一个实用的图形平台绝非短期能达到。

3. 不能对接施工图设计单位的设计成果,不能充分利用已有资源。设计单位的大量施工图设计成果并未因图形算法的引入而为其下游的、繁琐的工程量计算带来任何方便。

因此,国内目前的图形法实质上是参数法的一种延伸,以"参数为主,图形为辅"的一种参数图形法软件,不是真正意义上的图形算量软件。但其比起表格法来,在工程量计算软件发展上是迈进了一大步。

对于用户来说,需要的是一套真正的图形算量软件,并且希望从设计院得到设计成果后,通过一个转换,自动生成预、结算用的数据文件,完成工程量的计算。目前,设计单位的设计成果主要是具有法定依据的以纸为介质提供的施工蓝图,随着技术的进步和人们观念的更新,特别是三维算量软件的电子文档智能识别功能推出后,设计院绘制蓝图的电子文档已经广泛的被建设方、施工方、造价咨询公司、政府审计及主管部门所利用,用于快速计算工程量。

三维算量软件的电子文档自动识别技术先进之处在于可以识别电子文档上的表格文字。若有文字标注、构件尺寸,系统以识别的文字为准、否则才以图形的绘制尺寸为主。这一点同人工读图来算量的做法是一致的,因而有非常高的识别准确率和可信度。

随着市场竞争的加剧、行业信息化程度的提高,电子数据交换的需求越来越大。技术进步和市场需求推动设计院的电子文档在社会上,同纸介质图纸一起流转。三维算量的广泛使用是算量工作的一场革命。

"三维可视化工程量智能计算软件",由深圳市清华斯维尔软件科技有限公司开发的一套图形算量软件,是在设计单位已普遍采用的设计平台——AutoCAD 平台上所作的二次开发应用。

《三维可视化工程量智能计算软件》利用"可视化技术",采用"虚拟施工"的方式,将建筑

工程中的工程量信息抽象为柱、梁、板、墙、形体、轮廓、钢筋等构件,在 AutoCAD 平台上,通过导入设计施工图的电子文档,自动识别图形的位置和形状,转化成各种建筑结构构件,利用 AutoCAD 强大的图形支撑,帮助造价编制人员在计算机的虚拟三维空间中将真实建筑物象搭积木般"搭建"起来。在自动分析了构件与构件的几何拓扑关系之后,产生工程造价所需的工程量。

三、"三维可视化工程量智能计算软件"的主要特点

《三维可视化工程量智能计算软件》自 2000 年推向市场以来,先后通过了国家建设部科技成果鉴定,以及四川省、湖南省、广东省等多个省、市造价主管部门认证测评,认定该软件在国内达到了领先水平,并发文在全国范围内推广应用。目前,在全国各地已拥有上千家用户。

其主要以下几个方面的特点:

1. 操作方便。"三维可视化工程量智能计算软件"综合考虑了工程算量的特点,所有的操作都以构件作为组织对象,建立工程人员熟悉的工程模型。系统以 AutoCAD R14 作为图形平台,采用傻瓜式的操作界面,即使您从来没有接触过 AutoCAD,也能方便的使用。或者说,您根本不用关心 AutoCAD 是如何使用的。

2. 自动识别设计单位建施或结施电子文档,采用独创的优化设计方案,有效利用电子图档,快速识别出轴网、柱、梁、墙、门窗、柱钢筋、梁钢筋、墙钢筋、板钢筋,图纸识别率达到 95% 以上,图纸识别的准确达到 100%。

3. 三维直观,是国内第一个基于"三维建模"的图形算量软件。您可以在三维立体可视化的环境中监督整个建模和计算过程,通过系统提供的可视化修改查询工具,对模型的所有细节信息进行控制。强大的检查修改功能是您用的放心、使的方便。

4. 精确建模、准确的内置计算规则,自动完成构件之间的相关扣减,自动计算出准确的工程量计算结果。

5. 自动套定额,采用优化算法,自动套上定额,并提供完整的换算信息,导入计价软件后不用换算调整,直接计算出计价结果,实现了三维算量软件和计价软件的无缝连接。

6. 钢筋抽量一体化。很多工程量计算软件没有钢筋计算能力,其钢筋计算是另外一个独立的应用程序。本系统工程量计算和钢筋抽量整合于一体,钢筋计算时可从构件几何尺寸中直接读取有关数据,真实捕捉了结构设计工程师全盘配筋设计思路。

7. 实现图形法和参数法的有机整合。

8. 开放的完整的报表系统,给出用户需要的所有报表。报表中的工程量带有详细计算式,便于用户核对。钢筋报表中给出钢筋简图,便于用户施工使用。

9. 支持国标清单规范。

四、工程量计算软件展望

在成功开发建筑工程工程量计算软件的基础上,公司正在开发安装、市政等专业工程的工程量计算软件。

此外,在三维可视化工程量智能计算软件三维建模的"预算图"上不仅可以挂接定额、施工方法信息,这样,就可以为施工投标方提供一个虚拟施工过程的投档方案,还能为工程施

工过程中的管理人员提供一个可视化的直观的工程管理解决方案。

五、本书使用约定

、　在我们《三维可视化工程量智能计算软件》中，可以通过"网状方式"调用各个功能命令，即同一个功能命令可以通过多种方式激活，用户可以根据自己的习惯选择操作的方式（详细请参见本书2.2.2访问命令的方法）。

对本手册中涉及的操作词语作如下约定：

1. 关于鼠标的操作

所有使用过 Windows 操作系统的用户都知道，Windows 操作系统以及 Windows 环境下的应用软件的使用，均是以熟练操作鼠标为前提的，"清华斯维尔三维算量软件"7.0 版本也不例外。

在鼠标的使用过程中，主要的操作有单击、双击、拖动、单击右键。表一中对 Windows 环境中的鼠标操作做了简要的说明。

表一

鼠标操作	说　明
单击（点击）	指向屏幕上的某个项目，然后快速按下和释放鼠标左键。单击操作是指点击鼠标左键。
双击	指向屏幕上的某个项目，然后快速按下和释放鼠标左键两次。双击操作是指双击鼠标左键。
拖动	指向屏幕上的某个项目，按住鼠标左键，然后拖动鼠标。
单击右键	指向屏幕上的某个项目，快速按下和释放鼠标右键。右击操作是指单击鼠标右键。
指向	移动鼠标，将鼠标指针放到某个项目上。

利用鼠标的上述5种基本操作，可以进行选定项目、激活菜单和操作各种对话框。

2. 本软件的菜单使用方法与 Windows 系统的其他应用程序相同，都遵循表二所列的共同的菜单命令约定。

菜单命令约定　　　　　　　　　　表二

菜　单　形　式	约　定　内　容
深色命令名	应用程序当前可以直接使用这些命令。
暗淡的（灰色）命令名	应用程序当前不能直接使用这些命令，或在使用该命令前需要先选择另一项。
命令名后跟省略号（……）	选择此命令后会出现一个对话框，要求设置执行该命令的有关选项。
命令名旁的选择标记（√）	此命令是当前正在使用的，通过再次选择可以删除该标记。
命令名旁的组合键	组合键是命令的使用方法，使用组合键可以在不打开下拉菜单的情况直接调用该命令。
命令名旁的三角形	选择此命令后弹出一个下拉菜单，列出更明细的选项。

3. 叙述方法上的约定

在 Windows 环境下的应用程序都有各种菜单、菜单命令和各种对话框。在本书中，对这些部件在叙述上做如下约定。

为了叙述的方便，在本教程中一般只介绍了一种激活命令的方式，通过菜单命令调用。如"工程\工程属性"命令，用户可以在屏幕上部的菜单中，通过鼠标左键单击"工程"菜单选项,激活下拉式"工程"菜单,然后移动光标到"工程属性"命令选项,单击鼠标左键激活"工程\工程属性"命令。

软件的改进和完善是无止境的。我们真诚的期望您能提出宝贵的意见。

由于本教材编写的时间比较紧凑,书中如有错误或不当之处,恳请读者朋友批评指正。谨此,深表感谢!

如果您还有不明白的地方或建议,可直接与清华斯维尔科技有限公司有关部门联系,或登录我们的网站 http://www.thsware.com。我们将认真答复您所提出的问题,您的支持是我们前进的动力。

深圳市清华斯维尔软件科技有限公司
参加编写人员
彭明、张立杰、国舰、赵善灵、彭学、刘罗兵、
张卫婷、袁宝兴、徐立兵、黄红丽、龙乃武、
李浩、喻辉、张志国、罗䨲

随书光盘制作人员
彭伟、陈伟、胡光明、张涛、刘晓丹

目　　录

第一部分　建设工程工程量清单计价规范(GB 50500—2003)简介

第二部分　三维算量7.0及2003使用手册

第三部分　三维算量 7.0 工程实例高级教程

第一部分 建设工程工程量清单计价规范（GB 50500—2003）简介

第1章 建设工程工程量清单计价规范要点简介

工程量清单计价在国外发展较早，各国的做法也各不相同。英国自19世纪开始出现工料测量师（Quantity Surveyor）制度，至今已逐步形成一套严谨有序的工料测量规范系统—SMM7，这一制度传播到一些地区和英联邦国家，示范并影响了当地的做法，如香港、南非等地区和国家。英国 SMM7 分类和编码是由专业协会皇家注册测量师学会牵头，联合相关的一些协会制定。而美国多数采用 CSI（Construction Specification Institute）协会或一些较大的工程顾问公司如 R. S. Means 公司的制度，工程项目的分类和编码多数由 CSI 编制。

为了规范建设工程的计价行为，统一建设工程的计价规则，使我国工程造价计价体系逐步与国际惯例接轨，2002年2月28日建设部制定《建设工程工程量清单计价规范》（GB 50500—2003）以下简称《计价规范》，并于2003年7月1日在全国正式施行。

《计价规范》是根据《中华人民共和国招标投标法》、建设部令第107号《建筑工程施工发包与承包计价管理方法》，遵照国家宏观调控、市场竞争形成价格的原则，结合我国当前的实际情况制定的，在规范的最前面发布有中华人民和国建设部公告，公告内明确指出了《计价规范》的实施日期，以及在实施过程中必须严格执行的强制性条文（款），《计价规范》共分5章和5个附录以及应遵照的报表格式。

1.1 工程量清单计价规范的主要指导思想

1.1.1 政府宏观调控

规范政府宏观调控的内容有三条，一是在总则的第1.0.3条中，强制性规定了"全部使用国有资金或国有资金投资为主的大中型建设工程应执行本规范"。这一规定与招标投标法所规定的政府投资要进行公开招标的条例是相吻合的；二是为了建立全国统一建设市场，规范计价行为，解决以往全国各地的不统一局面。《计价规范》第三章的3.2.2条、3.2.3条、3.2.4条的第1款，3.2.5条、3.2.6条的第1款中，统一了分部分项工程项目名称、统一了计量单位、统一了工程量计算规则、统一了项目编码。三是《计价规范》的5个附录内没有人、材、机的消耗量，其完成工程项目的人工、材料、机械台班的消耗量交由企业自主确定，促使企业提高管理水平，引导学会编制企业自己的消耗量定额，适应市场竞争需要。

1.1.2 企业自主报价市场形成价格

由于《计价规范》不规定工程项目的人工、材料、机械消耗量，投标企业在进行工程投标报价时，可以按照企业自身的生产效率、消耗水平和管理能力以及收集整理本企业的报价历史资料，结合《计价规范》规定的原则和方法，进行投标报价。由于没有了人工、材料、机械消耗量的统一限制,企业在投标报价时有了自主空间,实现了由政府定价到市场定价的转变,最终工程造价的确定由承发包双方在市场竞争中形成,合理低价中标,达到了投标人与招标人双赢结果,并通过合同确定。企业自主报价市场形成价格符合价值规律。

1.2　工程量清单计价方法的一般概念

工程量清单计价方法,是建设工程招标投标过程中,投标人依据招标人按照国家统一的工程量计算规则和有关规定提供的工程数量,结合本企业的实际能力进行工程报价,经评审低价中标的工程计价方式。

1.2.1　工程量清单

工程量清单是指拟建工程的分部分项工程项目、措施项目、其他项目名称和相应数量的明细清单。是由招标人按照《计价规范》附录中统一的项目编码、项目名称、计量单位和工程量计算规则进行编制。包括分部分项工程量清单、措施项目清单、其他项目清单。

1.2.2　工程量清单计价

工程量清单计价是指投标人为完成由招标人提供的工程量清单所需的全部费用,包括分部分项工程费、措施项目费、其他项目费和规费、税金。

工程量清单计价采用的是综合单价计价法。是指完成规定计量单位项目所需的人工费、材料费、机械使用费、管理费、利润,并考虑了风险因素的综合单价。

1.3　《计价规范》中各章和附录的内容

《计价规范》包括正文和附录两大部分,两者具有同等效力。

正文部分共五章。第一,总则:指明《计价规范》的适用范围;第二,术语:对《计价规范》中出现的专业术语作注译;第三,工程量清单编制:说明在进行工程量清单编制时应遵循的规则;第四,工程量清单计价:对投标方在进行工程量清单计价时应遵循的规则约定;第五,工程量清单及其计价格式:对工程量清单及其计价过程中所产生的有关说明文件、报表、以及格式等内容作明确规定。

五个附录,分别是1.附录A:建筑工程工程量清单项目及计算规则,本部分共计8章45节177个项目;2.附录B:装饰装修工程工程量清单项目及计算规则,本部分共计6章47节214个项目;3.附录C:安装工程工程量清单项目及计算规则,本部分共计13章122节1140个项目;4.附录D:市政工程工程量清单项目及计算规则,本部分共计8章38节432个项目;5.附录E:园林绿化工程工程量清单项目及计算规则,本部分共计3章12节87个项目。附录中包括项目编码、项目名称、项目特征、计量单位、工程量计算规则和工程内容,并且在每节的开头都有说明,特殊内容的章节项目在每节的后面还另外附有说明。应注意,附录中的工程内容不同于定额中的工作内容,工程内容与工作内容两者是有区别的。其中项目编码、项目名称、计量单位、工程量计算规则作为四统一的内容,属强制性条文内容,是要求招标人在编制工程量清单时严格执行的部分。

1.4　《计价规范》清单格式

《计价规范》清单格式分两大类采用全国统一格式:

第一类,工程量清单格式,此部分主要由招标人编制出示,有7个内容分别是:

(1) 封面：由招标人填写，注意所有要求签字盖章的地方，都要签字盖章。

(2) 填表须知：填表须知是招标人要求投标人在填写投标文件时应注意的事项，同时招标人也不可以违背填表须知所列规定，在规范所列内容之外招标人还另有要求的，可根据具体情况进行补充。

(3) 总说明：总说明中招标人应按规范规定的内容详细填写清楚，包括工程概况、工程招标和分包的范围、工程量清单编制依据、对工程质量，材料，施工方式等的特殊要求，招标人自行采购的材料名称、规格、数量等，预留金，自行采购材料的金额数量，其他需说明的问题。

(4) 分部分项工程量清单：清单格式内共分五列。

1) 第一列，序号：根据工程项目条数排列，从数字 1 开始，如果是编制人补充的清单项目（附录中没有的），则序号用"补"字示之。

2) 第二列，项目编码：属《计价规范》强制性执行条目，五级由 12 位阿拉伯数字组成，前 9 位数字组成编码前四级，为全国统一编码，表现形式例如：

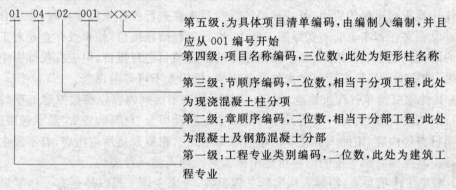

编码中的第五级，规范中指明由编制人编制，此级相似于定额中将混凝土及钢筋混凝土柱还应按混凝土强度等级进行分类一样，即按项目特征进行分类。项目特征每变换一次则第五级编码增大一个顺序，即从 001 变为 002 依次须延。如果编制人选择了另外一条清单项目，则第五级编码应又从 001 编号开始编号。

3) 第三列，项目名称：属《计价规范》强制性执行条目，填写工程项目名称时，应按附录中的标准项目名称填写。在实际工程中碰到附录内没有的工程项目时，可借用相似项目名称，在第五级编码进行编码，并在序号列内以"补"字示之。在项目名称列内还可以将项目特征一并填入。项目特征除应按附录中的项目特征描述填写外，编制人可对项目特征进行增加，但必须表述清楚明了。

4) 第四列，计量单位：属《计价规范》强制性执行条目，计量单位采用的单位是：

● 以重量为单位的，用"吨"或"千克"（t 或 kg）；

● 以体积为单位的，用"立方米"（m³）；

● 以面积为单位的，用"平方米"（m²）；

● 以长度为单位的，用"米"（m）；

● 以自然计量为单位的，用"个"、"套"、"组"、"块"、"根"、"樘"、"台"等……；

● 没有具体数量的计量单位，用"项"、"系统"等……；

● 各专业有特殊计量单位的，另外加以说明。

5)第五列,工程数量:工程数量的计算,其计算规则属《计价规范》强制性执行条目,在附录中每条清单项目的后面都附有对本条项目进行工程量计算的规则。工程数量的有效位数应按《计价规范》第3.2.6条的第2小条执行,即:

工程数量以"吨"为单位的,保留小数点后三位数字,第四位四舍五入;

工程数量以"立方米""平方米""米"为单位的,保留小数点后两位数字,第三位四舍五入;

工程数量以"个""项"等为单位的,取整数。

(5)措施项目清单:《计价规范》将工程在施工过程中可能发生的措施项目列有一览表,并指出如果在编制工程量清单出现表中没有的项目时,编制人可作补充。措施项目清单分两列,第一列为序号:填写方法根据产生的项目条数,从1开始,依次按顺序编号,编制人补充的项目也一同编号,不须用"补"字示之。第二列为项目名称:按照"措施项目一览表"中的项目名称填写,不发生的条目可不填。

招标人编制的措施项目清单中没有工程数量也没有单价,它只在提示投标人在投标报价中应该计算所列项目的费用,是一种要约。投标人在进行投标报价计算时,应结合招标人提供的总说明文件和本企业的实际施工能力,进行工程措施报价,如果投标企业对工程项目有独特的而且行之有效的措施,可不按招标方的措施项目进行报价,但应在投标书中加以说明。总之,措施项目报价有着非常大的竞争因素,投标人不可等闲视之。

(6)其他项目清单:《计价规范》规定,其他项目清单所列内容应根据拟建工程的具体情况来进行列项,工程项目在一般情况下可能发生工程预留金、材料购置费、总承包服务费、零星工作项目费等内容,招标人应在本清单内填写清楚。根据规范所列内容,有不发生的项目可不填写。其他项目清单上的内容也是招标人对投标人的一种要约。

(7)零星工作项目表:招标人从实际工程出发,考虑主体工程以外还有一些零星工作需要施工单位承担时,如临时性的物质搬运、场地清理等工作,可在零星工作项目表中对投标方说明,投标方在投标报价时根据表中内容进行报价。零星工作项目表中只有名称、计量单位、数量,没有单价也没有合计金额,单价和金额由投标人在投标报价时填写。

(8)主要材料价格表:根据《计价规范》第5.1.3条第3小条的5)、6)款所列,招标人要说明自行采购的材料名称、规格型号、数量以及金额的规定,故在宣贯教材中招标人部分有此表,作用是招标人向投标人说明招标人自身采购了一些什么材料,报价时应计入工程总报价中,之后由招标人扣回。

第二类,工程量清单计价格式,此部分主要由投标人编制出示,有12个内容分别是:

(1)封面:由投标人填写,填写要求同招标人部分一样。

(2)投标总价:投标总价表填写的是工程项目总价表合计金额,除应按要求填写金额大小写外,涉外工程最好注明币种。

(3)工程项目总价表:此表汇总的是一个工程项目的多个单项工程(如建设项目的1号办公楼、2号住宅楼等)的工程造价。

(4)单项工程费汇总表:此表汇总的是多个单位工程(如某栋楼的土建工程、装饰工程、安装工程)的工程造价,是工程项目总价表的子级。

(5)单位工程费汇总表:此表汇总的是一个单位工程中的一个专业(如某楼的土建专业)的工程造价,包括分部分项工程量清单计价合计、措施项目清单计价合计、其他项目清计价合计、规费、税金。是单项工程费汇总表的子级。

（6）分部分项工程量清单计价表：此表前 5 列内容同工程量清单一样，多了综合单价与合价两列，主要是针对工程量清单进行综合计价。其综合单价是从分部分项工程量清单综合单价分析表中得到。

（7）措施项目清单计价表：此表与措施项目清单基本一样，多了金额一列，报价方式是以一项措施内容为单位，如：垂直运输机械费，在一个单位工程内就为一项。另外投标人报价时可按本企业的施工能力进行措施选择，可对措施项目清单上所列项目进行调整，合理报价以利竞标。

（8）其他项目清单计价表：其他项目清单计价表不同于其他项目清单，其他项目清单列出了招标人考虑的全部内容，而本表将招标人和投标人两部分分开设置，投标人应得的部分列在报表的下方。如果招标人有自行采购了的材料和预留金等到内容，则计入招标人部分内，反之，属投标人的零星工作项目费等内容则列入投标人部分内。

（9）零星项目计价表：对零星项目清单上的内容进行计价，是零星项目清单表的扩展，同分部分项工程量清单计价表一样，多了综合单价与合价两列。最后零星项目计价表的合计应汇到其他项目清单计价表中的招标人部分内。

（10）分部分项工程量清单综合单价分析表：是用定额对工程量清单进行综合单价分析的表格。方法是：投标人按招标人提供的清单项目及工程数量结合项目特征和工程内容，按定额计算出每条清单项目下应产生的定额条目和定额工程量，再将每条清单下的定额条目用定额单价进行分析，将该条清单项目下的若干条定额单价合计除以本条清单工程量所得的金额，既为清单综合单价，也可用定额对清单项目所含每条工程内容进行分析，得出每项工程内容的综合单价后，合计组成工程量清单的综合单价。

（11）措施项目费分析表：虽然措施项目清单计价表中的措施项目以一"项"为单位，但实际上一项措施内容下可能有多个定额措施内容，如脚手架措施内，就可能含有综合脚手架，满堂脚手架等内容，故在进行措施项目报价时也要用定额进行综合单价分析，汇总后列入措施项目清单项目下，同时要将每条措施项目内的人工费、材料费、机械使用费、管理费、利润，分解列出。

（12）主要材料价格表：招标人提供的主要材料价格表中没有材料价格，投标方根据市场材料价格或当地主管部门颁布的材料价格信息，将主要材料价格填上，应注意：填写的单价必须与工程量清单计价中采用的相应材料的单价一致。

无论是招标人提供的工程量清单还是投标人出示的工程量清单计价报表，除格式应遵照《计价规范》执行外，并且应字迹清晰，不能涂改。

1.5　《计价规范》的主要特点

《计价规范》有很多非常显著的特点，不论是从形式上和内容上都与"定额"计价方式有很大区别，首先部分条款具有强制性，说明了在实际过程中必须执行的内容。具有实用性，附录中的章节子目划分明确清晰，对工程量计算规则描述简单明了，项目特征和工程内容表述清楚，以便编制人在编制工程量清单时准确确定工程项目和计算实体工程量。工程量清单报价具有竞争性，表现在企业可以对工程自主定价，政府只作宏观调控。计价方式的通用性强，虽然规范中有强制性执行条款，但又不影响与国际惯例接轨，并且规定在附录内缺项的时候可由编制人对章节项目进行一定的添加补充,符合工程量计算方法标准化,工程量计算规则统一化,工程造价确定市场化的要求。下面对一些主要内容的特点进行介绍。

1.5.1 强制性规定。(1)规定全部使用国有资金或国有资金投资为主的大中型建设工程一定要按《计价规范》规定执行;(2)规范指出工程量清单是招标文件的组成部分,招标人在编制工程量清单时必须遵守统一项目编码、统一项目名称、统一计量单位、统一工程量计算规则,即四统一规则。

《计价规范》第4.0.7条还规定,需要编制标底的工程,标底的编制方法也要按照规范执行,要求按照建设主管部门制定的工程造价计价办法等规定进行,并且要符合107号令的要求。

1.5.2 《计价规范》中统一的工程量计算规则,其计算对象是工程实体(实物工程量计算规则(以下简称"清单计量规则")与传统预算定额的工程量计算方法不同),一般不考虑施工方法对工程量的影响,是用来编制工程量清单项目的计量规则。并且是招标人提供工程数量时必须遵循的计量规则。当然原来全国统一预算定额中的工程量计算规则也是统一的,由于各地施工方法和施工技术的选用差异较大,加上定额计价对子目分类过细,各地的计量单位又不统一,故此传统的预算计量规则难以实现真正的计量规则的统一。有了统一的工程量计算规则,其结果必然导致计量单位的一致。

1.5.3 根据《计价规范》第二章"术语"中第2.0.3条对"综合单价"解译,"完成工程量清单中一个规定计量单位项目所需的人工费、材料费、机械使用费、管理费和利润,并考虑风险因素"。而在第四章"工程量清单计价"中第4.0.3条明确提出"工程量清单应采用综合单价计价"。这就证明了工程量清单计价是综合单价计价方法。综合单价法是国际通行的计价模式,由于它能非常灵活地表现市场经济环境下,各种动态因素对工程造价产生的影响,而得到了广泛的肯定。《计价规范》采用工程量清单的招标投标方式,对于每个清单项目要明确地报出综合价格,表达简单直观。另外采用综合单价报价有利于引起真正的市场竞争,由市场形成价格。

1.5.4 《计价规范》要求建设行政主管部门在发布消耗量定额时(第4.0.8条)要按社会平均水平取定,而不是定额计价时的平均先进水平,这是一种实事求是的方式。从理论上可见,消耗量定额力图反映地是建筑产品的价值,而按平均先进水平来反映建筑产品消耗量,在实施过程中有维护施工企业的因素,没有给企业产生生存压力,造成吃大锅饭现象。另外,《计价规范》对企业定额、预留金、总承包服务费等都给出了定义,实质上也是承认了它们的合法性和合理性。

1.5.5 《计价规范》中对工程量清单格式和工程造价的构成费用进行了划分,汇总分类。这是一个不小的改变,传统的"定额"计价是没有统一的费用划分的,因为"定额"计价国家只"控制量"而价格和费用由各地建设管理部门确定,造成一个地方一个样的不一致现象。分类除清单格式和费用构成外,《计价规范》第五章第5.1.3条第3款的第5小条规定,随工程量清单发至投标人的还应包括主要材料价格表,详细的材料编码、材料名称、规格型号和计量单位,主要材料价格表主要供评标用。

1.6　计价活动中应注意的问题

《计价规范》在全国的实施,必将对工程计价活动产生一系列的影响,在进行工程计价过

程中,我们要注意以下一些问题:

1.6.1　《计价规范》的实行,建设市场的竞争因素加大了,投标企业在进行投标报价时,要注意对施工方法进行优化选择,因为合理实用的施工方法会降低工程的投资成本,低价报出的工程造价就会增大中标机率。要在众多的施工方法中选择出合理的施工方法,提高了对计价专业人员的业务水平要求,计价专业人员必须比原来更加熟悉施工技术,这就要求计价专业人员在实践中要不断加强学习,不断拓展自己的知识面,成为既懂经济、又懂技术、还应懂管理全面发展的复合型人才。

1.6.2　在采用定额或企业定额进行工程量清单综合单价分析时,要仔细分析招标方随清单提供的说明文件,根据说明上提供的施工现场实际情况(必要时应实地考察),在确定施工方法后再计算一次实际施工的工程量。

1.6.3　确定施工措施时,不能单纯只按招标人提供的施工措施进行报价,因为招标人提供的施工措施不一定完整,投标人需主动结合工程实际和企业自身的优势,选择合理经济的施工措施进行报价,充分竞争。同时,遵照《计价规范》第 3.3.2 条规定,在 3.3.1 措施项目一览表中末列项的,编制人是可作补充的,补充的项目应列在清单项目最后,并在"序号"栏中以"补"字示之。

1.6.4　根据《计价规范》第 3.2.3 条关于项目编码的规定,标准清单项目只编出编码的前 9 位阿拉伯数字,而编制人在使用时,还应要将清单项目名称进行分类,此级编码由编制人自己设置,添加到标准编码的后面,由第十位至第十二位阿拉伯数字组成,应注意从 001 顺序开始,总之整个项目编码为十二位阿拉伯数字。如果碰到附录中清单项目缺项时,可借用一条同类型的清单项目进行补充,补充的清单项目直接将第十位至第十二位编码按顺序顺延编码,补充的项目应列在清单项目最后,并在"序号"栏中以"补"字示之。

1.6.5　在编制措施项目清单时,招标人要实事求是清楚地要约,详细说明有关的费用要求,减少合同风险;投标人要对措施项目清单进行仔细地分析,注意招标文件对有关问题的说明,做到合理报价。

1.6.6　在对工程分项实体进行工程量计算编制时,除应按照《计价规范》中对项目编号、项目名称、计量单位和工程量计算规则"四统一"的规定执行外,对项目特征、工程内容也应详细注明,以便统一招、投标双方根据项目特征和工程内容用定额对分部分项工程量清单进行综合单价分析。

1.6.7　用《计价规范》进行工程造价计价。现阶段要涉及到两种工程量计算方法,清单工程量计算规则和定额工程量计算规则,两者的计算规则有很大区别,清单工程量计算规则是针对工程构件的综合实体,一般包括多个工程内容。而定额子目立项一般是按一个工程内容立项,故此一个清单项目下可能综合若干个定额子目,在进行工程量计算时,应严格把握好两种计算规则,不能混淆。

1.6.8　关于费用分类,常见的费用分类,《计价规范》中一般都作了规定,包括内容、格式,如果碰到特殊情况而招标人在招标文件中又没有明确费用归类的时候,计价人员要注意,不可随意处置。

1.6.9　其他项目清单,招标人要注意零星项目清单、甲供材料清单、预留金、暂定金额等的提供,不合适的要约可能会影响招标结果。另外,还要注意总承包服务费的报价会出现多种情况,最好能在招标文件中明确报价方式。

1.6.10　要注意甲供材料的计价问题,一般情况甲供材料是要计取利润和税金的,但是有时计价人员往往忘记,以至造成重复计价或漏计费用的严重后果。

1.6.11　工程量清单计价无论对发包人还是承包人来说,都必须承担一定风险,有些风险不是承包人本身造成的。工程在实际施工过程中,可能发生一些变更或实际工程量与清单工程量不符的情况,要求工程计价人员有一定的索赔能力。

1.7　实行工程量清单计价的目的、意义

1.7.1　工程量清单计价采用综合单价形式,综合单价包括了人工费、材料费、机械费、管理费、利润,并考虑风险因素。与传统的计价模式相比,清单计价简单明了,更适合工程招投标及实施阶段的计价工作。

1.7.2　工程量清单计价有利于市场竞争。按国际惯例多采取合理低价中标,而清单计价要求施工企业根据自身实力及市场行情对管理费和利润进行调整来报价,丢掉了以前那种根据企业资质取管理费和利润的做法,这就有利于施工企业发挥自身优势,不断提高竞争力以适应市场激烈竞争的需要,从而真正体现公开、公平、公正的原则,反映市场经济规律。

1.7.3　采用工程量清单计价有利于评标、询标。按国际惯例多使用合理低价中标,采用清单报价,可按规定要求施工企业进行成本分析,以便询标评标工作的开展,为评标委员会评审标价提供依据。而传统模式按统一定额进行计价及成本分析,无法评定企业成本的差异性。

1.7.4　工程量清单计价模式在工程招投标、签订合同、实施计价、竣工结算等阶段,均使用同一清单计价,有利于减少工程纠纷、索赔事件的发生。传统模式采用工料单价法,间接费、利润、税金等均在单价之外,调整价款非常复杂,结算周期长。

1.7.5　工程量清单计价体现由政府宏观调控,企业自主报价,市场形成价格的原则。对于全部使用国有资金和国有资金投资为主的大中型建设工程要严格执行清单计价。由于清单计价中不规定人工、材料、机械的消耗量,为企业自主报价提供了自主空间,但同时也增加了风险,因此,工程量清单的编制对编制人的业务技术水平要求更高。

总之,实施工程量清单计价,有利于发挥企业自主报价的能力,实现政府定价到市场定价的转变。有利于规范业主在招标中的行为,有效改变招标单位在招标中盲目压价的行为,从而真正体现公开、公平、公正的市场经济规律。有利于规范建设市场计价行为。有利于控制建设项目投资,节约资源。有利于提高社会生产力,促进技术进步。有利于提高造价工程师的素质,使其必须具备懂技术、懂经济、懂法律、善管理等全面发展的复合人才。有利于提高国内建设各方主体参与国际化竞争的能力。有利于提高工程建设的管理水平。

工程量清单计价在我国实施是一个新生事物,实行工程量清单计价是工程造价计价改革适应市场定价机制的具体措施。这套《计价规范》的实行必然会给市场带来一定的影响和震动,在当前招标投标、评标、合同管理等和市场竞争环境还不太完善的情况下,对于招标人和投标人都会带来一定的风险,但随着相关制度的完善,会有越来越多的人了解和掌握工程量清单计价办法,并将逐步在工程发承包计价中占主导地位。

第二部分 三维算量7.0及2003使用手册

第1章 《三维算量软件》概述

《三维可视化工程量智能计算软件》是一套全新的工程量图形化计算软件,它利用"可视化技术",采用"虚拟施工"方式进行真实的三维建模。本章介绍有关《三维可视化工程量智能计算软件》的工作原理和有关基本概念。

假如您初次接触"可视化系统","《三维可视化工程量智能计算软件》工作原理"介绍的内容至关重要,是您必读的章节,可以说是您理解、掌握"可视化软件"的金钥匙。

本章具体包括以下内容:

● 《三维可视化工程量智能计算软件》的工作原理
● 《三维可视化工程量智能计算软件》安装与卸载
● 《三维可视化工程量智能计算软件》资源配置

1.1 《三维可视化工程量智能计算软件》的工作原理

1.1.1 预算图与构件属性

什么是预算图?

预算图是指使用计算机计算建筑工程量时,在可视化软件中建立的三维工程模型图。这个工程模型的平面图与设计部门提供的施工图相似,但它包括工程量计算所需要的所有建筑构件信息。它不仅包括建筑施工图上的内容,如所有的墙体、门窗,所用材料甚至施工做法,还包括结构施工图上的内容,如柱、梁、板、基础的精确尺寸以及钢筋的所有信息。

《三维可视化工程量智能计算软件》利用"可视化技术",采用"虚拟施工"的方式,建立精确的工程模型,也就是"预算图",进行工程量的计算。根据工程人员的习惯,我们将建筑工程中的工程量信息抽象为柱、梁、板、墙、门窗、形体、轮廓、钢筋等构件。通过对柱、梁、墙、门窗等"骨架"构件准确定位,使工程中所有的构件都具有精确的形体和尺寸。

生成各类构件的方式同样也遵循工程的特点和习惯。例如,楼板是由墙体或梁围成的封闭形区域,当墙体或梁精确定位以后,楼板的位置和形状也就确定了。同样,楼地面、顶棚、屋面、墙面装饰都是由墙体围成的封闭区域,建立起了墙体,就可以通过墙体、门窗、柱围成的封闭区域生成轮廓等"区域型"构件,获得楼地面、顶棚、屋面、墙面装饰工程量。对于"区域型"构件,本软件可以自动找出其边界,从而自动形成这些构件。

为了区分预算图中不同类型的构件,"可视化系统"通过各种不同的颜色和线型来标识各类构件。例如:

"柱"使用"黄色"的实线表示;

"梁"使用"红色"的实线表示;

"板"使用"绿色"的虚线（虚线中带有"B"的英文字母）表示；

"墙体"使用"黄色"的实线表示；

"门窗"使用"蓝色"的实线表示；

"轮廓"使用"紫红色"的虚线（虚线中带有"LG"的英文字母）表示；

当然，根据自己的习惯，您也可以自己对构件的颜色进行设定。选择"工具\可视化设置\配色方案"进行构件颜色设置。

在创建的预算图中，我们是以构件作为组织对象，而每一个构件都具有自己的属性。

那什么是构件属性呢？构件属性就是指构件在预算图中被赋予的所有与工程量计算相关的信息。构件属性主要分为四类：

其一为物理属性（主要是构件的标识信息，如构件编号、类型、特征等）；

其二为几何属性（主要指与构件本身几何尺寸有关的数据信息，如长度、高度、面积、体积等）；

其三为扩展几何属性（是指由于构件的空间位置关系而产生的数据信息，如分析调整体积、分析调整面积、指定调整体积等）；

以上三类构件的属性都是生成构件时系统自动赋予，可以通过"构件属性查询"工具进行查询和修改，如下图所示，显示的为"柱"构件的属性（当布置一个柱构件后，可以激活菜单"工具\属性查询"命令，选择柱得到图示对话框）。

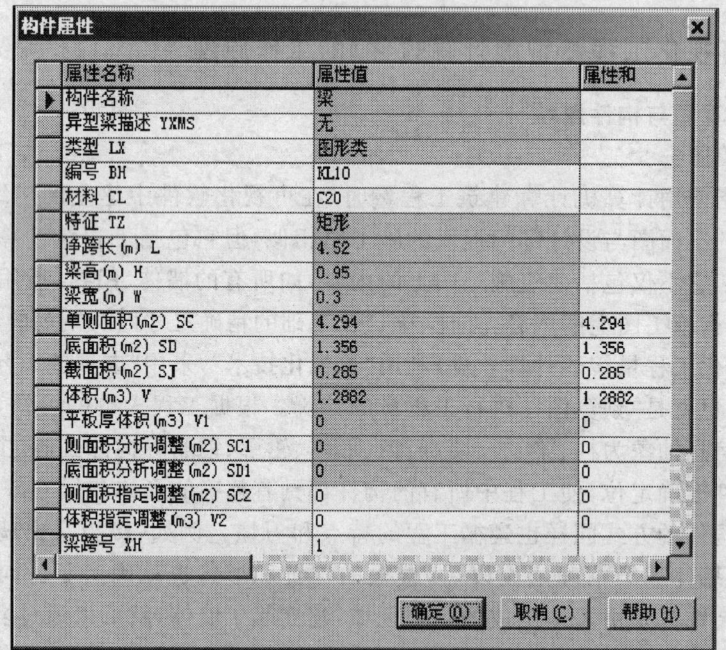

属性名称	属性值	属性和
构件名称	梁	
异型梁描述 YXMS	无	
类型 LX	图形类	
编号 BH	KL10	
材料 CL	C20	
特征 TZ	矩形	
净跨长(m) L	4.52	
梁高(m) H	0.95	
梁宽(m) W	0.3	
单侧面积(m2) SC	4.294	4.294
底面积(m2) SD	1.356	1.356
截面积(m2) SJ	0.285	0.285
体积(m3) V	1.2882	1.2882
平板厚体积(m3) V1	0	0
侧面积分析调整(m2) SC1	0	0
底面积分析调整(m2) SD1	0	0
侧面积指定调整(m2) SC2	0	0
体积指定调整(m3) V2	0	0
梁跨号 XH	1	

确定(O)　取消(C)　帮助(H)

图 1-1　构件属性查询

其四为定额属性（主要记录着该构件的工程做法，即套用的相关定额信息，也就是构件有关工程量输出、统计规则）。对于定额属性，是用户根据自己的要求，通过"定额挂接"定制的。

构件的属性一旦赋予后，并不是不可变的。您可以通过属性修改查询工具对相关属性进行重定义和编辑。而且在同一工程、同一楼层的预算图中,属性名称相同的构件应该具有相同的属性值。有关各构件的具体属性以及关系,将在本教程的后续章节做详细介绍。

1.1.2　工程量计算规则和计算方式

在"三维可视化工程量智能计算软件"中,我们内置了一套精确的工程量计算规则。它是一套能在全国基本通用的工程量运算模式,或者说到某一地区只需要简单定制就可以适用的工程量运算模式。它也是多年来我们对《全国统一建筑工程预算工程量计算规则》以及多个省、市、自治区的建筑工程预算工程量计算规则分析和研究的结果。

在软件中,我们将一栋建筑细分为无数个不同类型的构件,并赋予每个构件足够多的属性,将每个构件在工程量计算中所能用到信息都通过相关属性记录下来,然后通过一个灵活的工程量输出指定机制,将工程量按照用户自己所需要的模式输出,完成工程量的计算。

而对于每个构件在工程量计算中所能用到信息,软件中根据构件自身的特点以及构件相关属性的特点,通过多种方式自动生成,不需要用户手工操作。例如:在计算梁、柱相接柱的模板面积时,在"可视化软件"中可以自动分析出梁、柱相接触的面积值,并将分析出来的扣减值自动保存到"柱"属性"侧面积分析调整值"的属性值栏中。当用户需要得到该柱的模板面积值时,只需将该柱的"侧面积值"与"侧面积分析调整值"相加就可得到该柱模板工程量。

而软件提供的灵活的定额指定和工程量输出机制,保障了工程量统计的方便、快捷。关于定额指定和工程输出的内容,以及单个构件相关属性的具体工程量公式和扣减关系计算式,请参照后续有关章节的内容。

1.1.3　预算图建模原则

预算图"建模"包括两个方面的内容:

1. 绘制预算图中各类构件:主要是确定墙体、梁、柱、门窗、过梁、基础等骨架形构件在预算图中的位置,然后由软件根据相关构件围成的封闭区域确定板、轮廓等其他构件。

2. 定义每种构件的定额属性。实质上,在预算图中绘制各类构件是将所有工程量信息录入到预算图中,而为每个构件指定施工做法(即指定定额)就是定义一种输出的规则,将构件的工程量按照定额要求,有序的汇总、归并、统计,最终得到用户所需的工程量清单。

两方面的工作可以独立进行。在绘制构件时,你可以完全不考虑构件的做法信息,同样,在定义构件的属性时,也不必考虑构件在平面上的位置关系。根据你自己习惯选择工作模式:首先绘制工程预算图,再定义构件属性;或者在布置构件的过程中,同时定义构件的做法,完成工程建模工作。

在预算图建模的过程中,需要遵循以下几个原则:

原则一:构件先定义,再布置

在布置构件时,首先需要先定义构件一些相关物理属性和基本的几何属性(比如长、宽、高的值),然后才去布置相应的构件。

原则二:要求计算工程量的构件,必须绘制到预算图中

在计算工程量时,预算图中找不到的构件不会计算其工程量,尽管你可能已经定义了它的有关属性。

原则三:工程量分析统计前,请进行合法性检查

为保证用户模型的正确性,保护用户的劳动成果,本软件提供检查功能,可以检查出模

型中可能存在的错误,如错录、重录的构件,减小因为人为因素造成的工程量精度误差。

原则四:活算活用

本软件为真正图形类的工程算量软件,提供了灵活的图形编辑功能,可以大大提高建模的效率。

活用工程量属性,您会发现三维可视化工程量智能计算软件的真正魅力。

1.1.4 建立预算图的工作流程

以一个工程为例,运用《三维可视化工程量智能计算软件》建立预算图,计算其建筑工程造价大致分为十个步骤:

1. 为该工程建立一个新的项目文件;

2. 录入该工程的相关工程计价信息,以及钢筋计算依据;

3. 设置工程的楼层信息;

4. 导入工程设计电子文档;如果没有设计文档,可以通过系统菜单快速手工绘制工程定位轴网;

5. 以工程设计电子文档为底图,通过描红的方式,分层、分类型快速录入柱、梁、板、墙、洞口等结构信息,并通过指定构件相应工程施工做法,建立构件几何信息与非几何信息(定额信息)的链接;

6. 直接在结构图形上,分层、分结构类型录入钢筋数据,使得钢筋能直接利用构件几何信息,并遵循结构工程师的配筋思路,方便而清晰的完成钢筋录入;

7. 根据用户要求分析楼层,构件,并自动分析构件之间的位置关系,得出工程量汇总表以及相关的扣减工程量;

8. 进行工程量统计、归并、汇总,得到工程量清单;

9. 按用户选定楼层、选定构件与归并条件进行钢筋统计,得到钢筋汇总表和钢筋明细表;

10. 运行相关的计价软件,可以导入可视化工程量项目文件,通过计价软件计算出工程总造价。

其工作流程图如下图 1-2 所示:

1.2 《三维可视化工程量智能计算软件》安装与卸载

《三维可视化工程量智能计算软件》的安装与卸载都很简单,只要按照安装程序的提示进行相应的操作即可。此外,《三维可视化工程量智能计算软件》安装程序提供了自定义功能,用户可以根据自己的需要灵活地选择需要安装的组件。

1.2.1 初次安装《三维可视化工程量智能计算软件专业版》

《三维可视化工程量智能计算软件专业版》是基于 windows 的应用程序,其安装的过程与其他 windows 下的应用程序一样很简单。

初次安装《三维可视化工程量智能计算软件专业版》的操作如下:

(1)关闭所有应用程序,将《清华斯维尔建设工程系列软件》安装光盘插入光驱中,系统将自动弹出如下界面:

(2)点击"三维算量 7.0 专业版"按钮,启动《三维可视化工程量智能计算软件》安装程序,出现初始化安装程序窗口,如图 1-4 所示。

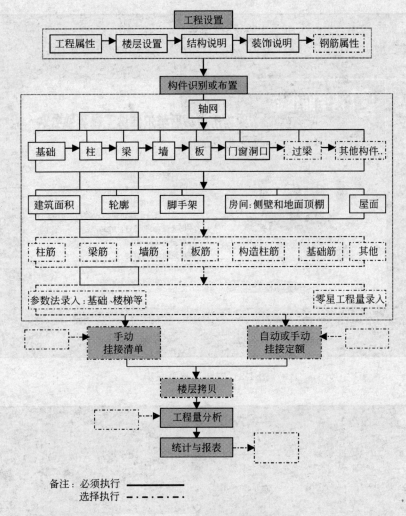

图 1-2　工作流程图

（3）随后，《三维可视化工程量智能计算软件》安装程序将自动检测计算机本身的安装环境，根据计算机安装环境的不同出现相应的提示框。如果安装环境中没有支持程序，系统将出现以下提示框安装 ODBC 以及 ADO 等支持程序。

（4）随后将进入"三维可视化工程量智能计算软件安装向导"，如下图 1-6 所示。单击"下一步"功能按钮，进入"许可证协议"对话框。如果单击"取消"将退出"三维可视化工程量智能计算软件"安装程序。

如果用户的安装环境中已经安装 ODBC 以及 ADO 等支持程序，在点击"确定"按钮后，就可进入"三维可视化工程量智能计算软件安装向导"。但有时点击"确定"按钮后，会出现计算机重新启动的情况，此时您就需要重复上述 1～3 步的操作，进入"三维可视化工程量智能计算软件安装向导"。

（5）"许可证协议"对话框如图 1-7 所示，请您详细阅读相关最终用户许可协议。您如果接受最终用户许可协议，请点击"是"功能按钮，继续《三维可视化工程量智能计算软件》的安装。否则选择"否"关闭安装程序。

图 1-3 安装步骤第一步

图 1-4 安装步骤第二步

图 1-5 安装 ODBC 以及 ADO 等支持程序提示框

图 1-6 安装步骤第四步

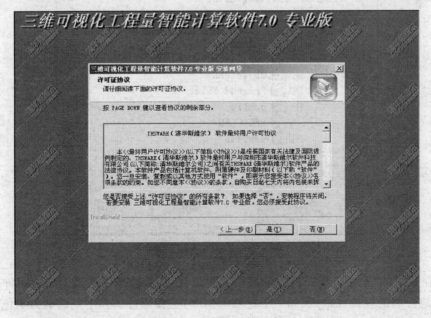

图 1-7 安装步骤第五步

（6）接着如下图 1-8 所示，希望安装的路径，然后单击"下一步"按钮。

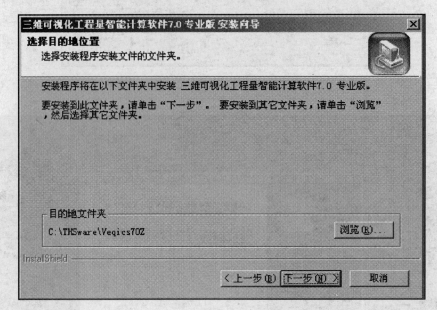

图 1-8　安装步骤第六步

（7）一般系统安装在默认路径下，你需要改变默认的安装路径，请单击"浏览"按钮选择安装的文件夹，然后单击"确定"按钮继续。

图 1-9　安装步骤第七步

（8）在弹出的"选择组件"对话框中，如下图 1-10 所示选择你需要安装的组件。单击你需要安装组件前的复选方框，例如一个定额数据库，选择组件。其中复选框为灰色的组件为系统默认的标准组件。选择完后单击"下一步"按钮。

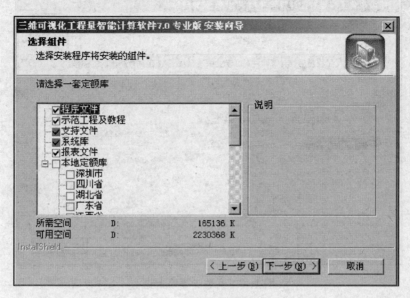

图 1-10 安装步骤第八步

（9）在弹出的对话框中选择您需要的安装类型，如图 1-11 所示。选择好后单击"下一步"按钮。

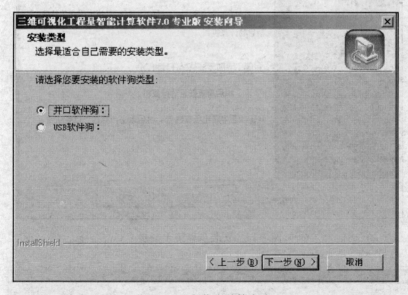

图 1-11 安装步骤第九步

（10）接着安装程序开始进行文件的复制，并显示复制文件的进度值如图 1-12 所示。

（11）当文件复制结束后，系统将弹出安装成功的对话框，如图 1-13 所示。单击"完成"按钮结束程序的安装。

（12）程序安装结束后，系统还要安装一些支持程序，将弹出如图 1-14 的信息提示框：

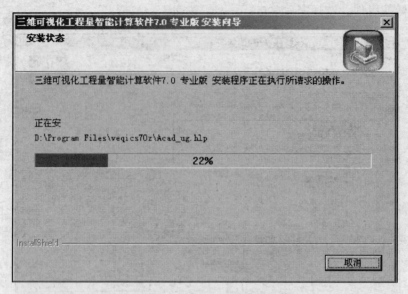

图 1-12 安装步骤第十步

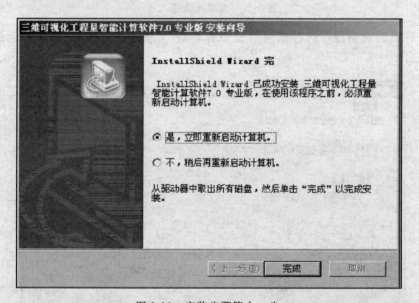

图 1-13 安装步骤第十一步

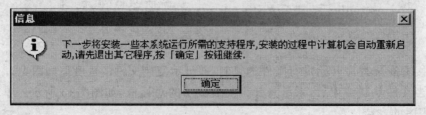

图 1-14 安装步骤第十二步

（13）在支持程序的安装过程中，系统将要重新启动机器以对计算机进行数据配置。不要取出光盘，单击"完成"。

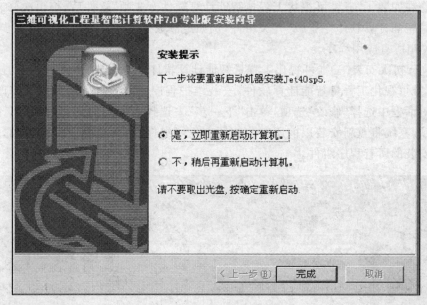

图 1-15　安装步骤第十三步

（14）当计算机重新启动后，系统已经完成所有的组件和支持程序的安装，将在桌面上自动添加一个"三维可视化工程量智能计算软件专业版"快捷图标，如图 1-16 所示。

图 1-16　安装完成

1.2.2   修改、修复《三维可视化工程量智能计算软件专业版》程序

假如您在安装了"三维可视化工程量智能计算软件专业版"软件后,想再次修改"三维可视化工程量智能计算软件专业版"有关组件,例如定额数据库等。你可以按以下步骤操作:

(1) 关闭所有应用程序。

(2) 执行初次安装《三维可视化工程量智能计算软件专业版》的步骤 1～3 的操作,系统将启动《三维可视化工程量智能计算软件》安装维护程序,如图 1-17 所示。在修改、修复或删除程序对话框中选择"修改"选项,单击"下一步"去选择新添加的新程序组件。假如选择"修复"选项,系统将重新安装以前所安装的所有程序组件;加入选择"删除"选项,系统将删除以前所安装的所有程序组件。

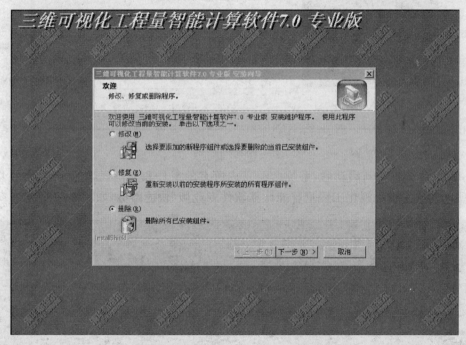

图 1-17   修改、修复或删除《三维可视化工程量智能计算软件专业版》

(3) 在 7.0 版本中不支持修改和修复,所以若您选择"修改"或"修复"将弹出如图 1-18 所示"信息"对话框,提示您只能删除系统后再重新安装,并让您重新选择。若您选择"删除",则弹出如图 1-19 所示确认信息框。单击"确定"将完全删除程序,单击"取消"将回到重新选择修改安装对话框。

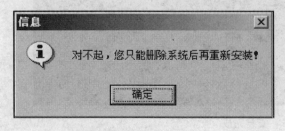

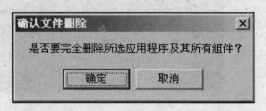

图 1-18   提示信息   图 1-19   确认信息

1.2.3 卸载《三维可视化工程量智能计算软件专业版》

如果不想在 Windows 中保留《三维可视化工程量智能计算软件专业版》软件,除了在 1.2.2 中介绍的方法外,你还可以按以下步骤操作:

(1) 关闭所有程序。

(2) 单击 Windows 的"开始"按钮并依次指向"程序——斯维尔软件——三维可视化工程量智能计算软件专业版"子菜单,然后单击"卸载 三维可视化工程量智能计算软件专业版"选项,如图 1-20 所示。

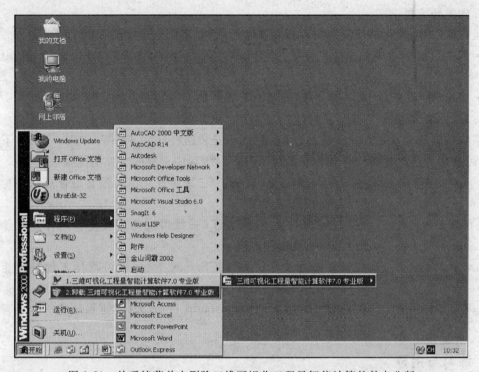

图 1-20 从系统菜单中删除三维可视化工程量智能计算软件专业版

(3) 接着系统将出现如图 1-21 所示的提示框。单击"是",系统将卸载三维可视化工程量智能计算软件专业版;单击"否",系统将退出删除程序。

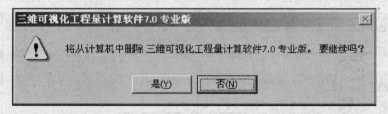

图 1-21 《三维可视化工程量智能计算软件专业版》删除程序

1.3 《三维可视化工程量智能计算软件》资源配置

1.3.1 运行环境的最低配置要求

1.硬件环境要求:

运行《三维可视化工程量智能计算软件专业版》需要以下硬件配置：
- 奔腾 II266 或以上类型微机。
- 内存在 128M 或以上。
- 硬盘可用空间在 100M 以上。
- 真彩显示卡一个。
- 光盘驱动器或 3.5 英寸软驱一个。
- 标准鼠标一个。

2.软件环境要求

运行《三维可视化工程量智能计算软件专业版》需要以下软件配置：
- WIN98/2000 中文操作系统平台，推荐操作系统为：中文 Windows 2000 professional-al；
- AutoCAD 平台 14.0 英文版（安装时只需要典型安装的方式安装即可）。

1.3.2 文件清单

系统按默认的安装方式安装后，将在默认的安装路径（C:\ThSware\Veqics69）下生成《三维可视化工程量智能计算软件专业版》程序文件，其中主要的文件功能列表如下：

\ sys \ *.*　　　　在"sys"文件夹下，安装了《三维可视化工程量智能计算软件专业版》系统数据库文件。

\ user \ *.*　　　　在"user"文件夹下，保存了《三维可视化工程量智能计算软件专业版》工程项目文件。

\ veqics.exe　　　　在安装根目录下，"VEQICS.exe"为《三维可视化工程量智能计算软件专业版》主应用程序。

\ VeqicsHelp.chm　在安装根目录下，"VeqicsHelp.chm"为《三维可视化工程量智能计算软件专业版》帮助文件。

1.4 练习与指导

（1）当遇到无法正常卸载或重新安装《三维可视化工程量智能计算软件专业版》的情况，怎么办？

答：可以运行软件安装光盘"\Tools"子目录下的 unInst.exe 程序，如图所示，左键单击

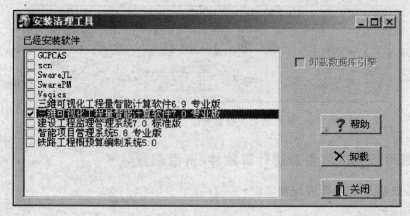

图 1-22　安装清理工具

"可视化工程量智能计算软件"前的复选框,然后左键单击"卸载"按钮,系统将彻底删除斯维尔软件安装在注册表中的信息。然后按本节所讲的方法重新安装《三维可视化工程量智能计算软件》。

"unInst. exe 程序"是用来删除斯维尔软件安装在注册表中的信息。在正常情况下,您不需要运行此软件,但是由于用户 Windows 环境如果不能满足软件的运行,将导致不能正常安装,在这种情况下,会出现软件无法再次安装,也无法正常删除。此时运行此程序,可以安全的删除注册表中的信息。假如您遇到上述情况,可以联系清华斯维尔软件科技有限公司的技术服务人员,获得相关的软件技术支持。

(2) 怎样重新初始化运行环境?

答:在使用《三维可视化工程量智能计算软件专业版》时,如果因为某些错误操作导致系统混乱时,需要重新初始化《三维可视化工程量智能计算软件专业版》运行环境,如菜单配置、工具栏、数据源等,可以按如下进行操作:首先将 AutoCAD R14 安装目录下"acadres. dll"文件拷贝到《三维可视化工程量智能计算软件专业版》的安装目录下,然后重新启动《三维可视化工程量智能计算软件专业版》即可,系统将重新配置系统的初始环境。配置成功时会出现如下图所示的提示框:

图 1-23 "系统配置完毕"提示框

(3) 怎样安装《三维可视化工程量智能计算软件专业版》的有关支持程序?

答:《三维可视化工程量智能计算软件专业版》主要支持程序包括微软公司的 ODBC 以及 ADO 等程序。如果计算机初始环境中没有安装过相关支持程序,在首次安装系统将自动安装 ODBC 以及 ADO 等支持程序。但是,有的时候由于计算机兼容性或其他问题导致系统无法自动安装时,就需要用户手工去安装这些支持程序。

手工安装的步骤如下:首先将软件的安装光盘放入到光驱中,然后浏览安装光盘找到"\Support\ADO25\mdac_typ. exe"和"\Support\DAO35\DISK1\Setup. exe"两个应用程序,分别执行两个应用程序,按照相应的安装向导操作即可。

第2章 初识《三维算量软件》

本章重点：

本章主要介绍《三维可视化工程量智能计算软件》界面的各个组成部分。

本章具体包括下列内容：

●《三维可视化工程量智能计算软件》启动与退出

●《三维可视化工程量智能计算软件》界面组成

●《三维可视化工程量智能计算软件》主界面菜单

●《三维可视化工程量智能计算软件》可视化工具条

●《三维可视化工程量智能计算软件》的帮助功能

2.1 《三维可视化工程量智能计算软件》的启动与退出

2.1.1 启动《三维可视化工程量智能计算软件》

《三维可视化工程量智能计算软件》的运行环境是 windows98/2000。按照启动常规 windows 应用程序的方法操作即可。

注意：《三维可视化工程量智能计算软件》是在 Auto CAD(R14 英文版)中运行，所以系统中应先安装 Auto CAD(R14 英文版)。

启动《三维可视化工程量智能计算软件》最简单的方法是使用"开始"菜单，具体操作如下：

（1）单击任务栏上的开始按钮，之后在屏幕上出现一个弹出式菜单，将鼠标指向"程序——斯维尔软件——三维可视化工程量智能计算软件专业版"菜单。如图所示。

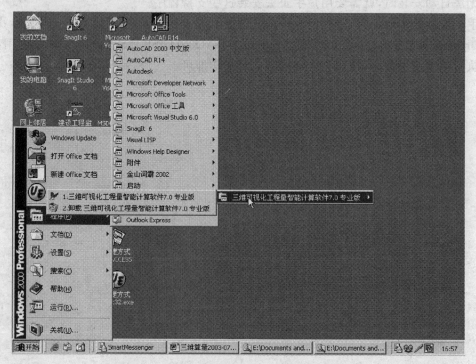

图 2-1 启动《三维可视化工程量智能计算软件》

（2）在"三维可视化工程量智能计算软件专业版"选项上单击，就可以启动《三维可视化工程量智能计算软件专业版》，并在屏幕上看到如图所示的"打开"项目文件对话框，选择一个已有工程或新建一个工程。

图 2-2　"打开"项目文件对话框

（3）可以选择一个工程项目文件或新建一个名称为"范例"的工程文件，单击"打开"按钮。

（4）如果你已经插好软件加密狗（软件狗作为软件的附件，在购买软件时得到。），系统将弹出欢迎使用的对话框（如图 2-3），单击"确定"，启动完成。

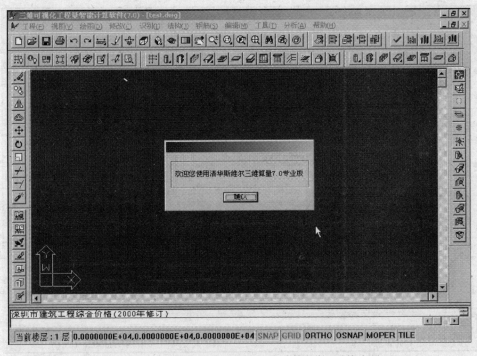

图 2-3　进入《三维可视化工程量智能计算软件》系统主界面

（5）如果你没有获得《三维可视化工程量智能计算软件专业版》的使用权，系统将提示输入软件序列号以及软件狗序列号（这两个序列号作为软件的附件，在购买软件时得到）。

如图 2-4 所示。

在 R7.0 及以后的版本中，合法用户使用本软件时不用输入软件序列号及软件狗序列号，即不会出现图 2-4。

（6）在你获得《三维可视化工程量智能计算软件专业版》的使用权并正确输入软件序列号以及软件狗序列号后，系统将弹出欢迎使用的对话框（如图 2-3），单击"确定"，启动完成。

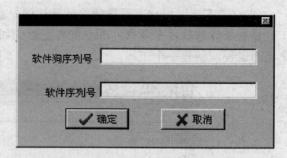

图 2-4   输入软件、软件狗的序列号

（7）如果系统提示输入的软件序列号或软件狗序列号不正确，或者提示没有检测到软件狗，系统将进入一般 Auto CAD 环境。此时你应退出应用程序并检查软件狗是否插好，以及是否正确输入软件序列号或软件狗序列号，然后重新打开《三维可视化工程量智能计算软件专业版》，重复上述操作。

2.1.2   退出《三维可视化工程量智能计算软件专业版》

当完成工作后，要退出《三维可视化工程量智能计算软件专业版》，只需要执行"工程\退出"命令即可。如果在执行"退出"命令之前没有执行"保存"命令，系统将自动弹出如图 2-5 所示的对话框，之后你可以根据需要选择相应的操作，比如是否保存文件，或者取消退出。

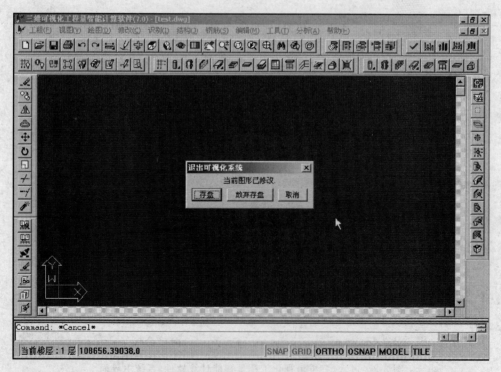

图 2-5   没有执行"保存"命令，系统将自动弹出提示信息

2.2　《三维可视化工程量智能计算软件专业版》主界面介绍

2.2.1　主界面构成

第一次启动《三维可视化工程量智能计算软件专业版》时,初始屏幕包括顶部的菜单栏、底部的状态栏、图形窗口、命令窗口和一些工具栏。如图 2-6 所示。

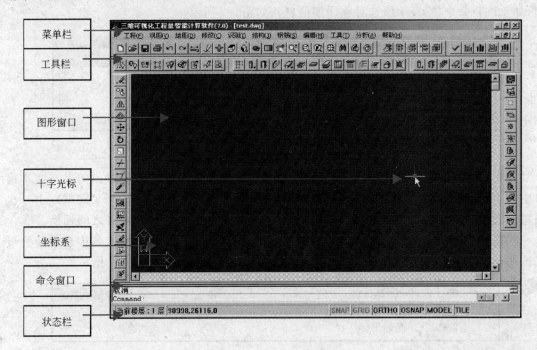

图 2-6　理解系统主界面

其中:

工具栏　包含的图标代表可用以启动命令的工具。当鼠标移动到某个工具上方时,工具栏提示显示该工具的名称。单击右下角带有小黑三角的工具图标,将弹出一系列包含相关命令的工具。将光标停留在工具图标上并按住拾取键,直到显示弹出图标。详细的功能介绍请参见本章 2.4"《三维可视化工程量智能计算软件》常用工具栏"。

菜单栏　包含系统各个菜单。可以从位于窗口顶端的菜单栏选取菜单命令,通过单击菜单名称显示菜单选项列表,单击选项进行选择。各个菜单的功能分布情况参见本章 2.3 "《三维可视化工程量智能计算软件》菜单命令功能简介"。

图形窗口　是显示和绘制图形的地方。

十字光标　定点鼠标,用来在图形中确定点的位置或选择对象。

命令窗口　是用于输入命令的可固定窗口,AutoCAD 在该窗口中显示提示行和有关信息。对大多数命令,带有两到三行先前提示(称为命令历史)的命令行已足够。有文本输出的命令,如 LIST(用于显示选定对象的有关信息的命令),可能需要扩大命令窗口。按 F2 键可以显示文字屏,查看更多的命令历史。可以通过滚动条滚动阅览多行命令历史。如图 2-7 所示。

文本窗口　类似于命令窗口,可在其中输入命令,查看提示和信息。与命令窗口不同的

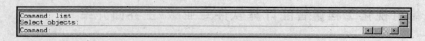

图 2-7　AutoCAD 固定的命令窗口

是,文本窗口包括当前 AutoCAD 任务的完整命令历史。文本窗口适于查看较长的命令输出,如 LIST 命令,它显示所选对象详细信息。如图 2-8 所示。

图 2-8　AutoCAD 文本窗口

要在图形区显示文本窗口,请按 F2 键。文本窗口显示在图形区前面。如果在文本窗口中按 F2 键,将重新显示图形区。如果图形区或文本窗口已最小化,按 F2 键就以上一次设置的大小来显示。只有在图形窗口和文本窗口均打开时,F2 键才在两者之间切换。

状态栏　当前楼层、光标坐标和模式状态(如正交和对象捕捉)。模式名称总是作为可选按钮在状态栏中显示。可双击"对象捕捉"或"正交"将它打开。如图 2-9 所示。

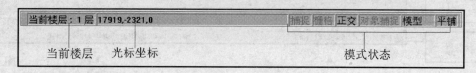

图 2-9　状态栏

2.2.2　访问命令的方法

与 Auto CAD 一样,用户对《三维可视化工程量智能计算软件》的操作都是通过访问命令完成的。要访问《三维可视化工程量智能计算软件》和 AutoCAD 命令,常用的方法有三种:使用工具栏、使用菜单、使用命令行。下面以画直线为例,介绍如何通过这些途径访问命令。

(1) 使用工具栏:从"绘制"工具栏中选择 ,激活命令,其命令行如下所示:

From point:　　　　　\\输入起点

To point:　　　　　\\输入另一点

To point:　　　　　\\回车结束命令,绘制出一条直线

(2) 使用菜单:从绘图菜单中选择"直线", 激活命令,其命令行如下所示:

From point:　　　　　\\输入起点

To point:　　　　　\\输入另一点

To point:　　　　　\\回车结束命令,绘制出一条直线

(3) 使用命令行:在命令行中输入"line",激活命令,其命令行如下所示:

command:LINE

From point:　　　　　\\输入起点

To point：　　　　　　　\\输入另一点

To point：　　　　　　　\\回车结束命令，绘制出一条直线

很多命令可透明使用，即可在使用其他命令的同时输入该命令。透明命令多为改变图形设置的命令，或打开 SNAP、GRID 或 ZOOM 等绘图辅助工具命令。

要透明使用命令，应在选择工具或在任一提示上输入命令之前输入单引号（'）。命令行中，透明命令的提示前有一个双折号（＞＞）。完成透明命令后，恢复原命令。例如画线时，要打开栅格并将其间隔设为一个单位，可输入如下命令。

command：line　　　　\\画直线

From point：'grid　　　\\进入栅格设置

＞＞Grid spacing(X) or ON/OFF/Snap/Aspect ＜10.0000＞：1 \\栅格间距为1

　　　　　　　　　　　\\恢复执行 LINE 命令

From point：　　　　　\\继续画线

可透明使用不选择对象、不创建新对象、不导致重生成或结束绘图任务的命令。在执行完被中断的命令之前，透明打开的对话框中所做的改变不能生效。同样，透明重置系统变量时，新值在开始下一命令时才能生效。

2.3 《三维可视化工程量智能计算软件》菜单命令功能

《三维可视化工程量智能计算软件》菜单包括：

工程菜单

视图菜单

绘图菜单

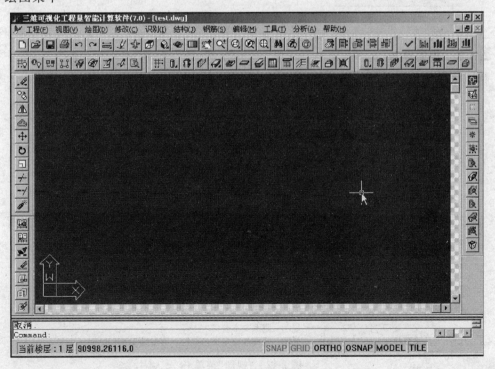

图 2-10　可视化菜单

修改菜单

识别菜单

结构菜单

钢筋菜单

编辑菜单

工具菜单

分析菜单

帮助菜单

2.3.1 工程菜单

文件菜单中包含对文件操作的各项功能,见图 2-11。

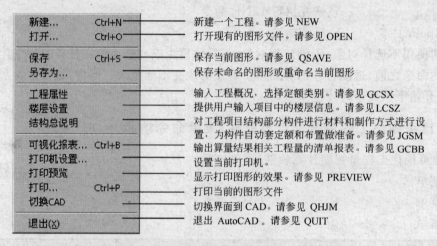

图 2-11 "工程"菜单

2.3.2 视图菜单

视图菜单中包含视图的转换等,见图 2-12。

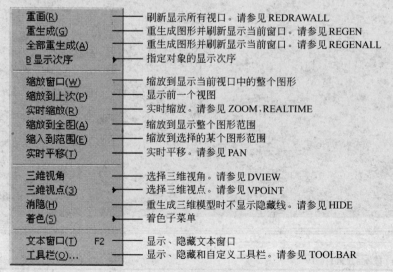

图 2-12 "视图"菜单

显示次序子菜单

图 2-13　"显示次序"菜单

三维视点子菜单：

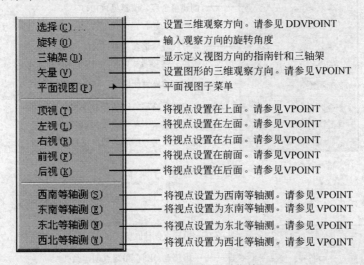

图 2-14　"三维视点"子菜单

平面视图子菜单：

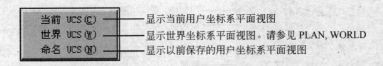

图 2-15　"平面视图"子菜单

着色子菜单：

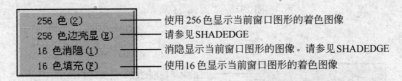

图 2-16　"着色"子菜单

2.3.3　绘图子菜单

绘图子菜单 当中包含各种平面图形的绘制命令，见图 2-17。

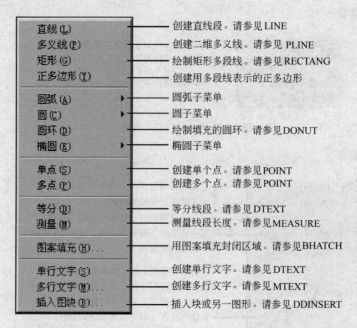

图 2-17 "绘图"子菜单

圆弧子菜单：

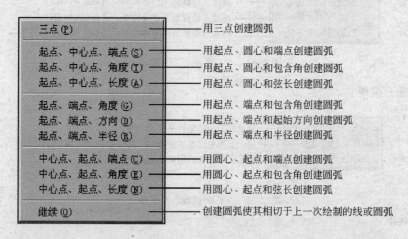

图 2-18 "圆弧"子菜单

圆子菜单：

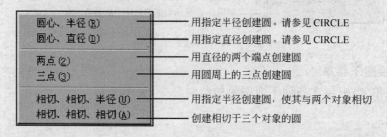

图 2-19 "圆"子菜单

椭圆子菜单：

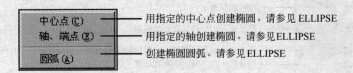

图 2-20 "椭圆"子菜单

2.3.4 修改菜单

修改菜单包含各种图形对象修改命令，见图 2-21。

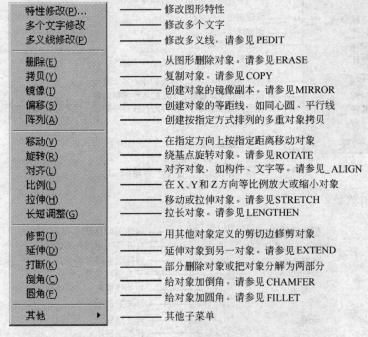

图 2-21 "修改"菜单

其他子菜单：

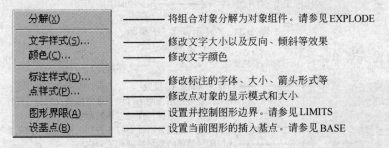

图 2-22 "其他"子菜单

2.3.5 工具菜单

工具菜单中包含一些常用的工具，见图 2-23。

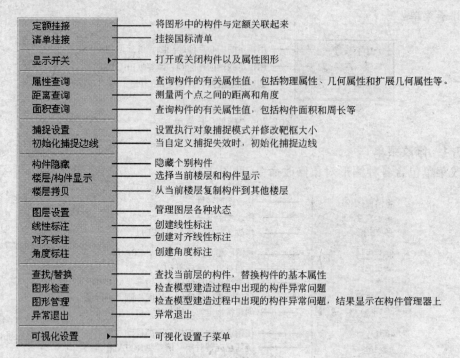

图 2-23   "工具"菜单

显示开关子菜单：

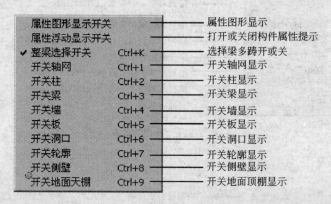

图 2-24   "显示开关"子菜单

可视化设置子菜单：

CAD配置(P)	自定义 AutoCAD 设置
常用选项	用来设置可视化在使用过程中通常需要设置的一些开关
配色方案	设置可视化里各种构件、对象的颜色
计算规则	自由设定工程量分析计算时各种相关构件的扣减关系
清单库维护	维护国标清单的项目特征和工程内容
定额库维护	提供用户自定义定额输入
钢筋公式库维护	提供钢筋公式维护功能
标准做法库维护	定制构件做法处维护标准做法
工程量输出设置	设置需要输出的工程量数据名称、类型等构件属性

图 2-25   "可视化设置"子菜单

2.3.6　识别菜单

识别菜单中包含一些常用的工具，见图 2-26。

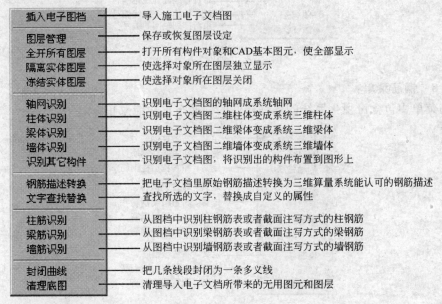

插入电子图档	—— 导入施工电子文档图
图层管理	—— 保存或恢复图层设定
全开所有图层	—— 打开所有构件对象和CAD基本图元，使全部显示
隔离实体图层	—— 使选择对象所在图层独立显示
冻结实体图层	—— 使选择对象所在图层关闭
轴网识别	—— 识别电子文档图的轴网成系统轴网
柱体识别	—— 识别电子文档图二维柱体变成系统三维柱体
梁体识别	—— 识别电子文档图二维梁体变成系统三维梁体
墙体识别	—— 识别电子文档图二维墙体变成系统三维墙体
识别其它构件	—— 识别电子文档图，将识别出的构件布置到图形上
钢筋描述转换	—— 把电子文档里原始钢筋描述转换为三维算量系统能认可的钢筋描述
文字查找替换	—— 查找所选的文字，替换成自定义的属性
柱筋识别	—— 从图档中识别柱钢筋表或者截面注写方式的柱钢筋
梁筋识别	—— 从图档中识别梁钢筋表或者截面注写方式的梁钢筋
墙筋识别	—— 从图档中识别墙钢筋表或者截面注写方式的墙钢筋
封闭曲线	—— 把几条线段封闭为一条多义线
清理底图	—— 清理导入电子文档所带来的无用图元和图层

图 2-26　"识别"菜单

2.3.7　结构菜单

结构菜单中包含可视化系统各个构件的布置功能菜单，见图 2-27。

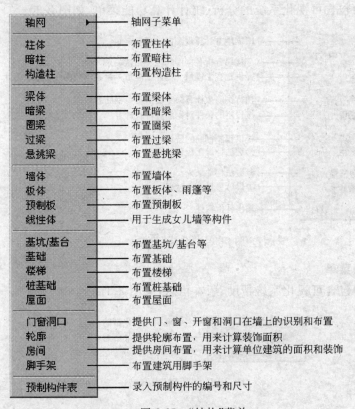

轴网　▶	—— 轴网子菜单
柱体	—— 布置柱体
暗柱	—— 布置暗柱
构造柱	—— 布置构造柱
梁体	—— 布置梁体
暗梁	—— 布置暗梁
圈梁	—— 布置圈梁
过梁	—— 布置过梁
悬挑梁	—— 布置悬挑梁
墙体	—— 布置墙体
板体	—— 布置板体、雨篷等
预制板	—— 布置预制板
线性体	—— 用于生成女儿墙等构件
基坑/基台	—— 布置基坑/基台等
基础	—— 布置基础
楼梯	—— 布置楼梯
桩基础	—— 布置桩基础
屋面	—— 布置屋面
门窗洞口	—— 提供门、窗、开窗和洞口在墙上的识别和布置
轮廓	—— 提供轮廓布置，用来计算装饰面积
房间	—— 提供房间布置，用来计算单位建筑的面积和装饰
脚手架	—— 布置建筑用脚手架
预制构件表	—— 录入预制构件的编号和尺寸

图 2-27　"结构"菜单

轴网子菜单：

图 2-28　"轴网"子菜单

2.3.8　钢筋菜单

钢筋菜单中包含可视化系统的各种构件的钢筋布置功能菜单。

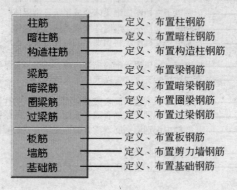

图 2-29　"钢筋"菜单

2.3.9　分析菜单

分析菜单当中包含可视化系统的分析、统计计算功能菜单，如图 2-30。

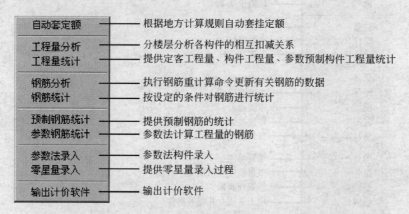

图 2-30　"分析"菜单

2.3.10　帮助菜单

帮助菜单当中包含可视化系统帮助、版本信息，见图 2-31。

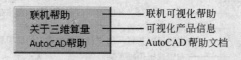

图 2-31　"帮助"菜单

2.3.11　编辑菜单

编辑菜单包括构件及属性的编辑功能，见图 2-32。

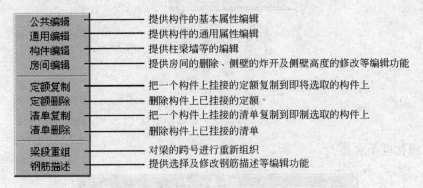

图 2-32　"编辑"菜单

2.4　《三维可视化工程量智能计算软件》常用工具栏一览

　　《三维可视化工程量智能计算软件》自身有九条专用工具栏：可视化标准工具、可视化辅助工具、可视化工程楼层、可视化结构布置、可视化钢筋布置和可视化统计计算、可视化电子文档、可视化清单定额、可视化修改。通过这些工具条可以访问大部分可视化命令和常用的 Auto CAD 的文件、视图的命令。

　　（1）可视化标准工具

图 2-33　可视化标准工具

　　（2）可视化辅助工具

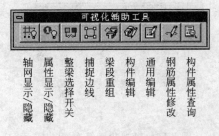

图 2-34　可视化辅助工具

　　（3）可视化工程楼层

工程属性　楼层设置　结构总说明　当前楼层和构件　楼层拷贝

图 2-35　可视化工程楼层工具

（4）可视化电子文档

插入电子图档　图层管理　解冻所有图层　隔离实体图层　冻结实体图层　识别轴网　识别柱　识别墙　识别梁　柱钢筋识别　梁钢筋识别布置　墙钢筋识别　清理底图

图 2-36　可视化电子文档工具

（5）可视化结构布置

轴网　柱布置　构造柱布置　墙布置　梁布置　圈梁布置　板布置　预制板布置　门窗洞口布置　过梁布置　轮廓布置　基坑基台生成　基础布置　房间生成

图 2-37　可视化结构布置工具

（6）可视化钢筋布置

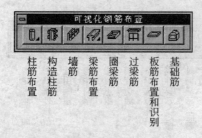

柱筋布置　构造柱筋　墙筋　圈梁筋　梁筋布置　过梁筋　板筋布置和识别　基础筋

图 2-38　可视化钢筋布置工具

（7）可视化统计计算

（8）可视化清单定额

图 2-39　可视化统计计算工具

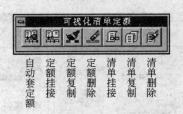

图 2-40　可视化清单定额工具

2.5　《三维可视化工程量智能计算软件》的帮助功能

《三维可视化工程量智能计算软件》的可视化帮助功能可以通过打开帮助菜单中的联机帮助打开,如图 2-41 所示。

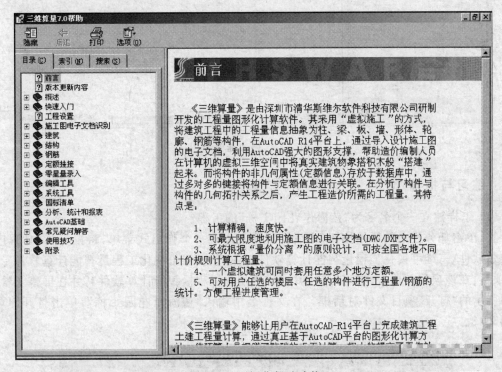

图 2-41　可视化帮助功能

双击系统功能或附录,可以展开该主题下的下一级菜单。双击某个标题,窗体中即显示该标题的相关内容。

如果选择"搜索"选项卡之后,帮助窗体变成如图 2-42 的形式。

在上面的搜索中输入某个标题,下面的列表就会定位到该标题处。双击该标题即显示相关内容。

在目录、索引、搜索的帮助窗体上方有一排快捷按钮,可以利用这些按钮方便地退出、前进、后退和打印帮助信息。

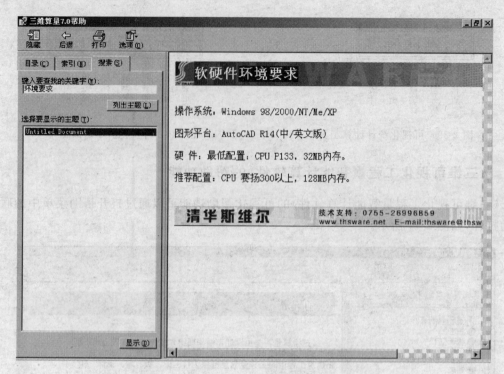

图 2-42　搜索选项卡

2.6　练习与指导

（1）怎样建立一个名字为"蓝海岸花园 1 栋"的工程？

答：单击任务栏上的开始按钮，之后在屏幕上出现一个弹出式菜单，将鼠标指向"程序\
斯维尔软件\三维可视化工程量智能计算软件专业版\三维可视化工程量智能计算软件专业
版"项目，在该项目上单击，就可以启动《三维可视化工程量智能计算软件》，并在屏幕上看到
如图所示的"打开"项目文件对话框。在文件名中输入"蓝海岸花园 1 栋"，单击打开即可。
见图 2-43。

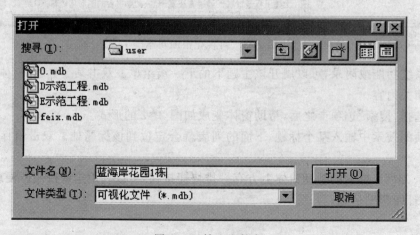

图 2-43　输入文件名

（2）第一次打开《三维可视化工程量智能计算软件》,可能工具条排列混乱,怎么办?

答:在第一次使用可视化软件时有可能出现工具条排列混乱的现象,如图 2-44 所示:

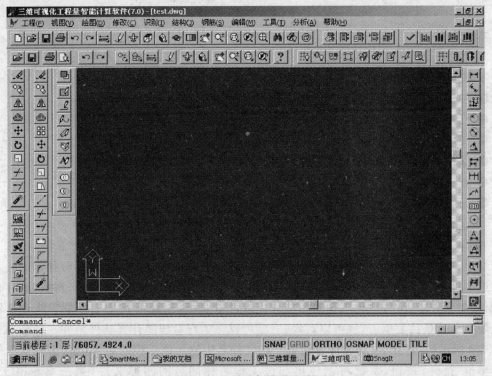

图 2-44　工具条排列混乱

在可视化软件使用过程中,要重新选择、排列工具栏,可以在视图菜单中单击"工具栏...",系统将弹出如图 2-45 所示的对话框:

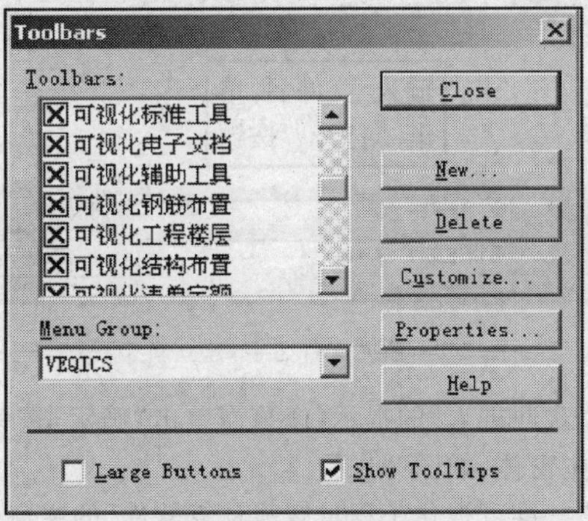

图 2-45　工具栏对话框

在工具栏内将其他工具条的复选框中的"×"去掉,只留下上述需要的工具条(如可视化系统的九个工具条)。单击关闭,回到主窗体,就会发现多余的工具条已经卸掉。鼠标按住某个工具条空白处,可以对工具条拖动,摆放到合理位置。

第 3 章　工程项目文件基本操作

本章重点：

本章主要介绍《三维可视化工程量智能计算软件》的项目文件的基本操作。

本章包括以下内容：

- 创建项目文件
- 打开项目文件
- 使用系统配置
- 保存和备份项目文件
- 查找项目文件
- 关闭项目文件

3.1　创建项目文件

新建一个项目的第一步是新建一个项目文件。新建项目文件的方法有两种。

第一种：单击任务栏上的开始按钮，之后在屏幕上出现一个弹出式菜单，将鼠标指向"程序\斯维尔软件\三维可视化工程量智能计算软件专业版\三维可视化工程量智能计算软件专业版"，在该条目上单击，就可以启动《三维可视化工程量智能计算软件》，并在屏幕上看到如图 3-1 所示的"打开"项目文件对话框。在文件名中输入该工程的名字（如：第三章示范工程），单击"打开"按钮，系统将创建出与该工程名称同名的图形文件（第三章示范工程.DWG）和数据库文件（第三章示范工程.MDB）。

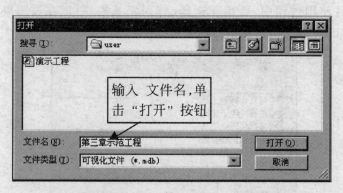

图 3-1　输入文件名字，建立新工程

随后，系统将弹出一"欢迎进入"的提示，您只需单击"确定"按钮就将进入"三维可视化工程量智能计算软件"的主窗体，如图 3-2 示。

第二种：在已打开的"三维可视化工程量智能计算软件"的主窗体中，在"工程"下拉菜单中选择"新建"或在工具栏中单击"新 建"按钮，将弹出一"新建文件"提示框，如图 3-3 所示。

如需保留当前工程，请单击"存盘"；否则，选择"放弃存盘"。随后，系统将弹出"打开"对话框，如图 3-4 所示；我们只需在其中输入新的工程文件名称并单击"确定"按钮，然后将重新进入"三维可视化工程量智能计算软件"的主窗体,且当前项目将变为新的工程项目。

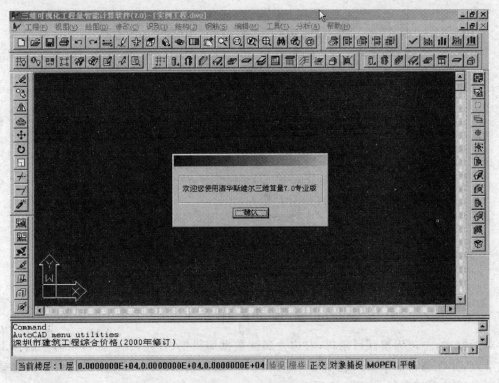

图 3-2　主窗体界面

图 3-3　"新建文件"提示框

图 3-4　"打开"对话框

　　进入主窗体之后,我们先在"工程"下拉菜单中选择"工程属性"或单击"可视化工程楼层"工具栏中的"工程属性" 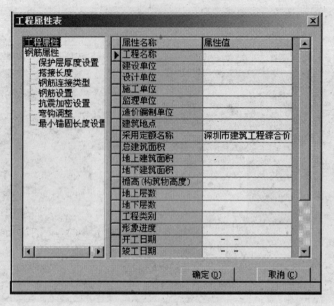 按钮打开工程属性表对话框,如图3-5所示。

图 3-5   工程属性表

对话框中,左边为属性目录树,右边为属性数据编辑框;首先,我们在目录树中选择工程属性节点,并在编辑框中输入这项工程相关的工程属性信息,其中最主要的是要正确选择本工程所采用的定额名称,如图3-6所示。

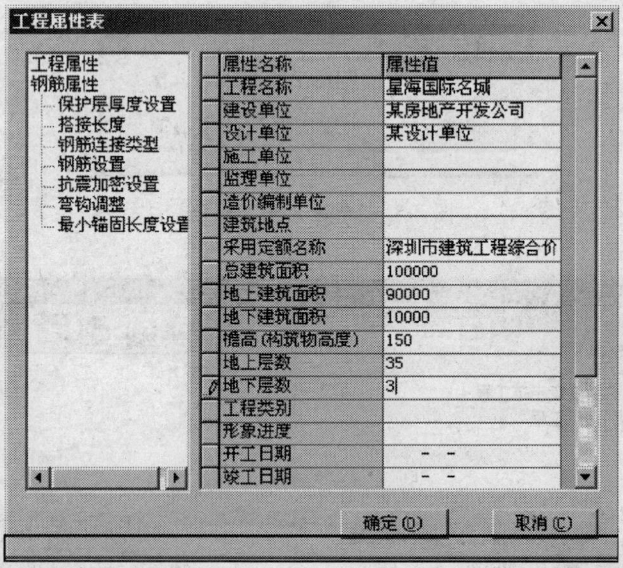

图 3-6   编辑工程属性

然后,依次选择钢筋属性中各个参数节点,根据本工程的实际情况修改钢筋的统计、计算依据;钢筋属性设置的保护层厚度和抗震等级为本工程缺省值,具体构件计算所用的数值是由结构总说明里构件结构类型所决定。例如,实际钢筋的定尺长度为9米,我们只需选择钢筋设置节点,将"单根钢筋长度"改为 9000 即可,如图 3-7 所示。

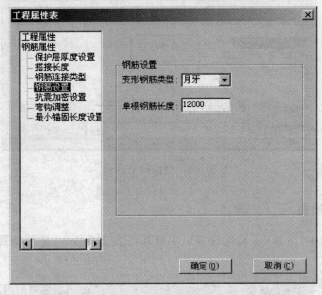

图 3-7 设置钢筋属性

这样,一个工程的项目文件就建立了。

3.2 打开项目文件

有两种方式打开一个项目文件。

第一种:是在《三维可视化工程量智能计算软件》运行时打开一个项目文件。通过在"工程"下拉菜单中选择"打开"或在工具栏中单击"打 开"按钮,将弹出一"打开文件"提示框,如图 3-8 所示。

图 3-8 "打开文件"提示框

如需将当前项目存盘,请单击"存盘"按钮,之后将进入如图 3-9 所示的"打开"对话框,在对话框中选择要打开的项目文件,单击"打开"按钮即可。

第二种:《三维可视化工程量智能计算软件》没有运行,此时单击任务栏上的"开始"按钮,之后在屏幕上出现一个弹出式菜单,将鼠标指向将鼠标指向"程序\斯维尔软件\三维可视化工程量智能计算软件专业版\三维可视化工程量智能计算软件专业版",在该项目上单击,就可以启动《三维可视化工程量智能计算软件》,并在屏幕上看到如图 3-9 所示的"打开"项目文件对话框。选择要打开的项目文件,单击打开即可。

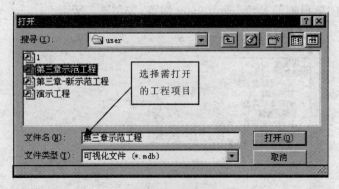

图 3-9　"打开"对话框

3.3　使用系统配置

通过激活菜单中"工具\可视化设置\CAD 系统配置"命令,显示如图 3-10 所示的对话框。

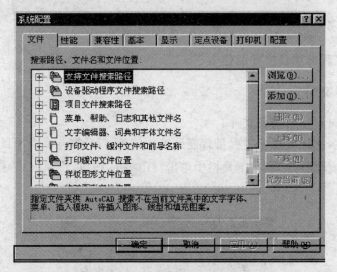

图 3-10　系统配置对话框

在"文件"页当中设置各种文件的路径,《三维可视化工程量智能计算软件》已经将此页的内容配置好,一般不需要用户修改。

用户在"基本"页中可以设置系统自动保存的间隔时间,如图 3-11 所示。这个时间不宜过短或过长,一般 15～40min 为宜。

每次自动保存,系统自动创建一个临时文件,保存在 windows\temp 路径下。名称为 auto?.sv $,其中"?"代表一个阿拉伯数字。如果需要使用自动保存的文件代替当前文件,需要先将 veqics 下的 user 文件夹中现有的当前图形文件(∗.DWG)改名或删除,然后将 auto?.sv $复制到 veqics 下的 user 文件夹中,并将后缀扩展名由 sv $改为 dwg 以及文件名称更改为当前文件名。

如选择"每次保存均创建备份文件"选项以后,每次保存文件时,系统会自动在 veqics

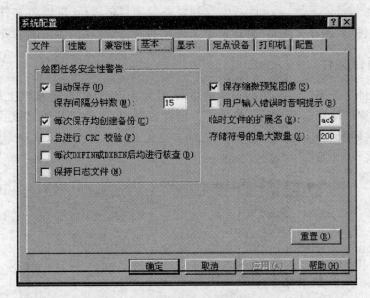

图 3-11　"系统设置"中的"基本页"

下的 user 目录中创建一个扩展名为 bak 的文件,名称与当前文件相同。这个备份文件备份的内容是此次编辑以前的内容。如果想取消此次编辑,可以用这个备份文件取代保存后文件。

3.4　保存和备份项目文件

使用《三维可视化工程量智能计算软件》时,如果保存项目文件,可以在"工程"下拉菜单中选择"保存"或在工具栏中单击"保存" ![按钮图标] 按钮。

备份项目文件,有两种方法。

第一种:在使用《三维可视化工程量智能计算软件》时,通过激活"工程\另存为..."命令,将弹出"另存为"对话框,如图 3-12 所示。

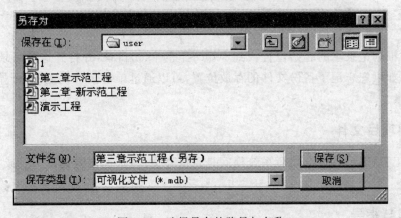

图 3-12　选择另存的路径与名称

在这个对话框当中,选择另存的路径,就可将项目文件备份起来。

第二种：在 veqics 下的 user 目录中找到要备份项目的 dwg 扩展名文件（图形文件）和 mdb 扩展名文件（数据库文件）。将这两个文件复制到备份目录，即完成了备份。

3.5   查找项目文件

用户的项目文件都自动存在 veqics 的 user 目录中，您可以选定桌面上的"三维可视化工程量智能计算软件专业版"图标，然后单击鼠标右键，在菜单中选择"属性"系统将弹出一"属性"对话框，如图 3-13 所示。记录下"三维可视化工程量智能计算软件专业版"的起始位置。

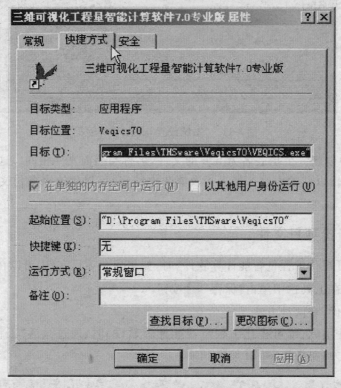

图 3-13   属性对话框

您只需根据记录下的起始位置找到 veqics 下的 user 目录，并打开这个目录找出需要的项目文件。如果您忘记了备份文件的存放位置，可以通过单击任务栏上的"开始"，通过"查找"进行搜索。

3.6   关闭项目文件

激活"工程\退出"命令，然后系统提问是否保存文件，根据需要选择"是"或"否"，就可退出了。

3.7   练习与指导

（1）在哪里修改钢筋计算依据？
答：在工程属性中修改。

（2）在使用《三维可视化工程量智能计算软件》时，正在修改"兴海湖大厦.dwg"，突然遇到了停电怎么办？

答：在使用《三维可视化工程量智能计算软件》时，如果遇到突然的停电或死机，系统是来不及保存的。重新开机以后，在 windows\temp 路径下，找到最新的 auto?.sv$文件，将它的扩展名改为 dwg 打开，查看其中的内容，这个文件保存了最后一次自动保存时的修改。把这个文件的名字改成"兴海湖大厦.dwg"，并用这个文件取代 veqics\user 下的"兴海湖大厦.dwg"。

（3）在修改某项工程之后，进行了保存。后来有觉得这次修改没有必要，请问如何恢复到原来的文件？

答：在 veqics\user 目录下，找到这个工程的 dwg 扩展名文件，把这个文件放在别处或删除。再把这个工程的 bak 扩展名文件的扩展名改为 dwg，这样就恢复来修改前的文件。

第4章 AutoCAD 图形操作入门

本章重点：

在本章主要介绍基本图形的几何概念、基本图形的操作。

本章具体包括下列内容：

● 坐标系概念
● 坐标点输入的方法
● 精确捕捉的概念和方法
● 创建对象
● 编辑图形

4.1 坐标系概念

任何实体在空间都可用坐标来定位，常见的坐标系有笛卡尔坐标、柱坐标、球坐标。

（1）笛卡尔坐标

笛卡尔坐标由三个方向互相垂直的矢量组成（X 坐标、Y 坐标、Z 坐标），如图 4-1，是最常用的坐标系。AutoCAD 中采用笛卡尔坐标，个别地方穿插其他坐标（如极坐标）。

（2）柱坐标

柱坐标是由一个极坐标（极径 R、弧角 θ）加个垂直于极坐标的矢量（Z 坐标）组成，如图 4-2。

（3）球坐标

球坐标是由一个极径 R 和两个垂直平面内的弧角（θ、γ）组成，如图 4-3。

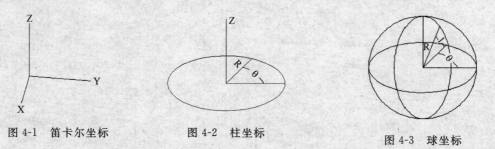

图 4-1　笛卡尔坐标　　　　图 4-2　柱坐标　　　　图 4-3　球坐标

（4）AutoCAD 中的坐标系

AutoCAD 有两种坐标系：一种是固定的世界坐标系（WCS），一种是可移动的用户坐标系（UCS）。

在 WCS 中，水平方向是 X 轴，垂直方向是 Y 轴，Z 轴与 XY 平面垂直。原点是在图形左下角 X、Y 轴的相交处（0,0）。当移动 UCS 时，您可根据 WCS 定义它的新位置。实际上，所有的坐标输入都是使用 UCS。

AutoCAD 用多种方法显示 UCS 图标以帮您获得图形平面的方向感。以下图形显示了一些可能的图标。

断铅笔图标表示 XY 平面的边缘与视图方向垂直。当前为断铅笔图标时，若用定点设备指定坐标，如拾取点的 Z 值非零，则可能会出现非预期的结果。

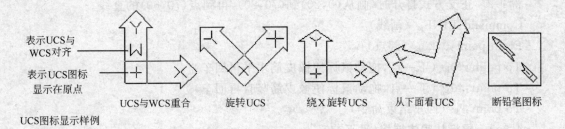

图 4-4　坐标系图标

　　移动 UCS 使处理图形的特殊截面变得更加容易,旋转 UCS 将帮助您在三维或旋转视图中指定点,捕捉、栅格和正交模式都与新的 UCS 旋转一致,也可以设置新的角度基线并相对它来画直线,捕捉、栅格和正交按新的 UCS 方向旋转,用自定义的 UCS,可以旋转 X、Y 平面并改变坐标系的原点,这一功能在处理基线偏移水平或垂直方向的截面时特别有用。

　　可用以下几种方法重定位用户坐标系:

1) 指定新的 XY 平面

2) 指定新的原点

3) 将 UCS 与现有的对象对齐

4) 将 UCS 与当前的视线方向对齐

5) 围绕任一坐标轴旋转当前的 UCS

6) 选择以前保存的 UCS

4.2　坐标点输入的方法

　　《三维可视化工程量智能计算软件》采用 AutoCAD 界面,因此坐标的输入由 AutoCAD 决定。

　　AutoCAD 中采用 X、Y、Z 记录实体的坐标,作图中当前坐标系是平面坐标系(一般为 XY 平面),当需要时才输入第三个坐标(Z),常见的坐标输入有以下几种:

4.2.1　鼠标直接输入

　　鼠标直接输入,拖动鼠标到所需的位置,点左键即可输入坐标。正交方式打开时(鼠标左键双击 AutoCAD 窗口下面的状态栏 ORTHO 切换开、关状态),鼠标只输入相对已输入点的水平或竖直点(它与鼠标位置有关,从橡皮线的轨迹可看出来)。

4.2.2　从键盘键入坐标

　　从键盘键入,点坐标之间以逗号隔开。

　　例 4-1　画从(10,20)到(40,60),再到距离点(40,60)长 10 角度为 45°的直线(↙表回车)。

Command:LINE↙(画线)

From point:10,20↙(起点)

To point:40,60↙(下一点)

To point:@10<45↙(下一点)

To point:↙(回车结束命令)

例4-2   正交方式打开时,画从(0,20)到(70,20),再到点(70,60)的直线。

Command:LINE↙(画线)

From point:0,20↙(起点)

To point:70↙(下一点,拖动鼠标使橡皮筋水平再回车)

To point:40↙(下一点,拖动鼠标使橡皮筋竖直再回车)

To point：↙(回车结束命令)

4.2.3   鼠标从实体捕捉(见下节)。

4.3   精确捕捉的概念和方法

一般情况下,我们在屏幕上的同一处点取两次,在视觉上感觉点到的是同一个点,而实际上两次点到的是不同的两个点。需要精确的捕捉系统中的每一点,就要用到系统提供的精确捕捉工具了。

实体捕捉

对于实体来说,它的轮廓有很多特征,如端点、交点、中点、圆心等。使用对象捕捉是在对象上准确定位的快捷方法,这种方法不必知道坐标或绘制构造线。例如,通过对象捕捉来作一条通过圆心、多段线线段的中点或虚拟交点的线。使用对象捕捉要比在图纸上绘制点精确得多。

每次当 AutoCAD 提示输入一个点时,都可以进行对象捕捉。单一对象捕捉仅影响下一个选择的对象。也可以打开一个或多个运行对象捕捉。运行对象捕捉一直保持激活状态直到将其关闭。

图 4-5   捕捉工具栏

AutoCAD 提供了十一种对象捕捉方式。

对象捕捉工具栏如图 4-5：

1）追踪:相对于图形其他点定义点

2）捕捉自:捕捉到当前参照点

3）捕捉到端点:捕捉到圆弧或线的最近端点

4）捕捉到中点:捕捉到圆弧或线的中点

5）捕捉到交点:捕捉到线、圆弧或圆的交点

6）捕捉到外观交点:捕捉到两个对象的外观交点

7）捕捉到中心点:捕捉到圆弧或圆的中心点

8）捕捉到象限点:捕捉到圆弧或圆的象限点

9）捕捉到切点:捕捉到圆弧或圆的切点

10）捕捉到垂点:捕捉到垂直于 圆弧、线或圆的点

11）捕捉到插入点:捕捉到文字、块、形或属性的插入点

12）捕捉到节点：捕捉到点对象

13）捕捉到最近点：捕捉到圆弧、圆、线或点的最近点

14）快速捕捉：捕捉到第一个发现的捕捉点

15）无捕捉：关闭对象捕捉模式

16）对象捕捉设置：设置执行对象捕捉模式并修改靶框大小，如图 4-6

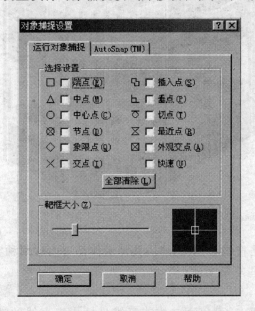

图 4-6　捕捉设置工具栏

　　实体点捕捉可代替手工精确输入坐标，以上这些捕捉方式可用鼠标从捕捉工具栏点取，也可由第 16 项选取所需捕捉方式。自动捕捉的开关状态可双击状态栏的 OSNAP 切换。在使用任何对象捕捉设置时，当光标移动到一个捕捉点上时，自动捕捉会显示一个标志和捕捉提示。

　　当在命令行上输入一个对象捕捉或在"对象捕捉设置"对话框中打开对象捕捉时，自动捕捉就自动打开。输入一个绘图命令后，拖动鼠标经过对象时，自动捕捉就会显示捕捉点。如图 4-7。使用循环功能，可以按 TAB 键遍历指定对象上的所有有效捕捉点。如果设定靶框在圆上，那么按下TAB 键后，自动捕捉就在象限点、中点和圆心之间循环切换。

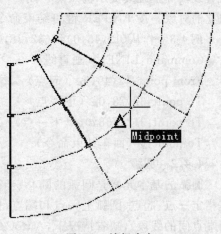

图 4-7　捕捉中点

4.4　创建对象

　　实体在表观上都是由点、线、面组成，AutoCAD 可以通过用户创建所需的实体。如图4-8。AutoCAD 提供了多种作图方式来表达用户所需实体。

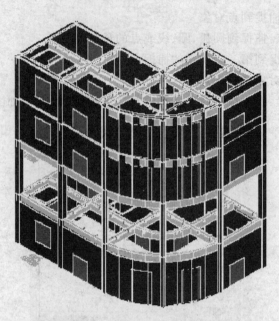

图 4-8   AutoCAD 实图

最基本的两种实体是直线和圆弧,然后其他实体都可由这两种实体组合而成,当然 AutoCAD 可以直接创建一些复杂实体。

4.4.1   直线

直线的基本元素是两点,可以用二维或三维坐标指定直线的端点。AutoCAD 绘制一条直线段并且继续提示输入点。用户可以绘制一组连续的线段,其中的每条线段都是一个独立的对象。按 ENTER 键可结束命令。

例 4-3   作从(12,45,0)到(32,78,0)再到(312,758,0)的两段直线

Command:LINE↙(画直线)

From point:12,45,0↙(起点)

To point:32,78,0↙(下一点)

To point:312,758,0↙(下一点)

To point:↙(回车结束命令)

4.4.2   圆弧

圆弧的基本元素是圆弧的圆心、半径、始角、终角,可使用多种方法创建圆弧。缺省方法是指定三点:起点、圆弧上一点和端点,也可指定圆弧的角度、半径、方向和弦长(圆弧的弦是两端点间的线段),缺省情况下,AutoCAD 将按逆时针方向绘制圆弧。

例 4-4   作圆心为(53,62)半径为 30,始角为 45°,终角为 245°的圆弧。

Command:ARC↙(画圆弧)

Center/＜Start point＞:C↙(圆心)

Center:53,62↙(圆心)

Start point:@30＜45↙(起点)

Angle/Length of chord/＜End point＞:A(圆弧角度)↙

Included angle:200↙(圆弧角度)

4.4.3 圆

圆的基本元素是圆心、半径（AutoCAD 默认最近一次输入的半径），画圆缺省方法是指定圆心和半径，也可指定圆心和直径或通过两点定义直径，也可通过三点定义圆周，还可以创建相切于三个现有对象的圆或使圆相切于两个对象并指定一条半径来创建圆。

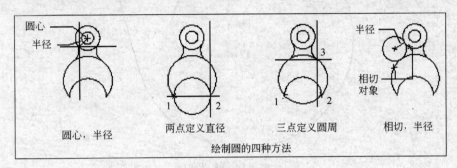

图 4-9　圆的绘制

例 4-5　作圆心为（43,74）半径为 20 的圆。

Command：CIRCLE✓（画圆）

3P/2P/TTR/＜Center point＞：43,74✓（圆心）

Diameter/＜Radius＞ ＜12＞20✓（半径）

4.4.4 多义线

多义线是由直线和圆弧组合而成，并可带一定线宽。从多义线创建命令中可看出许多选项来定义复杂的多义线，用 PEDIT 也可以编辑修改多义线。

例 4-6　作包括一段直线加一段圆弧再加一段有线宽的直线的多义线。

Command：PLINE✓（画多义线）

From point：67,98✓（起点）

Current line-width is 0

Arc/Close/Half width/Length/Undo/Width/＜Endpoint of line＞：55,52（圆弧（A）/闭合（C）/半宽度（H）/长度（L）/放弃（U）/宽度（W）/＜端点＞）✓

Arc/Close/Width/Length/Undo/Width/＜Endpoint of line＞：A✓（画圆弧）

Angle/CEnter/CLose/Direction/Halfwidth/Line/Radius/Secondpt/Undo/Width/＜Endpointof arc＞：32,98 ✓（角度（A）/圆心（CE）/闭合（CL）/方向（D）/半宽度（H）/直线（L）/半径（R）/第二点（S）/放弃（U）/宽度（W）/＜圆弧端点＞）

Angle/CEnter/CLose/Direction/Halfwidth/Line/Radius/Second   pt/Undo/Width/＜Endpoint of arc＞：L✓（画线段）

Arc/Close/Halfwidth/Length/Undo/Width/＜Endpoint of line＞：W✓（线宽）

Starting width ＜0＞：2✓（起点线宽）

Ending width ＜2＞：0✓（终点线宽）

Arc/Close/Halfwidth/Length/Undo/Width/＜Endpoint of line＞：43,68✓（终点）

Arc/Close/Halfwidth/Length/Undo/Width/＜Endpoint of line＞：✓（回车结束命令）

例 4-7　修改前面所作的多义线，线宽为 1。

Command：PEDIT✓（编辑多义线）

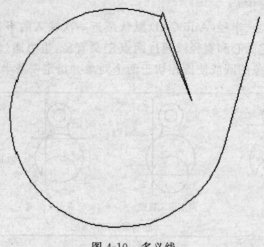

图 4-10 多义线

Select polyline↙（点取多义线）

Close/Join/Width/Edit vertex/Fit/Spline/Decurve/Ltype gen/Undo/eXit ＜X＞：W↙（闭合（C）/连接（J）/宽度（W）/编辑顶点（E）/拟合（F）/样条曲线（S）/非曲线化（D）/线型生成（L）/放弃（U）/退出（X）＜退出＞）

Enter new width for all segments：1↙（线宽）

Close/Join/Width/Edit vertex/Fit/Spline/Decurve/Ltype gen/Undo/eXit ＜X＞：X↙（退出命令）

4.4.5 封闭的多义线

矩形实体实际上是一条封闭的多义线，它可以带上倒直角也可倒圆角，并可带一定厚度。除矩形外，还有多边形（POLYGON），圆环（DONUT）两种封闭的多义线。

例 4-8 作一个对角为（20,10）、（30,40）的矩形。

Command：RECTANGLE↙（画矩形）

Chamfer/Elevation/Fillet/Thickness/Width/＜First corner＞：20,10 ↙（倒角（C）/标高（E）/圆角（F）/厚度（T）/宽度（W）/＜第一角点＞）

Other corner：30,40↙（另一角点）

Elevation 指矩形平面在垂直于矩形平面方向上的坐标（一般指 Z 坐标）。

4.4.6 其他实体

其他实体包括点（POINT）、射线（RAY）、波浪线（SPLINE）、文字（TEXT）、多行文字（MTEXT）尺寸标注（DIM）、三维实体长方体（BOX）、三维实体球体（SPHERE）等。

4.5 编辑图形

实体仅仅从键盘或鼠标输入图形是远远不够的，AutoCAD 提供了多种方式了编辑图形的方式，从而提高作图速度和准确度，如复制、移动、延伸等。

4.5.1 选择实体对象

对实体操作必须选择实体对象。选择方式有许多种，如窗口选取（Window 选取窗口所包容的实体）、最后实体（Last）、交叉窗口（Crossing）等。

选取命令包括状态有自动（Auto）、添加（Add）、全部（All）、窗选（Box）、窗交（Crossing）、圈交（CPolygon）、栏选（Fence）、编组（Group）、最后（Last）、多次（Multiple）、前一个（Previous）、撤除（Remove）、单选（Single）、放弃（Undo）、窗口（Window）、圈围（WPolygon）。

其他选取方式可在需要时，用键盘和鼠标配合实现，其中当光标从左向右窗口选取时，系统默认为窗口选取，从右向左窗口选取则为交叉窗口选取方式，从以后的例子可看出一些选取方式的运用。

4.5.2　编辑实体

编辑实体包括复制、修剪、延长、截断、移动、旋转、比例拉长、改变属性等。比较快捷的方式可从 GRIP 菜单选取所需操作。

用"MATCHPROP"命令可复制一个对象的某些或所有特性到一个或多个对象，可以复制的特性包括颜色、图层、线型、线型比例、厚度，有时，也包括标注、文字和图案填充特性。

如图 4-11 列出常见 AutoCAD 的编辑命令。

删除（从图形删除对象：erase）

复制（拷贝对象：copy）

镜像（创建对象的镜像拷贝：mirror）

偏移（创建同心圆、平行线和平行曲线：offset）

阵列（创建按指定图案排列的多重对象拷贝：array）

移动（在指定方向上按指定距离位移对象：move）

旋转（按基点移动对象：rotate）

大小（在 X、Y 和 Z 方向等比例放大或缩小对象：scale）

拉伸（移动或拉伸对象：stretch）

拉长（拉长对象：lengthen）

修剪（在其他对象定义的剪切边上修剪对象：trim）

延伸（延伸对象到另一对象：extend）

打断（部分删除对象或把对象分解为两部分：break）

倒角（给对象加倒角：chamfer）

圆角（给对象加圆角：fillet）

分解（将组合对象分解为对象组件：explode）。

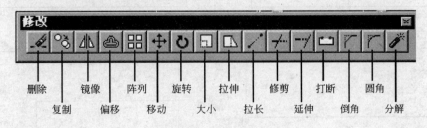

图 4-11　修改工具栏

例 4-9　编辑文本可用 DDEDIT 命令编辑，当键入命令和选取文字（比如文字为单行文本文字 345）后，会出现如图 4-12 的对话框。

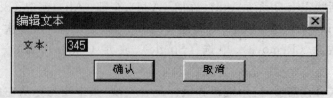

图 4-12   单行文本编辑

文本为多行文本(AutoCAD R14.0)时,出现的对话框如图 4-13。

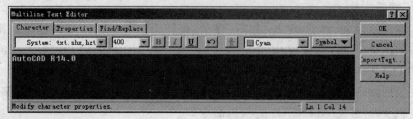

图 4-13   多行文本编辑

例 4-10   剪切相交线段

Command:TRIM ↙

Select cutting edges:(Projmode = UCS, Edgemode = No extend)

Select objects:Other corner:1 found(如图 4-14 窗口选取)

Select objects:Other corner:2 found(如图 4-15 交叉窗口选取)

Select objects:↙

＜Select object to trim＞/Project/Edge/Undo:(＜选择要修剪的对象＞/投影(P)/边(E)/放弃(U),如图 4-16 点取)

＜Select object to trim＞/Project/Edge/Undo:(如图 4-17 点取)

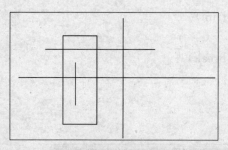

图 4-14   窗口选实体

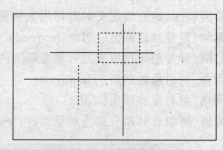

图 4-15   窗交选实体

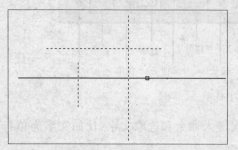

图 4-16   剪直线右侧

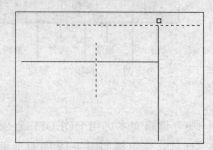

图 4-17   剪直线上侧

例 4-11　复制实体。复制一个对象并将此拷贝放置到图形的不同位置,通过创建块并多次插入此块,如果需要对象生成轴对称图形,可以使用镜像功能创建镜像图像,另外,还可以创建对象的阵列,即将一个对象复制成按矩形正交的或环形排列的图案。

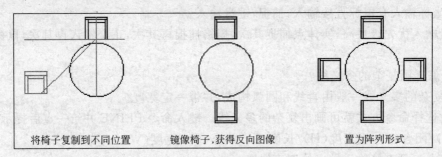

图 4-18　复制实体

例 4-12　镜像实体。

Command：MIRROR↙

Select objects(选取实体)：Other corner：31 found(窗口选取实体)

Select objects：↙

First point of mirror line(镜像线第一点)：cen of(捕捉圆心屏幕上点取)

Second point(第二点)：(屏幕上点取,如图 4-19)

Delete old objects(清除旧对象?)？＜N＞↙

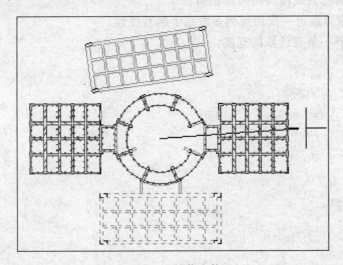

图 4-19　镜像实体

例 4-13　将直线和圆弧的交点倒角(CHAMFER)或圆角(FILLET)。

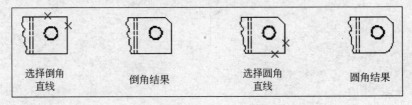

图 4-20　倒角(CHAMFER)、圆角(FILLET)

4.6　练习与指导

（1）坐标输入的优先顺序如何？

答：坐标输入有鼠标直接输入，捕捉，键盘输入。

键盘输入优先级最高，实体点捕捉其次，栅格捕捉再其次，正交输入再其次，鼠标直接输入最低。

（2）怎样画复杂的多义线？

答：复杂的多义线一般由直线和圆弧构成，并带一定宽度。

通过选择命令方式就可画出复杂的多义线。键入命令 PLINE 并给一点后提示行出现："圆弧（A）/闭合（C）/半宽度（H）/长度（L）/放弃（U）/宽度（W）/＜端点＞"。

＜端点＞是直接输入端点绘制直线段。

圆弧（A）表示添加弧段到多段线上，同时圆弧方式下有：角度（A）/圆心（CE）/闭合（CL）/方向（D）/半宽度（H）/直线（L）/半径（R）/第二点（S）/放弃（U）/宽度（W）/＜圆弧端点＞。直接输入点表示圆弧与上段线相切，直线（L）指退出选项"圆弧"，闭合（CL）指用一条弧段闭合多段线，其他方式相当于知道起点，画一般的圆弧。

闭合（C）指从当前位置到多段线起点绘制一条直线段来创建闭合多段线。

半宽度（H）指多段线线段中心到它一边的宽度。起点半宽度成为缺省的终点半宽度。

长度（L）是使用与前一段相同的角度来绘制指定长度的直线段。如果前一段为圆弧，则 AutoCAD 绘制的直线段将同弧段相切。

放弃（U）指删除最近一次添加到多段线上的直线段。

宽度（W）指下一条直线段的宽度。

第 5 章 AutoCAD 图形的显示控制

本章重点：

在本章中主要介绍控制图形显示的方法。

本章具体包括以下内容：

● 图形的重画和重生成

● 使用缩放和平移

● 使用鸟瞰视图

● 三维视点的切换

5.1 图形的重画和重生成

AutoCAD 在绘制图形时，经常会产生一些临时标记，这些临时标记需要时常被清除。图形重画和重生成，可以删除绘图时用于标识指定点的点标记或临时标记。

重画：通过激活"视图\重画"命令实现。

重生成：通过激活"视图\重生成"命令实现。

重生成复杂图形需要花很长时间，所以一般采用重画来刷新屏幕。

5.2 使用缩放和平移

特定的比例、观察位置和角度称为视图。

用户在操作可视化图形的过程当中，需要经常改变图形的显示范围，从而更加方便地观察、编辑图形。例如，想在原点附近绘图，就要把图形的显示范围定在原点附近（平移）；想仔细观察当前视图的一个局部，就应在视图显示中放大这个局部（缩放）。

改变图形显示范围的方法很多，其中，最为常用的是实时缩放、实时平移。

5.2.1 实时缩放

实时缩放是可视化软件中最常用的缩放方法。实时缩放的特点是交互式的缩放。在实时缩放模式下，图形的显示范围随着用户鼠标的移动而变化，用户可以方便的确定显示范围。

通过激活"视图\实时缩放"命令进入实时缩放模式。在实时缩放模式下，可通过垂直向上或向下移动光标来放大或缩小图形。比如，在图形区的中点处按住拾取键然后垂直向上（正向）移动光标到窗口顶部，可以使窗口缩小 50％（图形显示大小变为原来的两倍）。在图形中点处按住拾取键然后垂直向下（反向）移动光标到窗口底部，可以使窗口放大 100％（图形显示大小变为原来的一半）。

5.2.2 实时平移

与实时缩放类似，实时平移也是交互式工作。

通过激活"视图\实时平移"命令就进入实时平移模式。按下鼠标的左键并移动手形光标就可以平移图形。单击右键，出现光标菜单，选择"退出"即可退出实时平移模式，或选择"缩放"进入实时缩放模式。要退出实时平移模式，则可按 ENTER 键或 ESC 键。

5.3 使用鸟瞰视图

鸟瞰视图是一种定位工具,它在另外一个独立的窗口中显示整个图形视图以便快速移动到目地区域。在绘图时,如果鸟瞰视图窗口保持打开状态,则可以直接进行缩放和平移而无须选择菜单选项或输入命令。

5.3.1 打开和关闭鸟瞰视图

打开:在"可视化标准工具"上单击"鸟瞰视图",打开鸟瞰视图窗口,如图 5-1 所示。

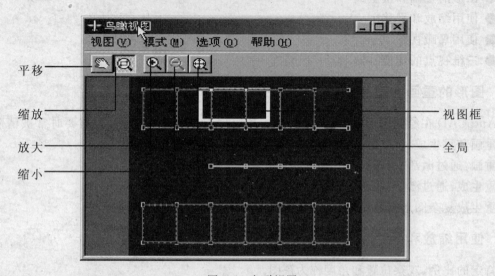

图 5-1　鸟瞰视图

关闭:要关闭鸟瞰视图窗口,单击鸟瞰视图窗口右上角的"×"(关闭键)。

5.3.2 使用鸟瞰视图进行缩放

按下鸟瞰视图窗口上的"缩放"按钮,通过在鸟瞰视图窗口建立一个新的视图框来改变视图。要放大图形,应使视图框小一些;要缩小图形,应使视图框大一些。当放大或缩小图形时,在图形区内会显示当前缩放位置的实时视图。

5.3.3 使用鸟瞰视图进行平移

按下鸟瞰视图窗口上的"平移"按钮,通过移动视图框(不改变其大小)来平移图形。这同在鸟瞰视图窗口放大或缩小图形时一样,图形区会实时显示当前平移位置的视图。这种方法只改变视图而不改变其大小。

5.4 三维视点的切换

编辑一个工程文件时,经常需要显示工程的平面、立体视图。在视图菜单中提供了各种视点的切换方法,三维可视化工程编辑过程中常用的是平面图和等轴侧视图,其中顶视图和东南等轴侧视图最为常用。

5.4.1 切换至顶视图

顶视图是逆 Z 轴方向观察,相当于建筑物的顶面视图,如图 5-2 所示。

通过激活"视图\三维视点\顶视图"命令,就可以将视图切换至顶视图。

5.4.2　切换至东南等轴侧视图

东南等轴侧视图是从东南的斜上方观察,如图 5-3 所示。

通过激活"视图\三维视点\东南轴侧视图"命令,就可以将视图切换至东南轴侧视图。

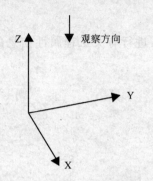

图 5-2　顶视图的观察方向

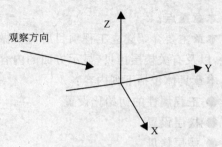

图 5-3　东南轴侧视图的观察方向

5.5　练习与指导

(1) 如何进入实时缩放模式?

答:视图菜单中选择"实时缩放",或在"可视化标准工具"上单击"实时缩放"的图标,或命令行中输入 ZOOM 再回车,就进入实时缩放模式。

(2) 如何利用鸟瞰视图进行缩放?

答:首先,在鸟瞰视图窗口中,从"模式"菜单下选择"缩放"。

然后,按下定点拾取键选定第一个点,拖动矩形到需要的缩放窗口大小,然后释放拾取键,随着鸟瞰视图窗口的缩放,图形区也显示了当前缩放的视图。

第6章　工程项目初始化设置

本章重点：

本章主要介绍建立工程项目后需要做的第一件事情：进行有关工程属性信息的初始化设置，以及有关楼层拷贝、显示方面的内容。

本章具体包括下列内容：

● 工程属性的初始化设置
● 楼层设置
● 楼层拷贝
● 当前楼层和构件显示
● 显示所有楼层

6.1　工程属性的初始化设置

在建立了一个新的工程项目，进行该工程的预算图绘制之前，需要对该工程进行一些初始化设置。可以通过激活"工程\工程属性"命令或单击工具栏中 ![按钮] 按钮进入"工程属性"对话框，完成相关工程初始属性的定义，如图6-1所示。

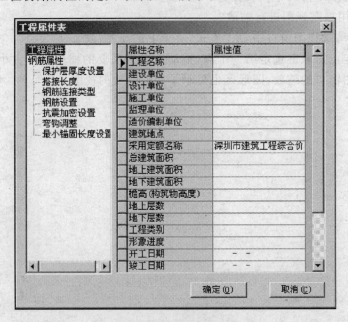

图6-1　工程属性定义

对话框中，左边为属性目录树，右边为属性数据编辑框。首先，我们在目录树中选择"工程属性"节点，并在编辑框中输入这项工程相关的工程属性信息，如图6-2所示。

在"工程属性"设置页面中，主要设置与工程概况有关的一些基本信息，如：工程名称、建设单位、设计单位、施工单位、造价编制单位、采用定额名称、开工日期、竣工日期、编制日期、编制人等。

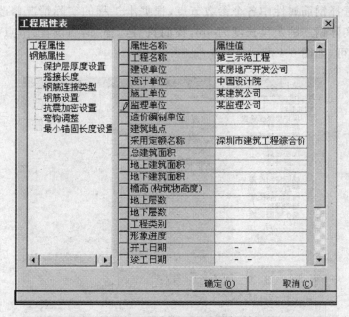

图 6-2　录入工程属性

对于这些与工程有关的基本信息,您只需根据工程的概况信息如实填写即可。但有一项"采用定额名称"的内容是您必须注意的。在工程属性定义中,您可以通过"采用定额名称"来选择本工程将要套用的定额。

点击"采用定额名称"后的功 ... 能按钮,在弹出的列表中选择您需要套用的定额。例如,您需要套有"深圳市建筑工程综合价格(2000)"定额,在下拉列表中选择"深圳市建筑工程综合价格(2000)"即可,在以后的定额做法指定中,系统将套用"深圳市建筑工程综合价格(2000)"定额,如图 6-3 所示。

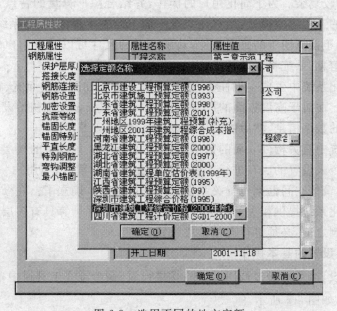

图 6-3　选用不同的地方定额

然后,依次选择钢筋属性中各个参数节点,根据本工程的实际情况修改钢筋的统计、计算依据。例如,实际钢筋的定尺长度为9m,我们只需选择"钢筋设置"节点,将"单根钢筋长度"改为9000即可,如图6-4所示。

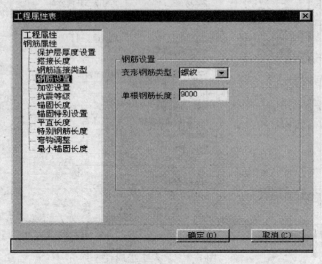

图6-4   设置钢筋属性

6.2   楼层设置

工程项目的"楼层设置",是进行工程初始化设置另一个重要内容。

6.2.1   楼层设置的重要性

在前面章节说过,"三维可视化工程量智能计算软件"是通过"三维建模"的形式来建立工程模型,生成预算图。而在实际工程建模的工作中,完全是通过真正三维的方式来建立工程模型,其操作比较复杂。为了简化用户的操作,并结合图形算量的特点,可视化系统采用了一种比较简单的工程建模模式:用户在二维平面上绘制工程构件,由系统自动生成三维构件。也就是说,对于预算图中的每个构件,其平面上的尺寸可以通过用户的相关定义获得;而立面上的高度信息,系统将自动赋予。

例如在可视化系统中生成一根柱子,用户只需要定义柱子的截面宽、截面高,指定该柱放置的位置即可。而对于高度方面的尺寸信息,系统将根据该工程初始设置信息,自动提取有关柱高度方向的数据信息,然后赋给该柱,完成该柱的三维建模。

而可视化系统中有关构件立面的数据信息,主要保存在该项目的楼层表中,楼层表是通过"楼层设置"命令来设置的。在进行工程项目的初始化设置时,当用户一旦完成建筑物的楼层设置,该栋建筑的空间框架位置关系在预算图中就基本确立了。在今后的计算中,就可以自动地为可视化系统提供相关的数据信息。因此,用户在计算具有多层结构的建筑物时,在进行预算图绘制之前,必须进行有关楼层设置。

6.2.2   楼层设置的基本操作

进行楼层的设置,可以通过调用"工程\楼层设置"命令或在工具栏中单击 按钮,激活"楼层设置"窗口,如图6-5所示。

在可视化系统中建立预算图,是通过分层、分构件的形式来组织的。系统在进行有关数

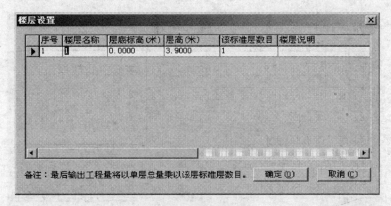

图 6-5　楼层设置

据计算时,不同楼层之间的构件是没有联系的。用户在组织构件时,只需考虑构件在本楼层的有关空间位置关系即可。因此,楼层表中的设置也就比较简单,用户直接从施工图的"立面图"或"剖面图"中抽取建筑物立面的有关信息即可。比如一栋七层的建筑物,其中 4～6 层为标准层,其他各层层高均不相同,就可按如图 6-6 所示设置楼层表。

序号	楼层名称	层底标高(米)	层高(米)	该标准层数目	楼层说明
1	1	0	3.9	1	
2	2	3.9	3.6	1	
3	3	7.5	3.3	1	
4	4	10.8	3	3	4-6层
5	7	19.8	3.6	1	

图 6-6　楼层表

楼层设置包括"楼层名称"、"层底标高"、"层高"、"该标准层数目"和"楼层说明"五个方面的内容。进行楼层设置的操作非常简单,用户只需要通过键盘中"左右"的光标键移动光标,在相关表格中键入有关数据即可。如需添加楼层,请在"楼层设置"对话框中单击鼠标右键,然后在弹出的菜单中选择"追加"。

其中,"层底标高"栏的标高数据,只需要设置第一层的层底标高即可,其他各层的层底标高系统将自动计算出来:

该层层底标高＝上一层的层底标高＋上一层的层高×上层标准层数目

("上一层"是相对于楼层表中的楼层)

6.2.3　楼层的插入和删除

进行楼层设置时,还可以进行楼层插入或删除的编辑操作。

在"楼层设置"窗口的数据录入区中,单击鼠标右键可弹出有关"插入或删除"命令的功能菜单,通过鼠标左键单击相应功能命令,激活"插入或删除"的编辑操作,如下图 6-7 所示。

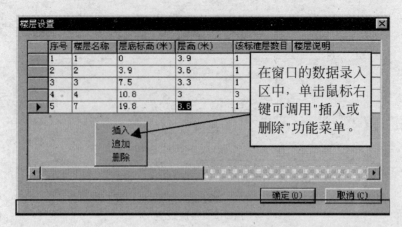

图 6-7   楼层设置中进行"插入或删除"

注意：在进行楼层的删除时，您必须慎重处理。因为在楼层表中删除某楼层后，系统将删除预算图中有关被删除楼层的所有信息，包括在该楼层布置的各类构件。更重要的是，该操作是不可逆的，一旦删除将不能恢复。

因此，在楼层表中进行楼层删除时，您一定要确定是否真的需要彻底删除该楼层。

6.3   结构总说明

功能：对工程进行最初的设置，为自动套定额和布置做准备。

绘制菜单：工程→结构总说明

工具条图标：

命令行：JGSM

执行出现以下对话框：

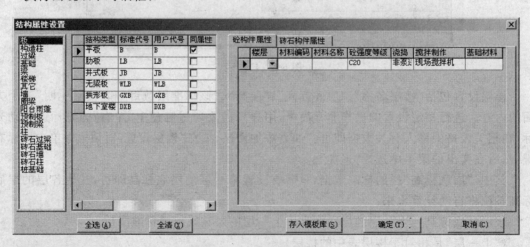

图 6-8   结构属性设置

对话框使用说明：

界面分三部分，左侧是构件列表，中间是左侧所选构件对应的结构类型及其代号，右侧是所选代号的构件对应的属性设置，分成混凝土构件属性和砖石构件属性两页，这两页对应相应的构件。

（1）结构类型设置：用鼠标选择不同的结构类型，会在右侧显示保存的结构类型对应的属性，此时用户可以进行设置。如果想一次多设可以在"同属性"一列打✓。同时可以右击鼠标，将出现浮动菜单，用户可以增加新的结构类型，可以删除无用的结构类型。

（2）属性设置：包括混凝土构件属性和砖石构件属性。

1）混凝土构件属性：用户要对楼层，材料编码等属性进行设置，一般提供缺省设置，用户可以修改，用户在设置时要认真对待，因为此设置会影响自动套定额和统计中换算的结果。可以右击鼠标，将出现浮动菜单，用户可以增加新的属性，可以删除无用的属性。可以设置多条属性，需要注意的是每条记录中的楼层不可以为空，楼层不可以重复设置，否则不予保存。

2）砖石构件属性：此属性针对砖石构件，主要对砌体材料，砂浆强度等属性进行设置。设置方法同混凝土构件属性。

（3）功能按钮：

1）全清：将结构类型的所有选择去掉；

2）全选：将所有结构类型选中；

3）保存模板：将此时用户设置的结构总说明保存为模板库，以后所有的工程均是此种设置；

4）确定：就是保存；

5）取消：关闭对话框，不保存当前设置。

6.4　楼层拷贝

众所周知，在工程中相邻两个楼层之间结构变化是不大的，因为上一个楼层都是在下一楼层结构基础上修建起来的。利用这个特点，用户在对某一个楼层进行工程量的计算时，如果能利用好与该楼层相邻的下面层的工程量计算数据，将会明显的加快工程量计算速度。

在"三维可视化工程量智能计算软件"中，可以通过"楼层拷贝"来实现两个楼层之间数据信息的共享。

6.4.1　楼层拷贝的基本操作

例如：初次将某一楼层中所显示的构件拷贝到目标楼层中去，其基本步骤如下：

（1）首先通过"工具\'楼层/构件显示'"命令或在工具栏中单击▦按钮，将您需要利用的楼层设置为当前层，并把需要拷贝的构件在图形文件中显示出来。

（2）通过调用"工具\楼层拷贝"命令或在工具栏中单击▦按钮，可以打开"楼层拷贝"对话框，如图 6-9 所示。

（3）然后在"楼层拷贝"对话框中，在"目标楼层："中选择目标楼层，如楼层"2"或"3"。并选择复制选项和复制方式。

复制选项：

当前楼层显示构件：复制当前楼层显示的构件。

当前楼层显定构件：系统提示选择构件，之后系统把用户选择的构件复制到目标楼层

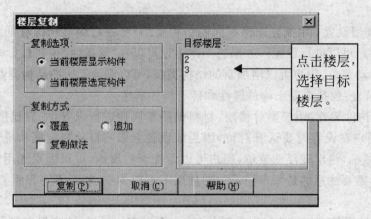

图 6-9　楼层拷贝

上。

复制方式:

覆盖:先清空目标楼层构件,再向目标楼层复制构件。

追加:系统对目标楼层构件不做任何处理,直接向目标楼层复制构件。

做法复制:复制构件时,把构件的定额做法一起复制。

(4)点击"复制(P)"功能按钮,系统把当前楼层中所显示的构件拷贝到所选目标楼层上,并给出拷贝成功的提示信息。

在进行楼层拷贝时,用户可以按自己的需要选择不同的方式操作:可以一次性将当前楼层中所有的构件拷贝到目标楼层上去;也可以根据工程建模的需要,分批地将构件拷贝到目标楼层。

6.4.2　楼层拷贝后的处理

在进行楼层拷贝后,用户首先需要对该目标楼层进行工程量分析(通过"分析\工程量分析"命令选取该目标楼层的楼层号,进行工程量的分析)。

然后根据上层的结构变化情况,配合可视化系统提供查询、修改工具(通用编辑、几何属性查询、定额做法定义等),对相关构件进行有关构件属性的修改和定义。

通过楼层拷贝,系统会将该构件的所有属性(包括其物理属性、几何属性、扩展几何属性、定额属性)携带到目标楼层。在对该目标楼层进行工程量分析后,系统会根据该楼层的基本工程信息对构件的有关属性,自动进行更新。

对于"柱",柱的高度属性将根据用户在楼层设置中的楼层信息进行相应调整,并自动默认为当前楼层的高度,无需用户手工去进行修改。假如该柱上布置了钢筋,而钢筋也随构件拷贝到目标层,在进行工程量分析、钢筋重计算后,钢筋会根据其所属柱的当前尺寸,重新计算钢筋的数量和长度的数据信息。

对于"梁、板",系统会按在楼层设置中的楼层表的标高信息,将梁、板的顶标高设置为"同当前层高"。

对于各个构件相关的分析调整值,系统会自动按照当前构件尺寸信息,进行空间位置的分析,自动更新相关的分析调整值。

6.5　楼层/构件显示

在建立工程模型的过程中,系统是通过分层、分构件的形式来组织预算图的。而在一个工程项目的预算图中,可能会生成上万个,甚至几十万个构件,这时用户就需要一个工具来控制这上万个构件的显示,让这上万个的构件按照用户所自定义的条件,有序的显示在当前绘图区域内。

在可视化系统中,是通过"当前楼层和构件显示"命令来实现的。调用"工具\'楼层/构件显示'"命令或在工具栏中单击 按钮,打开"当前楼层和构件显示选择"对话框,如图 6-10 所示。

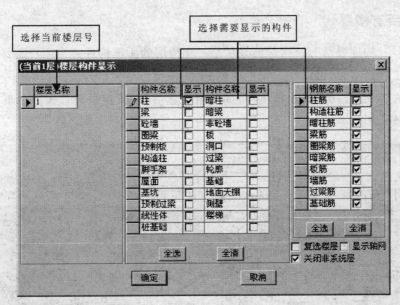

图 6-10　当前楼层和构件显示选择

在"当前楼层和构件显示选择"对话框中,主要包括四方面的内容:

● 控制构件的显示

在"当前楼层和构件显示选择"对话框中,可以通过鼠标左键单击构件后的复选框,选择或不选择该类构件,使其在当前图形屏幕上显示或不显示出来。

● 控制楼层的显示

点击"当前楼层"后带有箭头的功能按钮,在显示框中选择需要显示的楼层编号。如果楼层名称中只有楼层"1"一个选项,肯定是您没有进行楼层的设置,或只有一层。那么可以先通过"工程\楼层设置"命令进行楼层设置,然后就能选择您所需要显示的楼层,对所选楼层进行查看或建模等操作。

● 复选楼层

复选楼层可以控制多个楼层同时显示,选择复选楼层框打钩,可以在楼层列表中选择需要显示的楼层,在显示栏中对应的框打钩,当前楼层为焦点所在楼层,同时对话框标题栏会显示;否则只能选择一个楼层显示,当前楼层为该楼层。

● 控制轴网的显示

在"当前楼层和构件显示选择"对话框中,还可以通过选择或不选择"显示轴网"对轴网进行开、关控制。

● 控制构件显示的快捷按钮

结合工程的特点,在可视化系统中我们将一整栋建筑拆分为二十多种构件。为了方便用户快速的选择或取消所有的构件,系统中提供了"全选"和"全清"功能按钮。

"全选":其功能是将"当前楼层和构件显示选择"对话框中列出的全部构件选中。

"全清":其功能是在"当前楼层和构件显示选择"对话框中,取消所有被选择的构件。当用户只需要选择某几个构件时,可以先点取"全清"按钮,取消所有被选择构件,然后再去点取需要选择的构件。通过这种方式,能让您在选择构件时,提高一些效率。

6.6 显示所有楼层

利用"楼层/构件显示"命令,只能显示某一个楼层的所选构件。当用户需要查看整栋楼的三维立体工程模型时,可以在工具栏中单击 按钮。

如下图 6-11 所示,为"某示范工程"的三维立体渲染图,用户可以通过如下的操作步骤得到图示的效果图。

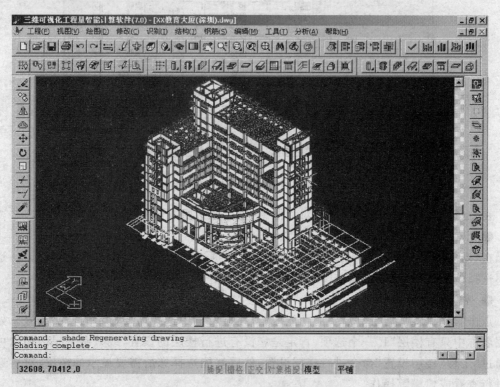

图 6-11 "某示范工程"的三维立体渲染图

(1)启动"三维可视化工程量智能计算软件",打开工程文件"某示范工程"。

(2)显示所有楼层。通过点击 ,显示所有楼层。

(3)关闭轴网。通过点击"工具\[显示开关]\[开关轴网]"命令或在工具栏中单击 按钮,将轴网关闭。

（4）对模型进行着色渲染。通过点击"视图\着色\16 色填充"命令或单击 按钮，对工程图形进行渲染。在系统进行着色渲染的时候，由于工程项目比较大，生成的构件比较多，需要消耗一点时间，请稍候片刻。

6.7　练习与指导

（1）当需要套用不同的定额时，该怎样进行设置？

答：当需要套用不同的定额时，您可以调用"工程\工程属性"命令，在"工程属性"页面中点击"采用定额名称"后选择功能按钮，在弹出的列表中选择您需要套用的定额。

注意：当您安装可视化系统时，必须安装了多套定额数据库才有多个定额供您选择。

（2）在楼层表中，删除某一楼层时需要注意些什么？

答：进行楼层的删除时，您必须慎重处理。因为在楼层表中删除某楼层后，系统将删除预算图中有关被删除楼层的所有信息，包括在该楼层布置的各类构件。更重要的是，该操作是不可逆的，一旦删除将不能恢复。

因此，在楼层表中进行楼层删除时，您一定要确定是否真的需要彻底删除该楼层。

（3）进行楼层拷贝后，该怎样做后续的处理工作？

答：详细请参见本章 6.3.2 小节的内容。

（4）怎样查看工程文件的三维立体渲染效果图？

答：详细请参见本章 6.5 小节的内容。

第 7 章　设计院的电子图档的自动识别

本章重点：

在本章中主要介绍目前可视化系统中,怎样利用设计院的设计成果——施工图电子文档。以及在使用 AutoCAD 绘制图形时,有关图层、颜色和线型的几个基本概念。

本章具体包括下列内容：

● 使用施工图概述

● 施工图图形文件导入

● 施工图图形文件的处理

● 有关图形文件中图层处理的基本方法

7.1　概述

在前面章节我们提到,通过可视化系统进行工程量的计算,用户需要做的主要工作就是建立工程的预算图,即将一栋建筑物完整的工程实体模型录入到可视化系统中,而后的工作就可以交给可视化系统自动完成。可视化系统会根据用户录入的预算图,自动分析、自动扣减,自动统计出相应的结果,得到用户所需的工程量清单。因而,能否快速地建立工程实体模型就成为体现可视化系统优越性的一个重要判定标准。

那么,可视化系统是采用一种什么样的模式进行工程建模的呢？是不是象设计院的设计人员那样,整天同 AutoCAD 中那些孤立的点、线打交道,一笔一画的去绘制预算图形呢？

我们的回答是：NO！在使用可视化系统时,您完全不必担心。象设计人员的那种绘图方式(同 AutoCAD 中那些孤立的点、线打交道)在我们系统中不会重现。

在可视化系统中,我们是采用这样的模式建立工程预算图的：我们将一栋建筑细分为无数个不同类型的构件,以构件作为组织对象的基本元素,而这些构件又是工程造价人员比较熟悉的,如梁、板、柱、墙等等。在软件中用户只需要指定构件的某些基本的几何属性(比如柱的截宽、截高,梁的截宽、截高,板厚等),然后在绘图区内指定该构件放置的位置,系统将自动把该构件的图形绘制出来。建模的过程好比在玩“搭积木”的游戏,软件中已经定义了许多构件模块,您只需对照工程施工图将构件从软件中找出来,摆放到相应的位置就可以了。这样,就可以在计算机的虚拟三维空间中将真实的建筑物比较轻松的“搭建”起来。

而在工程模型“搭建”的过程中,大家就可能会碰到一个最头疼问题：怎样将构件精确定位？更多的是希望可以提供一个工程底图进行参照,在构件定位时只需要按图摆放,或者可以不用人工建模,通过利用设计的成果直接转换为预算用的工程模型,岂不是件很美妙的事情？

在“三维可视化工程量智能计算软件”中,比较完善地解决了上面大家所遇到的问题,以及所希望的事情。在软件中,我们为大家设定了多套方案。

首先,对于无法直接利用设计院电子文档的用户,在可视化系统中提供了多个“轴网绘制”的工具。就如在工程施工前,工程中需要进行“施工放线”一样,用户可以在工程建模时使用轴网绘制工具,在软件中也进行一次“施工放线”的工作。从而为后续的精确建模工作提供准确的参考点位。有关轴网绘制的内容我们将在第八章作详细介绍,在本章就不再作过多的说明。

　　其次,对于可以利用施工图电子文档的用户,可视化系统提供了"施工图导入"工具。在本书的前言部分,我们谈到了一些"关于施工图电子文档的现状及利用"的问题,认为目前的现状下,通过利用设计的成果直接转换为预算用的工程模型,不用人工干预的模式,这种模式实现起来还存在一定的难度,但它是今后发展的一个方向。

　　但是,经过我们与有关专家研究和讨论发现:在一些施工图电子文档中,有关各构件定位信息以及轴网等信息基本上是准确的,是可利用的。而在实际工程建模的过程中,其实只需要将有关"骨架"构件精确定位后,其他相关构件就可以通过系统中提供的工具自动生成。例如:在框架结构的建筑中,当"柱"和"梁"精确定位后,就可以根据层高和"梁"的位置,自动生成梁下的"墙";根据"柱、梁"围成的边界,"板"的位置就可以确定下来等。

　　依据上面的理解,可视化系统建立了一套"施工图导入"机制。将施工图的电子文档导入到我们的工程中,将其作为底图,通过"智能识别"的方式,自动生成工程实体模型,建立预算图。

7.2　施工图电子文档的导入

　　在上一节中说到,目前可视化软件中主要利用施工图电子文档中有关各构件定位信息以及轴网等信息。因此,能利用的施工图纸主要包括建施图中的各层平面图、结施图中的结构平面布置图,利用这些图您就可以确定轴网、梁、柱、墙体的具体位置。

　　而在工程建模中,完成了柱、梁、墙的生成,也就相当于完成了建模工作的 50%。预算人员最头痛的"绘图"指的就是绘制梁、柱、墙。故而,现阶段合理地运用有关的施工图电子文档,对工程量计算速度还是有显著的提高。

　　那么,怎样利用施工图电子文档呢?

　　在"三维可视化工程量智能计算软件"中,利用施工图电子文档的第一步就是需要将施工图电子文档引入到我们的工程文件中来,让其作为"工程底图",也就是进行"施工图的导入"。

7.2.1　施工图电子文档的导入步骤

　　将施工图电子文档导入到我们的工程文件中,可以按以下步骤来完成:

　　(1)通过调用"工具\识别\插入电子图档"命令或单击 ⊞ 按钮,打开"打开"对话框,如图 7-1 所示。

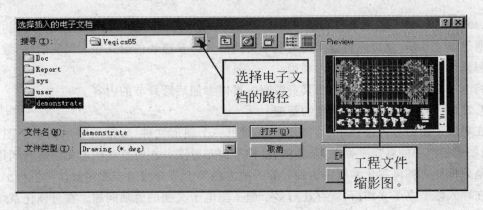

图 7-1　"施工图导入"第一步:"打开"对话框

（2）在对话框中选择施工图电子文档所在的路径，选定您所需要利用的施工图文件（.dwg），然后通过鼠标左键点击"打开"按钮继续。如果工程施工图电子文档中保存了该文档的缩影图，系统将在左边预览框中显示该文件的缩影图。

（3）回到图形界面，根据命令提示行的提示信息（请输入插入点），单击鼠标左键，在绘图区任意指定一个插入点，系统会自动将工程的设计电子文档作为一个外部参照块插入到当前工程文件中。但有时指定插入点后，当前图形屏幕上没有任何图形显示，如图7-2所示。遇到这种情况不要紧张，这主要是由于图形与插入点的距离过大，造成图形无法显示在当前窗口范围内。通过鼠标左键点击工具条中"范围缩放"⊕按钮，系统会将所有图形显示在当前窗口范围内。

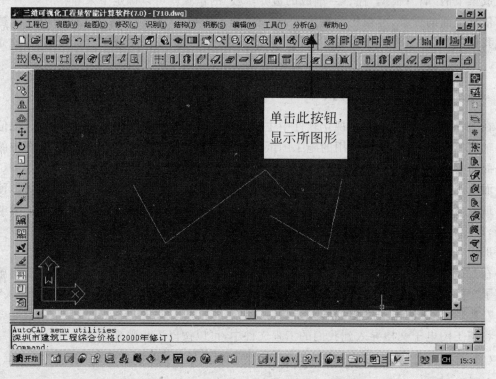

图7-2 "施工图导入"第四步：显示所有图形

（4）如图7-3所示，当系统将整个图形显示在当前窗口后，就可以看到刚刚导入的施工图。通过以上几步，就可以将施工图的电子文档以外部参照块的形式导入到我们"三维可视化工程量智能计算软件"中并加以利用。

将电子文档导入后，怎样利用其资源呢？可以参照后续章节的内容。

7.2.2 导入施工图电子文档的管理

在对施工图的导入过程中，往往不只是利用一个图形文件，一般需要用到多个图形文件，例如建施图中的各层平面图、结施图、结构平面布置图。在对这些图形文件进行利用时，我们是分批导入到可视化系统中去的。导入的方法与上节介绍的步骤相似。

在导入多个电子文档后，就存在对多个施工图电子文档的管理问题。在可视化系统，是通过"楼层/构件显示"命令来完成的。

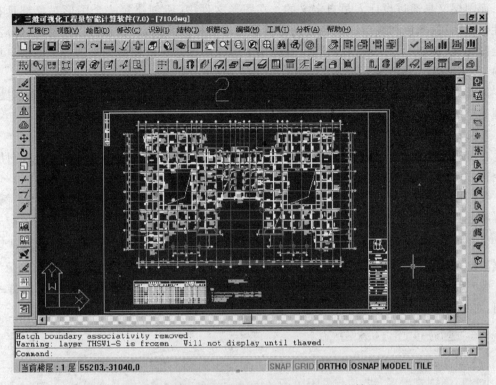

图 7-3　"施工图导入"第五步：施工图导入的结果

在导入了一幅施工图后，通过"楼层/构件显示"命令来选择导入图形是第几层，然后进行图形识别，再清除一些无用实体，识别后的图形就放在当前楼层。

7.3　施工图电子文档的处理

在软件中，第一个导入的施工图系统默认是存放在第 1 层上，以后图形的导入您可以选择层再导入，识别后的图形就放在当前楼层。

7.3.1　对施工图电子文档图层的概念

大家都知道，在一张施工图中，包含了许多工程信息。比如一张梁平面图中，就可能包含了梁、柱的定位信息以及梁的钢筋布置信息。当我们将该梁平面图导入到可视化软件中去后，我们采用分批利用其各构件的定位信息的方法。首先生成柱子，然后再生成梁。而在生成柱构件时，平面图中的其他信息就可能妨碍系统对柱信息的捕捉。因为一张梁平面图中各式各样的线条太多，给快速捕捉特定的信息增加了困难。

在这种情况下，就需要利用系统的"图层"工具来管理，对施工图的图层进行控制，将施工图中某些当前不需要显示的信息暂时隐藏起来。

说到这里，大家可能会问："图层"是什么？

图层就象是张透明的覆盖图，可以在它上面组织和编辑不同种类的图形信息。在实际的设计工作中，设计人员一般利用图层将不同类型的图形信息分别放置在不同的图层上。比如：有关柱的图形信息放置在柱的图层上，有关梁的图形信息放置在梁的图层上，有关文字信息放置在相应的文字图层上。

而图层又是通过设计人员自定义的。在图形文件中，所创建每一个图形对象都具有的特性包括图层、颜色和线型。颜色有助于辨别图形中相似的元素，线型可以轻易地区分不同的绘图元素（例如中心线或消隐线）。在图层上组织图层和对象使得处理图形中的信息更加容易。

因此，为了更方便的利用施工图的图形文件，用户需要了解一些有关图层的基本操作。掌握简单的辨认图层、控制图层的方法就可以了，图层其他部分的内容不作要求。

7.3.2　控制图形文件的图层

在可视化系统中，用户可以通过"识别\全开所有图层（隔离实体图层\冻结实体图层）"命令很方便的对图层进行控制。

我们以前面导入的施工图为例，示范如何对导入的图形文件进行图层控制操作。例如：让屏幕上只显示柱子的图形信息。

（1）通过"识别\隔离实体图层"命令或单击 按钮可以激活命令，命令行提示："选择需隔离出来的实体"。

（2）用鼠标左键点击导入图形中任意一个柱构件，回车结束选择，此时系统需等待一段时间，之后，所选的这一类构件就会显示在当前图形上，如图7-4所示。

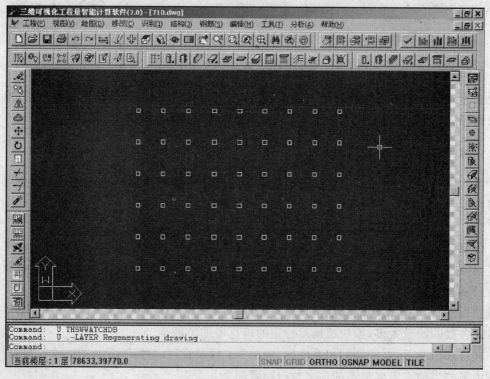

图7-4　显示柱构件

注：当某图层打开时，该图层中的图形信息在屏幕上是可见的。当某图层冻结时，该图层中的图形信息在屏幕上就被隐藏掉。

7.4　电子图档到可视化构件的转化处理概述

目前,在《三维可视化工程量智能计算》软件中主要是利用导入的施工图中构件的定位和尺寸信息。而施工图电子文档中除了柱、梁、墙等构件外,还包括诸如说明、详图等其他构件。那么在导入施工图之前,我们可以先对施工图电子文档进行处理,即保留施工图中我们需要的图形构件(柱、梁、墙),将施工图中对我们建模没用的图形构件(文字、门窗、钢筋等)删除掉。当然,也可以在导入、识别电子图档以后再将没用的一并清除掉。当导入完电子图档以后,就开始了具体的识别过程,后面的章节将介绍从设计院电子图档到生成可视化构件的具体操作。

7.5　轴网的识别

选择"识别\轴网识别"命令或单击 按钮,弹出如图 7-5 对话框。

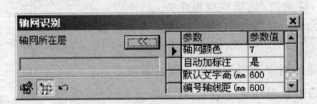

图 7-5　轴网识别对话框

功能:提供轴网复制,手动绘制,识别三种。

命令行:zwsb

命令行提示:C 复制/F 手画/＜请选择待识别的轴网＞:

选择轴网后命令行提示:Z 自动/U 撤销/C 复制/F 手画/＜请选择待识别的轴网＞:

对话框选项说明:

(1) 轴网所在层,显示用户选择的轴网层只能是一个层不能多选

(2) 可以缩放对话框

(3) 对话框底部工具条,主要用于方便用户选择方式

1) 自动识别轴网

2) 选择需要识别的轴网。

3) 撤销上次操作

(4) 参数和参数值是用来识别作为识别的条件和缺省设置

识别结果说明:

(1) 选择轴网时,如果选择了标注,自动把标注识别到轴网层

(2) 单选识别轴网时,如果自动识别编号失败会提示输入编号

(3) 单选识别轴网时,如果输入了编号但自动寻找插入点失败,会提示输入插入点

7.6　柱的识别

选择"识别\柱体识别"命令或单击 按钮,弹出如图 7-6 对话框。

功能:提供多种识别柱的方式。

绘制菜单:识别→柱体识别

工具条图标: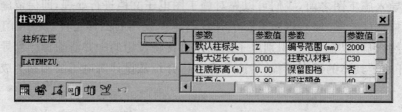

命令行:ZTSB

执行出现以下对话框:

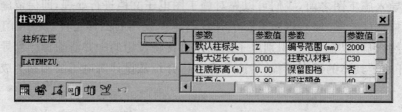

图 7-6   柱识别对话框

命令行提示:选择柱<退出>:

选择柱后提示:U 撤销/选择柱<退出>::

确认后提示:Z 自动/H 手动/C 窗选/请输入点<退出>:

对话框选项说明:

(1)柱所在层显示用户选择的柱层(可以多选)

(2) 可以缩放对话框

(3)话框底部工具条,主要用于方便用户选择方式

1)识别柱表

2)自动识别

3)窗选识别

4)点取柱内部识别

5)用户选择柱及其编号识别

6)用户布置

7)撤销上次操作

(4)参数和参数值确定柱识别的条件和缺省设置

识别结果说明:

(1)只有用户选择柱及其编号识别的方式中识别编号由用户选择确定,其余方式自动确定编号

(2)矩形柱的缺省编号为"ZJ",T 形柱的缺省编号为"ZT",L 形柱的缺省编号为"ZL",十字形柱的缺省编号为"ZS",Z 形柱的缺省编号为"ZF",反 Z 形柱的缺省编号为"ZFZ",异形柱缺省编号为"ZY"

(3)当形状与定义不符时,按照柱的中心点重新更新柱形状

(4)如果一次识别多个柱但使用撤销,打印的结果数量可能存在差异

(5)柱的截面形状用户已经定义的编号为优先

(6)保留的图档实体仅供参考识别对比,不能再次作为文档识别,如果需要必须改变实体的层

7.7 梁的识别

选择"识别\梁体识别"命令或单击 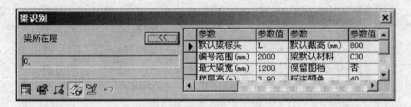 按钮,弹出如图 7-7 对话框。

功能:提供多种识别梁的方式

绘制菜单:识别→ 梁体识别

工具条图标:

命令行:LTSB

执行出现以下对话框:

图 7-7 梁识别对话框

命令行提示:选择梁<退出>:

选择梁后提示:U 撤销/选择梁<退出>:

确认后提示:Z 自动/X 窗选/<选择需要识别的梁和文字>:

对话框选项说明:

(1)梁所在层显示用户选择的梁层(可以多选)

(2) 可以缩放对话框

(3)话框底部工具条,主要用于方便用户选择方式

1)识别梁表

2)自动识别梁

3)用户选择需要识别梁的全部线段及其编号识别

4)用户选择部分线段梁及其编号识别

5)用户布置

6)撤销上次操作

(4)参数和参数值确定梁识别的条件和缺省设置

识别结果说明:

(1)用户选择梁及其编号识别的方式中识别编号由用户确定,如果没有选择到截面尺寸,需要选择梁的两边

(2)缺省编号为 L1

(3)梁的截面形状用户已经定义的编号为优先

(4)保留的图档实体仅供参考识别对比,不能再次作为文档识别,如果需要必须改变实体的层

(5)楼层高用于梁顶高,不对楼层本身设置影响

(6)支座宽度倍数用于特定图档中支座与梁宽的关系

7.8　墙的识别

选择"识别\墙体识别"命令或单击 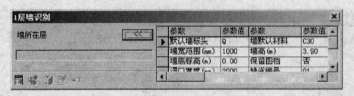 按钮,弹出如图 7-8 对话框。

功能:提供多种识别墙的方式

绘制菜单:识别→墙体识别

工具条图标:

命令行:QTSB

执行出现以下对话框:

图 7-8　墙识别对话框

命令行提示:选择墙<退出>:

选择梁后提示:U 撤销/选择墙<退出>:

确认后提示:Z 自动/X 窗选/<选择需要识别的梁和文字>:

对话框选项说明:

(1) 墙所在层显示用户选择的墙层(可以多选)

(2) 在可以缩放对话框

(3) 话框底部工具条,主要用于方便用户选择方式

1) 识别墙表

2) 自动识别墙

3) 用户选择部分部线段墙

4) 用户布置

5) 撤销上次操作

(4) 参数和参数值确定墙识别的条件和缺省设置

识别结果说明:

(1) 缺省编号为 Q1(可以修改)

(2) 保留的图档实体仅供参考识别对比,不能再次作为文档识别,如果需要必须改变实体的层

(3) 洞口宽度是指如果两道相连的墙距离小于该值,会自动连成一道墙

(4) 宽度误差是实际宽度与定义的宽度在此范围内以定义为准

(5) 如果一次识别多道墙但使用撤销,打印的结果数量可能存在差异

7.9　门窗的识别

参考:第九章 如何绘制工程预算图→第七节 门窗洞口布置

7.10 柱钢筋的识别

选择"识别\柱钢筋识别"命令或单击 按钮,弹出如图 7-9 对话框。

功能:从图档中识别柱钢筋表或者截面注写方式的柱钢筋,并且以列表的形式展现,用户可将列表内容以手工或自动两种方式进行布置。

菜单命令:识别→柱钢筋识别。

工具条图标:

命令行:ZJSB

执行时的主界面:

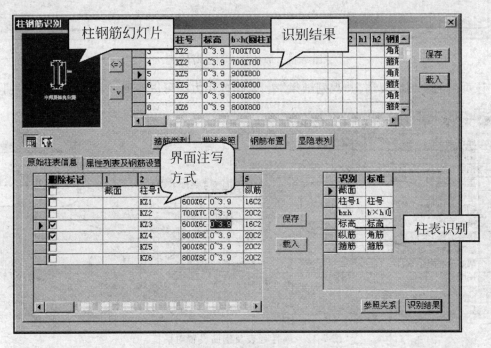

图 7-9 柱钢筋识别对话框-完整形式

图 7-10 柱钢筋识别对话框-最小化形式

下面详细介绍"原始柱表信息"、"属性列表及钢筋设置"、"界面注写信息"三个页面：

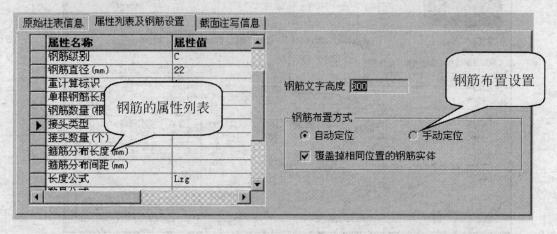

图 7-11 原始柱表信息对话框

该页面的使用需要结合"识别结果"表，具体使用方法可以参照《表格识别使用说明》。

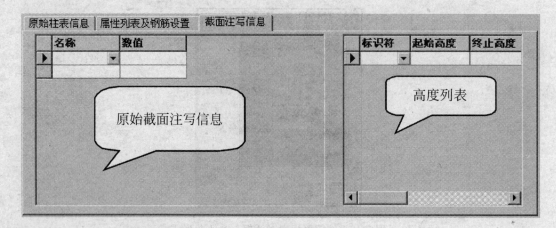

图 7-12 属性列表及钢筋设置对话框

左侧用于显示钢筋的属性，右侧用于设置布置的钢筋的方式，高度。

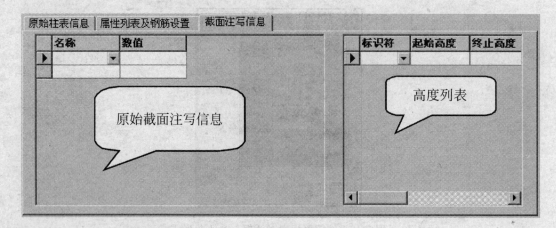

图 7-13 界面注写信息对话框

"原始截面注写信息"会显示柱编号、截面尺寸,钢筋等信息,"高度列表"需要人为填入,这主要是图形中往往出现下面的标注形式:

$$0\sim7.8$$
$$(7.8\sim15.6)$$

表示未用"()","{}"等形式标示代号的柱分布在 0~7.8m 的高度范围,用"()"标示代号的柱分布在 7.8~15.6m 的高度范围。以上述数据为例,在"标识符"一栏中输入"无",在"起始高度"栏中输入"0",在"终止高度"栏中输入"7.8",在下一行中,依次输入"()","7.8","15.6"。

下面介绍"箍筋类别"、"标注处理"、"钢筋布置"、"显隐表列"几个按钮。

点击 箍筋类型 ,会弹出如下的对话框:

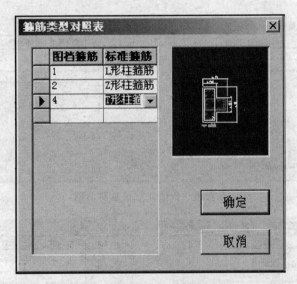

图 7-14 箍筋类型对照对话框

在"图档箍筋类型号"(图示为"图档箍筋")栏中输入图档中的类型号,如图中所示,在"标准箍筋类型"(图示为"标准箍筋")栏中输入对应于三维可视化数据库的标准箍筋类型即可。

点击 确定 ,录入数据自动存储,点击 取消 ,编辑操作的更改结果不作存储。

点击 钢筋布置 ,程序会依据设置的布置方式将列表中的钢筋进行布置。

点击 显隐表列 ,程序会弹出下面的对话框:

勾选的就是可以显示的列,否则隐藏。

下面介绍一下"截面注写"识别方式的实现步骤:

● "度列表"中录入高度数据,如图 7-16 所示

● 点取工具条的 图标,使其呈现下压态。命令栏中将出现下面的提示信息:"请选取柱的边框"。

● 依照提示,点取柱的边框,程序搜索出柱筋的信息,排列在"原始截面注写信息"表

中,如图 7-18 所示:

图 7-15　显示/隐藏柱表列对话框

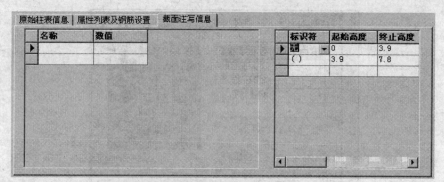

图 7-16　截面注写信息对话框

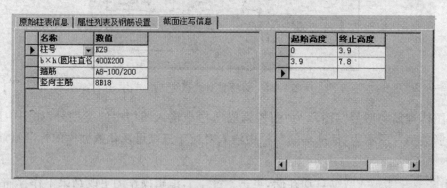

图 7-17　截面注写信息对话框－识别结果

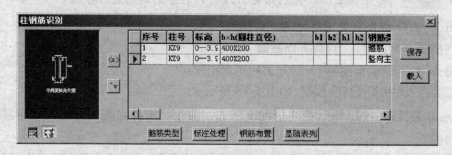

图 7-18　柱钢筋识别对话框－识别结果

对上面的结果进行调整之后,可以点击 钢筋布置 进行布置。

7.11　梁钢筋的识别

选择"识别\梁筋识别"命令或单击 按钮,弹出如图 7-19 对话框。

功能:识别梁筋的电子图,梁钢筋识别提供了三种识别方法,两种布置方法。

绘制菜单:识别→梁筋识别

工具条图标:

命令行:ljsb

执行后出现图 7-19 的界面。

图 7-19　梁钢筋识别对话框

在进行梁筋识别前,还要进行一些必要的设置,其操作的步骤如下:点取 >> ,进入到这个对话框的详细状态:如图 7-20。点取对话框中的 设置S 按钮,就会进入到梁筋识别的设置对话框:如图 7-21。

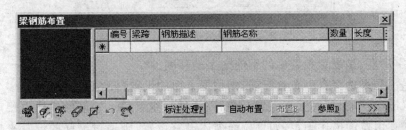

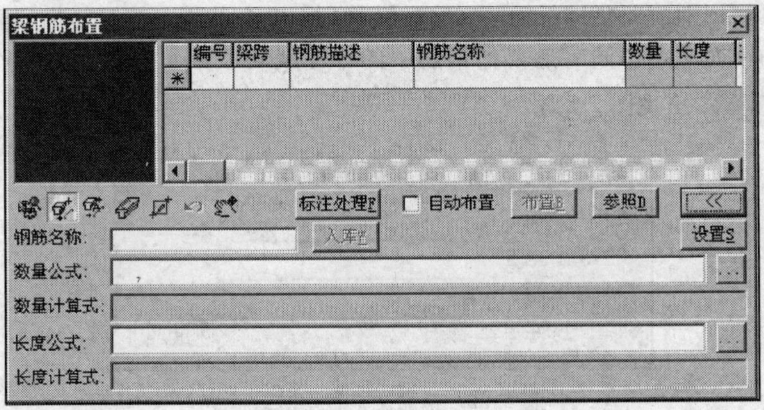

图 7-20　梁钢筋布置参照对话框

在如图 7-21 这个对话框中可以进行梁筋的文字大小设置,要自动识别的一些钢筋描述。

架立筋设置:选择自动布置架立筋,则会根据规范,如果需要布置架立筋,则自动布置上架立筋。架立筋的钢筋描述在架立筋描述中。

附近筋设置:附加筋中有主次梁加密箍和井子梁加密箍(次梁与次梁的相交),如果设置,则自动把箍筋布置上去。

45°吊筋梁高:如果小于设置的值,则布置 45°吊筋,否则布置 60°吊筋。

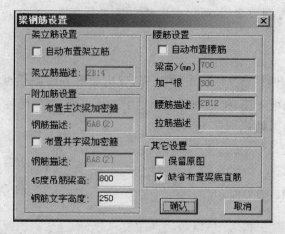

图 7-21　梁钢筋设置对话框

钢筋文字高度：是设置布置后的钢筋文字的高度。

腰筋设置：如果选择自动布置腰筋，则根据下面的设置自动把腰筋布置上。

梁高＞(mm)：如果梁高大于设置的值，则添加一组腰筋。腰筋的描述由腰筋设置来确定，拉筋的描述由拉筋描述确定，如果拉筋描述没有设置，则通过箍筋的设置来自动计算出拉筋的描述。如果梁高每增加一个加一根中的设置高度，则再增加一组梁筋。例如：如图，如果梁高为 800，则加一个 2B12 的腰筋，如果梁高为 1100，则腰筋为(1100－700)/300＋1＝2，则腰筋为 4B12。

确认：保存梁筋设置，下次梁筋识别时就使用这些设置。返回上一个界面。

取消：不保存设置。返回上一次界面。

在进行梁筋识别前还要进行钢筋文字的转换，把电子图形上的钢筋描述转换成可视化中可以认识的钢筋文字。同时还要把钢筋中的标注线转换成可以认识的标注线。点击图 7-19 中的 标注处理 ，出现图 7-22：

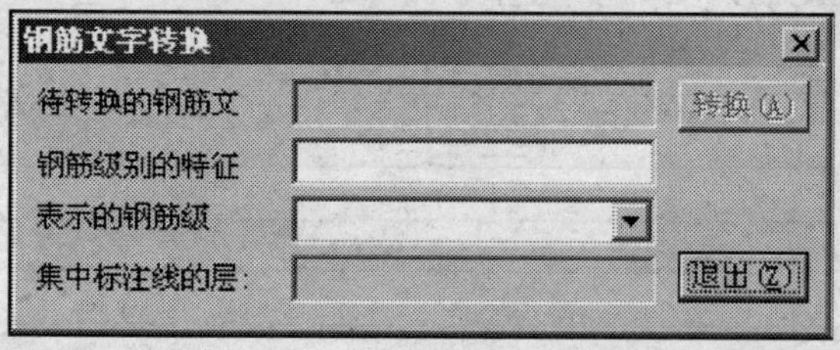

图 7-22　钢筋文字转换对话框

当显示这个界面时，命令行中提示"选择钢筋文字＜退出＞"，点取一个钢筋描述的文字，或者点取一个钢筋有关的集中标注线，单点取一个钢筋文字时的界面如下：

在这个图中，待转换的钢筋文字是刚才点取的图形上的钢筋文字内容，通过分析，得到在这个文字中的钢筋级别的特征码，用户可以手动指定钢筋级别特载码的内容，同时根据这个特征，可以手动指定对应到三维可视化中对应的钢筋级别。有些缺省的设置。当钢筋文字转换完后，要转换集中标注线的层，点取集中标注线，按转换按钮，就可以了。转换完成后，点取 退出(Z) ，返回上次的界面。

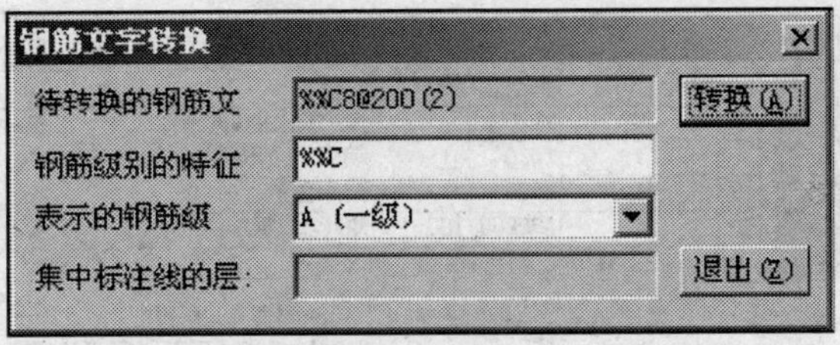

图 7-23　钢筋文字转换对话框－选取钢筋文字后

　　完成上面的设置和转换后,就可以进行梁筋识别和布置了,在梁筋识别和布置中,可以进行三种识别方法,两种布置方法。这些方法都在工具条中: 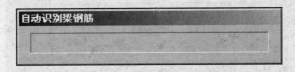,下面就工具条中的每一个功能进行说明。

　　(1) '自动识别整个图形中的梁钢筋',它是自动识别电子图形中的所有钢筋描述文字,并把钢筋描述文字识别成梁钢筋,当点选这个按钮时,弹出下面的对话框。

图 7-24　自动识别梁钢筋对话框

　　它是一个识别的进程条,指示现在已经识别的梁的百分比。在这个过程中,可以按'ESC',退出识别过程,但是这个操作可能使得识别出错。最好是让它识别完成。单识别完成后,会自动切换到第 3 个,进行手动识别。

　　(2) '通过选择一段梁来识别一跨梁的钢筋',这个按钮提供的是用户选择图形中的要识别梁筋的梁,可以点选或者框选任意一段梁,然后点击右键,则会自动识别这一跨梁附近的梁的文字。识别后的界面如下。

　　在这个界面的表格中显示的是识别的钢筋信息,包括它的梁跨,钢筋描述,钢筋名称、数量、长度、接头类型、接头数量、长度公式、长度计算式、数量公式、数量计算式、加密公式,加密计算式。在梁跨中,'0'表示的整梁,'1'表示第一跨,'2'表示第二跨。'100'表示右悬挑,'－100'表示左悬挑,用户可以在表格中修改它的梁跨,钢筋描述等没有变灰的列的数据。在右边有个关于当前行中的钢筋的图形,可以在这个图形单击,弹出它的放大图如图7-26,在这个图形中有一些对这根钢筋计算中使用的公式变量的图形说明。单击确定返回图 7-25。如果觉得钢筋公式有问题或者是要查看现在的钢筋公式以及计算式是否正确,可以点击 >> ,弹出图 7-27。

　　在这界面的下面可以修改它的长度公式和数量公式,用户修改完成后,点击一下其他地方,就能够自动计算出修改后的数据,如果用户对编辑钢筋公式不是很熟悉,可以点击公式右边的 ... ,就会弹出图 7-28 对话框。

　　在这个界面中有关于这条公式中使用的变量的中文解释。如果要编辑它的公式,点击 编辑公式(E) ,进入图 7-29。

　　在这里可以用上面列出来的变量来编辑钢筋公式,当编辑完成后,点击确定,就会返回

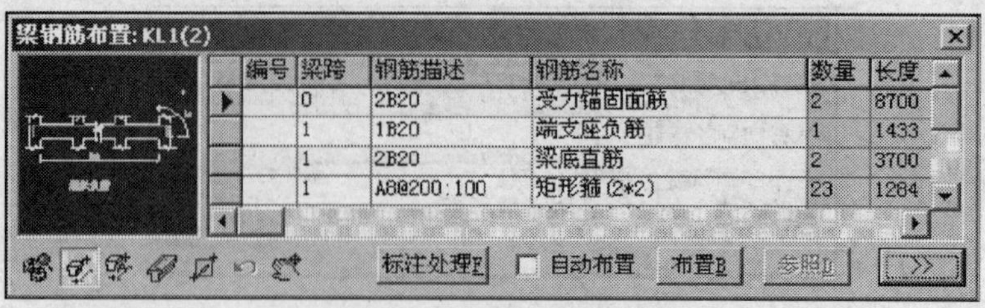

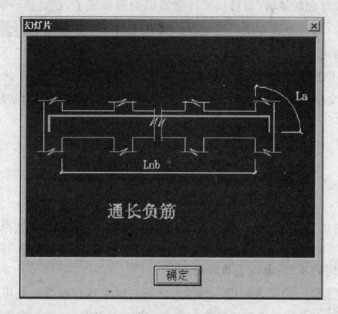

图 7-25　梁钢筋布置对话框

图 7-26　梁钢筋放大显示对话框

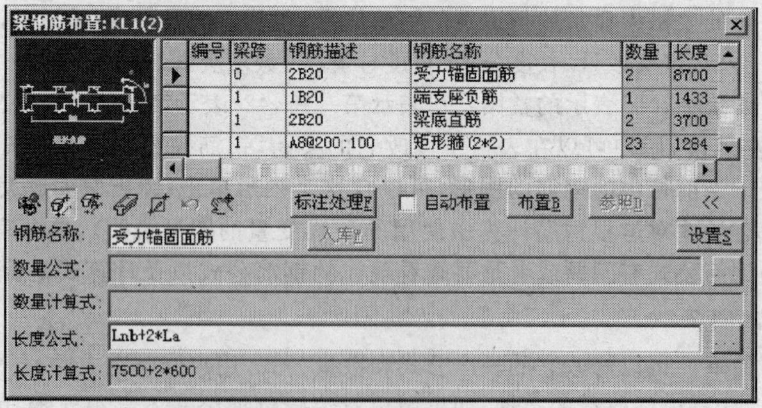

图 7-27　梁钢筋布置对话框

图 7-27,并且用修改后的公式替换以前的公式。修改完一个钢筋后,可以切换表格中的行,来编辑和修改下一根钢筋。如果觉得修改的这条公式对以后也要用,可以在图 7-27 中修改钢筋名称,把它入库以备以后使用。当确认好所有钢筋后,就可以点击 布置B ,把钢筋布置

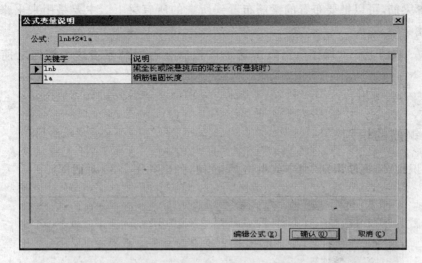

图 7-28 梁钢筋公式变量说明对话框

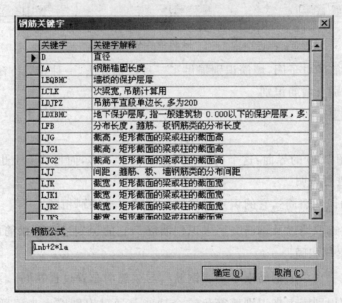

图 7-29 梁钢筋公式编辑对话框

上去。当使用熟悉后,觉得识别的钢筋没有问题,就可以把□ 自动布置 勾上,这样只要点击梁,就会自动把钢筋布置上去。不用再点击布置按钮了。

(3) ✐ '选取一段梁和钢筋描述识别梁钢筋',这个功能的命令行提示是'选择要识别的梁和钢筋文字<退出>',选择要识别的梁筋的梁以及要识别的钢筋文字。点击右键,就会把识别的钢筋写入表格中。

(4) ✐ '通过手动添加钢筋来布置梁筋',命令行提示是'选择梁<退出>',提供了梁钢筋的布置功能。选择要布置梁筋的梁,然后把要布置上去的钢筋添加到表格中,点击布置就把钢筋布置上去了。

(5) ✐ '通过框选梁来识别所选梁的钢筋',命令行提示是'选择梁<退出>',提供的是批量布置梁筋,可以把要布置的梁筋布置到所选的所有梁上。主要是用来出来电子图形中的说明性文字。

(6) 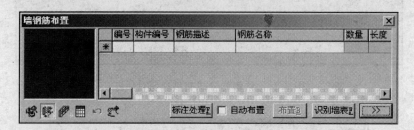'取消上一次操作',当点击这个按钮后会返回到点击这个按钮之前的那个按钮。

(7) 　'移动窗口'。

7.12　墙钢筋的识别

选择"识别\墙钢筋识别"命令或单击 按钮,弹出如图 7-30 对话框。

图 7-30　墙筋布置对话框

功能:识别墙筋的电子图,墙筋识别提供了三种识别方法,一种布置方法。

绘制菜单:识别→墙筋识别

工具条图标:

命令行:qjsb

执行后出现图 7-30 的界面:这个界面和梁筋识别差不多,而且功能上也差不多,下面就提供的各个功能进行说明。

(1) 　'自动识别墙筋',它的识别过程与梁筋的自动识别相同。

(2) 　'通过选取墙以及钢筋文字来识别墙筋',它的识别过程与梁筋的通过选取梁和钢筋文字来识别梁筋相同。

(3) 　'通过手动添加钢筋来布置墙钢筋',与梁筋的布置过程相同。

(4) 　'通过识别墙表来识别墙筋',这个功能是通过识别墙表来识别墙筋,它的先决条件是完成识别墙表的过程;要完成这个过程,要点击 识别墙表 ,弹出的界面如下:

这个表的识别过程同柱识别,识别墙表完成后,返回图 7-30,点击第三个按钮,把识别的数据放到图 7-30 中的表格中,就可以把墙筋布置上去了。

(5) 　'取消上一次操作',当点击这个按钮后会返回到点击这个按钮之前的那个按钮。

(6) 　'移动窗口'。

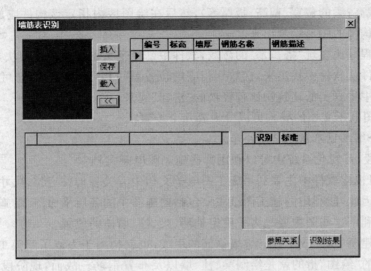

图 7-31 墙筋识别表对话框

7.13 板钢筋的识别

参考:第十章 如何快速计算钢筋工程量;第六节 板钢筋布置

7.14 封闭曲线

功能:把多条直线封闭成一条多义线,用于不封闭的柱,执行后可用来生成柱

工具条图标:无

绘制菜单:识别→封闭曲线

命令行:FBXD

命令行提示:Select objects:

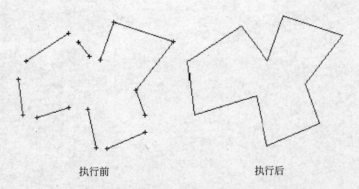

执行前   执行后

7.15 练习与指导

(1) 在可视化系统中是采用一种什么样的模式进行工程建模的呢?

答:在可视化系统中,我们是采用这样的模式建立工程预算图的:我们将一栋建筑细分为无数个不同类型的构件,以构件作为组织对象的基本元素,而这些构件又是工程造价人员比较熟悉的,如柱、梁、板、墙等。在软件中用户只需要指定构件的某些基本的几何属性(比如柱的截宽、截高；梁的截宽、截高；板厚等），然后在绘图区内指定该构件应放置的位置，系统将自动将该构件的图形绘制出来。

建模的过程好比在玩"搭积木"的游戏，软件中已经定义了许多构件模块，您只需对照工程施工图将构件从软件中找出来，摆放到相应的位置就可以了，就这样，您可以在计算机的虚拟三维空间中将真实的建筑物比较轻松的"搭建"起来。

（2）施工图电子文档的导入可以分为哪几个步骤？

答：详细介绍参见本章 7.2.1 小节。

（3）现阶段，可视化系统中可以利用哪些施工图电子文档？

答：目前可视化软件中主要利用施工图电子文档中有关各构件定位、尺寸信息以及轴网钢筋等信息。因此，能利用的施工图纸主要包括建施图中的各层平面图、结施图中的各结构平面布置图。利用这些图主要是为了确定轴网、梁、柱、墙体的位置。

而在工程建模中，完成了柱、梁、墙钢筋的生成，也就相当于完成了建模工作的 70%，预算人员最头痛的"绘图"指的就是绘制梁、柱、墙以及布置钢筋。故而，现阶段合理地运用有关的施工图电子文档，对工程量计算速度是有显著的提高。

第8章 工程项目轴网处理

本章重点：

在本章中主要介绍无法利用设计院电子文档时，如何利用可视化系统中提供的多个"轴网绘制"工具，自己建立轴网，以及如何控制轴网。

本章具体包括下列内容：

- ● 正交轴网的绘制
- ● 斜交轴网的绘制
- ● 圆弧轴网的绘制
- ● 辅助轴网及轴网编号
- ● 轴网的编辑
- ● 轴网的显示与隐藏

轴线是指建筑物各组成部分的定位中心线。而呈网状分布的轴线则称为轴网。在前面章节中提到，当无法利用设计院电子文档时，用户就可以利用可视化系统中提供的"轴线绘制"工具，自己建立轴网，然后再以轴网为基准，进行工程的建模。

在可视化系统中进行轴网的绘制，与建筑图中布置轴网有很大的区别：在可视化系统中轴网惟一的作用是为构件提供参考点位，假如您能通过别的方式获得构件参考点位，就无需绘制轴网。而在建筑图中，轴网的作用就不仅仅是在绘图时提供参考，它还需要方便施工，为今后的施工提供准确的尺寸定位信息。

因此，在可视化系统中，用户只需要绘制出建筑平面图中的主要框架尺寸就可以了，它只是为了工程量的计算，不指导施工。

可以通过"结构\〔轴网〕\轴网"子菜单下的命令完成轴网的绘制。可视化系统会将生成的轴网放置在单独的轴网层（Thswaxis 层）。

在可视化系统中，我们将轴网分为直线轴网和圆弧轴网。其中直线轴网又可划分为正交轴网和斜交轴网。我们将在下面作详细的介绍。

8.1 正交轴网的绘制

正交轴网由两个方向互为 90°的轴线组成。

绘制轴网要用到开间和进深两个概念。开间是纵向轴线之间的距离，进深是横向轴线之间的距离。可以通过激活"结构\〔轴网〕\轴网"命令或在工具栏中单击按钮 ▦ 进入"阵列轴网"的对话框，在此进行轴网的各类参数设置和布置，如图 8-1 所示。

说明：开 间 距——指相邻纵向轴线之间的距离。

开 间 数——指相等且相邻的开间距的数量。

进 深 距——指相邻横向轴线之间的距离。

进 深 数——指相等且相邻的进深距的数量。

轴网转角——指由横向轴线和纵向轴线共同组成的轴网与 X 轴正向之间的夹角。

轴网夹角——指横向轴线与纵向轴线之间的夹角。

当横向轴线与纵向轴线之间的夹角等于 90°时，该轴网为正交轴网；

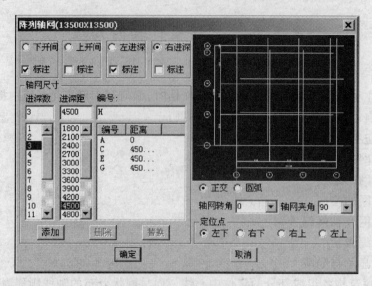

图 8-1 "阵列轴网"对话框

当横向轴线与纵向轴线之间的夹角不等于90°时,该轴网为斜交轴网。

例如:要绘制如图 8-2 所示的正交轴网。

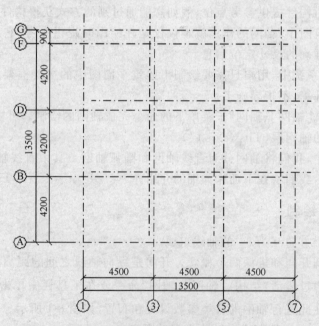

图 8-2 正交轴网实例

第一步 在"阵列轴网"对话框中,选择"正交轴网"形式,如图 8-3 所示。

第二步 本例中轴网为正交轴网且整个轴网与 X 轴正向的夹角为 0,那么其"轴网夹角"90,"轴网转角"等于 0;根据图 8-2 中标注的轴线尺寸,在"上开间"录入 3×4200,在"下开间"录入 3×4500,在"左进深"录入 3×4200,在"右进深"录入 3×4500;如您要对轴网进行尺寸标注,请将需要标注的开间和进深相应的"标注"打上钩,否则将勾取消。

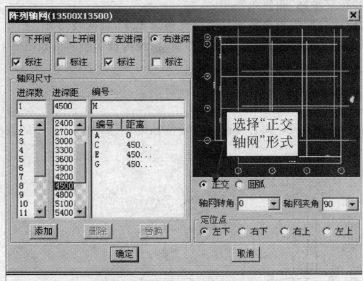

图 8-3　选择"正交轴网"形式

　　说明：录入 3×4500 的"右进深"可以选中"右进深"后，在进深数中选中 3，然后双击开间距中的 4500，就可添加到尺寸表中，尺寸表中会展开为 4 条信息，如图 8-3。编号可以修改，选中需要修改的编号，然后在编号的编辑栏中编辑。

　　第三步　单击"确定"按钮后，系统将退出"阵列轴网"对话框，回到可视化图形窗口。

　　通过以上步骤，系统将自动绘制出如图 8-2 所示的正交轴网。

8.2　斜交轴网的绘制

　　斜交轴网是横向和纵向轴线之间的夹角不是 90°的直线轴网。

　　可以通过激活菜单中"结构\[轴网]\轴网"命令，来进行图 8-4 所示的斜交轴网（轴网夹角为 120°，横向角为 30°）的绘制。

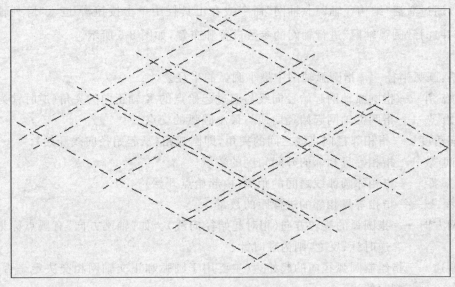

图 8-4　斜交轴网

第一步　同"正交轴网"布置第一步。

第二步　本例中轴网为斜交轴网且轴网夹角为 120°,轴网转角为 30°。

其他步骤同"正交轴网"布置,通过以上步骤,系统将自动绘制出如图 8-4 所示的斜交轴网。

8.3　圆弧轴网的绘制

圆弧轴网是指由弧线和径向直线组成的定位轴线。(如图 8-5 所示的轴网)

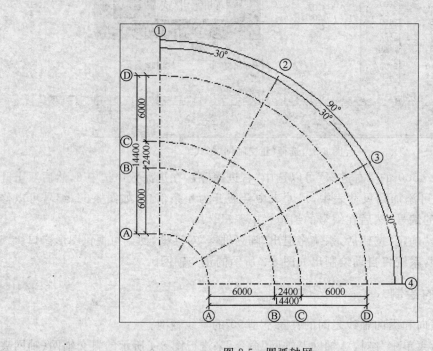

图 8-5　圆弧轴网

可以通过激活"结构\[轴网]\轴网"命令或在工具栏中单击按钮 ⊞ 进入"阵列轴网"的对话框,并选择"圆弧轴网"进行轴网的参数设置和布置,如图 8-6 所示。

说明:圆弧半径——指圆弧轴网中最小圆弧的半径。

初 始 角——指圆弧轴网起始径向线与通过起始点的 X 轴正向的夹角(逆时针为正)。

起 始 点——指圆弧轴网起始径向线与最小圆弧的交点。

开间角度——指相邻径向直线之间的夹角,即圆弧角(从起始径向线开始)。

开 间 数——指相等且相邻的开间角度的数量。

进 深 距——指相邻圆弧线之间的距离(由起始点开始)。

进 深 数——指相等且相邻的进深距的数量。

轴网方向——指圆弧的旋转方向(相对起始径向线)。如"轴网方向"有黑点标记,则为逆时针;反之,则为顺时针。

绘始边——指绘制圆弧径向的起始边(主要用于圆弧和正交轴网相交决定是否需要绘制起始边)。

以图 8-5 圆弧轴网(半径为 4500)为例,具体步骤如下:

第一步　在"阵列轴网"对话框中,选择"圆弧轴网"形式,如图 8-13 所示。

第二步　在此,我们将图 8-12 中的竖向径向线做为起始径向线,那么"圆弧半径"设为"4500","初始角"设为"270","开间列"为"3×30","进深列"为"1×6000＋1×2400＋1×6000";按照我们定义的起始径向线,本例中的"轴网方向"应为顺时针,如图 8-6 所示。

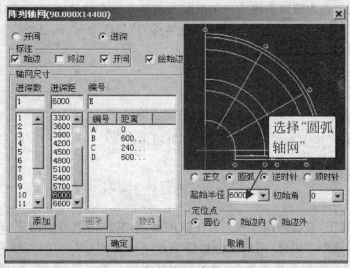

图 8-6　"圆弧轴网"参数的设置

第三步　参数设置完成后,单击"确定"按钮,系统将回到可视化图形窗口,本例中我们将"圆弧轴网"的起始点设定为正交轴网的左上角点,如图 8-7 所示。

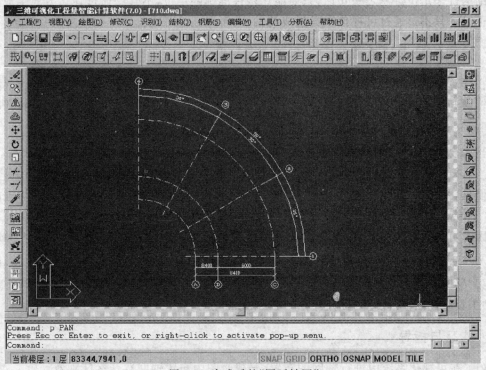

图 8-7　完成后的"圆弧轴网"

8.4 辅助轴线及轴线编辑

8.4.1 辅助轴线

辅助轴线 利用识别轴网实现,参照 7.4.2。

8.4.2 轴线编号

轴线编号 主要是为辅助轴网添加轴线编号或修改已有的编号,但这添加编号的并不在图形中显示出来。可以通过"结构\[轴网]\轴网编号"激活命令,其命令行如下所示:

Command:ZWBH

请点取轴线: \\点取轴线

(轴线编号是:无编号)

输入轴线编号: \\输入新的轴线编号

请点取轴线:Enter   \\按 Enter 键结束命令

8.5 轴网的编辑

编辑轴线

在可视化系统中,通过轴网绘制工具生成的轴线,其作用是辅助的定位线,其本质还是 AutoCAD 中基本图形。因此,用户完全可以通过 AutoCAD 的修改、编辑命令对其进行修改。利用 AutoCAD 的图形修改命令,就可以对其进行相关的复制、移动、删除、修剪、偏移、镜像、旋转、延伸、倒角等操作。

有时候根据需要,用户也可以通过 AutoCAD 的绘图命令,绘制一些简单的线条、图形等辅助构件来定位。总之一句话,只要能让构件准确的定位,不管您通过什么方式生成定位线都可以。只不过通过可视化工具生成的轴线,可以通过可视化系统工具来统一管理。

8.6 轴网的显示与隐藏

在预算图的建立过程中,轴网作为辅助定位线,并不需要始终显示在图形中,这就需要一个轴网开关工具来控制轴网的显示与隐藏。在可视化系统中,用户可以通过"工具\[显示开关]\[开关轴网]"命令或单击图标 ,来控制轴网的显示与隐藏。

当需要隐藏显示的轴网时,点击"工具\[显示开关]\[开关轴网]"命令即可。

当需要显示隐藏的轴网时,再次点击"工具\[显示开关]\[开关轴网]"命令即可。

但是,"工具\[显示开关]\[开关轴网]"命令并不是在任何情况下都有效。假如当前楼层为"Thswaxis"层时,通过"工具\[显示开关]\[开关轴网]"命令就无法关闭轴网层。

因为可视化系统总是将生成的轴网放置在名称为"Thswaxis"的楼层中,当前楼层为"Thswaxis"层时,系统是无法关闭当前层的。这时,用户就需要通过"工具\楼层/构件显示"命令或图标 ,将当前楼层切换到其它非"Thswaxis"楼层,这样就可以关闭轴网了。或打开"工具\[图层]",设置当前层为非"Thswaxis"层。

8.7 练习与指导

(1) 在可视化系统中进行轴网的布置,与建筑图中布置轴网有什么区别?

答：在可视化系统中进行轴网的绘制，与建筑图中布置轴网有较大的区别。在可视化系统中，轴网的主要作用是为构件提供参考点位，方便以后构件的布置。假如您能通过别的方式获得构件参考点位，就无需绘制轴网。它不指导施工。而在建筑图中，轴网不仅仅是在绘图时提供参考，也为今后的施工提供了准确的尺寸定位信息，方便施工。

因此，在可视化系统中，用户只需要绘制出建筑平面图中的主要框架尺寸就可以了，但如果您的构件布置或构件生成等要依靠轴网来定位，则同样需要精确作图，否则将影响我们的工程量计算。

（2）怎样修改轴线编号？

答：可以通过利用 AutoCAD 的图形修改命令对其进行编辑。详细内容可以参见本章8.5.2 小节。

（3）有时候无法关闭轴网层，这是为什么？

答：因为可视化系统总是将生成的轴网放置在编号为"Thswaxis"的楼层中。当前楼层为"Thswaxis"层时，系统是无法关闭当前层的。

方法一：用户就需要通过"工具\楼层/构件显示"命令或图标 ，将当前楼层切换到其它非"Thswaxis"楼层，这样就可以关闭轴网了。

方法二：打开"工具\[图层]"，设置当前层为非"Thswaxis"层。不仅关闭轴网层会出现这样的问题，所有当前层的构件要想隐藏起来，都需要用以上的方法。用户可以寻找更寻找更佳的方法。

第 9 章　如何绘制工程预算图

本章重点：

在本章中主要介绍在"三维可视化工程量智能计算软件"中，如何建立工程模型，绘制工程预算图。本章是全书的核心章节，可以说理解了本章所介绍的内容，就基本上掌握了可视化系统这个工具软件。

对于本章 9.1.1 概述的内容，是您必读的小节。

本章具体包括下列内容：

● 柱布置（包括砖石柱）

● 梁布置

● 墙布置（包括砖石墙）

● 板布置（包括阳台雨篷）

● 暗柱布置

● 暗梁布置

● 门窗洞口布置

● 构造柱布置

● 圈梁布置

● 过梁布置

● 房间布置

● 轮廓布置

● 脚手架布置

● 基础布置

● 基坑布置

● 屋面布置

● 桩基础布置

● 楼梯布置

● 线性体

● 其他构件的布置

● 预制板的布置

9.1　概述

在本章中，我们将分构件详细介绍如何建立工程模型。在分别介绍每个构件之前，还需要强化几个有关构件的基本概念。

9.1.1　构件的分类

在可视化系统中，我们大致可以将构件分为三类：图形类、图形参数类、参数类。在每个构件属性"特征"栏的属性值中，记录了该构件的类别。

图形类构件：是指能根据自身图形的变化，自动分析其工程量的构件。就是说，表示构件的图形尺寸信息发生变化后，该构件相关的工程量信息不用手工去修改，通过系统分析功能就可以自动更新。

在可视化系统中,这类构件主要包括:柱、梁、暗柱、暗梁、板、墙、洞口、过梁、构造柱、圈梁、线性体等。根据图形类构件的特点,在必要时,用户可以通过 AutoCAD 提供的图形编辑命令对图形类构件进行修改。如将梁、墙进行拉伸、剪切等编辑操作,然后只要进行工程量的分析(通过选择菜单中的"分析\工程量分析"命令)即可。

在工程建模时,如果能熟练掌握 AutoCAD 提供的有关图形编辑命令,对图形类构件进行相关编辑,将会极大提高您的工程建模速度。

参数类构件:是指非图形类的构件。构件工程量完全通过有关参数的定义计算出来,与图形尺寸信息无关。即构件的图形只是起到显示的作用,用户对图形尺寸信息的修改,不会引起构件工程量的变化。

这类构件主要包括:基础等构件。

图形参数类构件:这类构件结合了图形类构件和参数类构件各自的优势。从图形中获取有关基本的工程量,通过参数的辅助完成有关工程量的计算。同图形类的构件一样,其图形尺寸的变化能直接影响构件的工程量。

这类构件主要包括:轮廓等构件。轮廓主要用来描述建筑方面的工程量。

9.1.2　工程建模流程

绘制完轴网或施工图电子文档导入后,用户就可以利用轴网或施工图提供的点位信息,进行构件的布置。

在布置构件时,往往根据建筑物结构类型,采用不同的布置流程。

例如,一栋"框架结构"的建筑物,您就可以按照以下的步骤建立工程模型:

(1) 利用轴网或施工图提供的点位信息,生成"柱";

(2) 根据柱和利用轴网或施工图提供的点位信息,生成"梁";

(3) 在框架结构中,"柱"、"梁"一旦生成,主体框架就基本建立了。接着您就可以根据"柱"或"梁"围成的封闭形区域生成"板";或者根据"梁"的定位线自动生成梁下的"墙";

(4) 生成"墙"后,就可以在墙上布置"门窗洞口";

(5) 布置"门窗洞口"后,根据门窗洞口布置"过梁";

(6) 柱、梁、板、墙、洞口、过梁等构件生成后,一栋建筑物基本的骨架就生成。就可以通过墙体、门窗、柱围成的封闭区域生成"轮廓",获得楼地面、顶棚、屋面、墙面装饰等建筑方面的工程量。

(7) 其他一些零星的构件如阳台、雨篷等,可以根据情况来布置。对于"基础",由于其为参数类的构件,不参与工程量的自动分析扣减,因此,您任何时候布置都可以,系统关键是负责工程量统计的工作。

而对于"砖混结构"的建筑物,建立工程模型的步骤与"框架结构"就存在一点差异。这种差异主要是由于两种结构的承重方式不同造成的:框架结构中,主要是通过梁、柱组成的框架共同承重,墙体只是作为围护结构存在,柱、梁是结构的主要定位构件;而砖混结构中,主要是通过墙体承重,墙体是主要结构定位构件。

因此在建立"砖混结构"的建筑物工程模型时,首先是绘制出"墙体",然后才是其他类型的构件。

9.1.3   构件布置的基本原则

首先,需要强调预算图建模的过程中必须遵循两条原则,这两条原则在 1.1.3 小节中做过说明,在本章所讲工程建模中,需要一直贯穿着两条原则。

原则一:构件先定义,再进行布置。

在布置构件时,首先需要定义构件的一些相关物理属性和基本几何属性(比如长、宽、高的值),然后再去布置相应的构件。如果不正确进行有关构件属性的定义,将影响到该构件工程量计算的准确性。

原则二:要求计算工程量的构件,必须绘制到预算图中。

在计算工程量时,尽管你可能已经定义了构件的有关属性,但在预算图中找不到对应的构件,系统将不会计算其工程量。在可视化系统中,一切构件计算的依据是图形,假如用户不把构件绘制到预算图形文件中,系统将无法统计。

根据这条原则,假如用户要将某个构件的工程量计算两次,在可视化系统中只需要通过相关的"复制"命令将该构件的图形拷贝一份就可以了。相反,假如用户由于错误操作,将某个构件重复布置了多次,系统也会按多次布置的构件计算工程量。不过对于这种错误操作,在可视化软件中,提供了图形检查工具("工具\图形文件检查"命令),避免了由于这种错误而引起的工程量统计不准。

在目前三维可视化工程量智能计算软件中,对于图形类构件和图形参数类构件根据其不同的生成方式,大致又可分为下列三类:

(1)"骨架"构件:如柱、梁、墙等。

这类构件的位置一确立,工程模型的框架位置就基本确立下来。而这类构件的位置与轴网或施工图电子文档有关,可以通过系统提供的有关工具快速生成。

例如:对于框架结构中的墙体生成起来就方便,可以根据"梁"的定位线自动生成梁下的墙,因为墙的高度可以通过当前层层高减去当前梁高获得。

对于墙、梁构件,也可以通过轴线一次生成所有的墙和梁。

(2)"区域性"构件:如板、轮廓等。

在实际中,楼板是由墙体或梁围成的封闭形区域,当墙体或梁精确定位以后,楼板的位置和形状也就确定了。同样,楼地面、顶棚、屋面、墙面装饰都是由墙体或梁围成的封闭区域,建立起了墙体、梁,就可以通过墙体(梁)、门窗、柱围成的封闭区域生成轮廓等"区域型"构件,获得楼地面、顶棚、屋面、墙面等的装饰工程量。

对于"区域型"构件,本软件可以自动找出其边界,从而自动形成这些构件。

(3)"寄生类"构件:洞口、过梁等。

在实际工程中,如果没有墙体,不可能存在门窗,门窗就是寄生在墙体上的构件。同样,过梁也是寄生在门窗洞口上。

在可视化系统中,在布置这类构件时就应遵循这种寄生原则。当主体构件不存在的时候,就无法建立寄生构件;当对主体构件进行相关的修改时,寄生构件也将随着变化。比如将墙体变宽后,门窗洞口的厚度也将随之变化。

9.2   柱的布置

功能:提供多种柱布置方式。用户在同一界面上定义编号,选择适合的布置方式布置柱。

绘制菜单:结构→柱体

工具条图标:🔲

命令行:ZTHZ

执行出现以下对话框

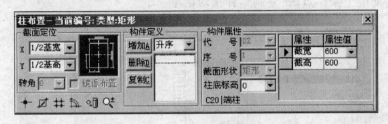

图 9-1 柱布置对话框

对话框说明:

(1)截面定位部分:这里是布置时使用的定位信息。X,Y 是截面的定位尺寸,转角是截面相对水平的转角,镜像布置是在柱布置之后做一个镜像处理。

(2)构件定义部分:这里增加、删除、复制柱的编号和浏览已经定义的柱编号。

(3)构件属性:这里针对构件定义部分的每一个编号,查看、修改该编号的构件属性,包括代号、序号、截面形状、柱底标高、材料、柱结构类型、截面尺寸。

(4)对话框工具条:提供 5 种布置方式:定点布置、窗选布置、网格布置、沿弧布置、多义线布置。

对话框操作:

(1)定义新构件:

柱布置对话框弹出后,点击"增加",对话框变成下面的样子:

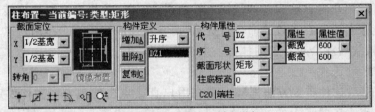

图 9-2 柱布置对话框-增加

界面上显示一个柱的属性缺省值。用户可以更改代号、序号、截面形状、柱底标高、截面尺寸。例如,定义一个柱编号为 Z10,截面矩形,截面尺寸 500×550,只要把代号修改为 Z,序号修改为 10,截宽修改为 500,截高修改为 550 即可。修改后界面如下:

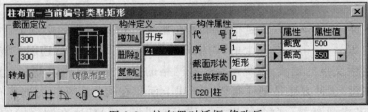

图 9-3 柱布置对话框-修改后

同时指定代号和序号来组成构件编号显得比较麻烦,可以在"增加"按钮右边的排序控件中直接输入构件编号,再按"增加"按钮即可。

(2) 删除构件定义:选中要删除的编号,点击"删除"。

(3) 复制编号:如果用户已经在其他楼层上面定义了柱,用户可以把其他层上定义的柱编号复制到当前层上来。点击"复制",弹出对话框:

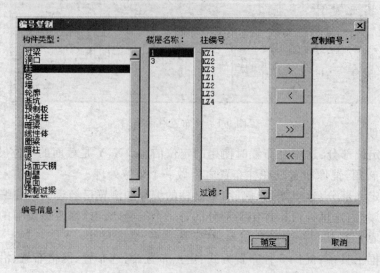

图 9-4　编号复制对话框

构件定义复制详细操作见构件定义复制。

(4) 截面定位:截面定位栏中的 X,Y 是指截面"基"的左下角和布置插入点的偏移距离。不同截面的"基"可以在幻灯片中看到(单击幻灯片可以放大)。X,Y 可以在弹出的列表中选择,也可以用户自己输入。如果输入转角,柱布置上之后会逆时针旋转这个角度。如果用户选中"镜像布置",在布置后命令行提示"请在镜像线附近点击",用户点击任意一条平行于镜像线的轴线后就会对布置的柱做一个镜像操作。

柱布置方法:

(1) 定点布置:这种布置方法把柱布置在用户直接点击的地方。在构件定义栏内选择布置的柱编号,点击工具条上的"定点布置",命令行提示:"请点取柱的平面位置",在屏幕上点取要布置的柱位置,定点布置完成。可以继续布置,也可以回车退出。

(2) 窗选布置:这种布置方法把柱布置在用户窗选的轴线交点上。在构件定义栏内选择布置的柱编号,点击工具条上的"窗选布置",命令行提示:"请点取第一角点",此时用户在屏幕上点击窗选的一个角点;之后命令行提示:"请点取第二角点",此时用户在屏幕上点击窗选的对角点;之后系统寻找用户窗选的轴线交点,并在上面布置柱。

(3) 网格布置:这种布置方法是把柱布置在用户选取的轴线的交点上。在构件定义栏内选择布置的柱编号,点击工具条上的"网格布置",命令行提示:"请选网格线",用户可以选择任意多条能产生交点的轴线,系统搜寻这些网格的交点并在这些带点上布置柱。

(4) 沿弧布置:这种方法是把柱布置在弧线上面。在构件定义栏内选择布置的柱编号,点击工具条上的"沿弧布置",命令行提示:"请点取沿圆(弧)柱所在圆(弧)的圆心点",用户点击弧线的圆心,之后命令行提示:"请点取柱的平面位置",用户点击柱的插入位置,完成布置。

（5）多义线布置：如果用户的工程里面有柱的轮廓（比如已经导入识别的文档或用户自己画了柱的截面），可以采用这种布置方法。点击工具条上的"多义线布置"，命令行提示"选择截面"，用户选择已经存在的柱截面轮廓线，命令行提示："输入编号"，用户输入一个合法编号即完成这个柱的布置。

9.3　梁的布置

功能：提供多种梁布置方式。用户在同一界面上定义编号，选择适合的布置方式布置梁。

绘制菜单：结构→梁体

工具条图标：

命令行：LTHZ

执行出现以下对话框：

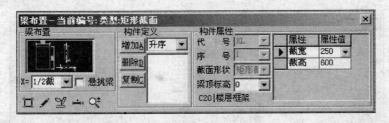

图 9-5　梁布置对话框

对话框说明：

（1）截面定位部分：这里是布置时使用的定位信息。X 是截面的偏移尺寸，悬挑梁是布置之后加悬挑。

（2）构件定义部分：这里增加、删除、复制梁的编号和浏览已经定义的梁编号。

（3）构件属性：这里针对构件定义部分的每一个编号，查看、修改该编号的构件属性，包括代号、序号、截面形状、梁顶标高、材料、梁结构类型、截面尺寸。

（4）对话框工具条：提供 4 种布置方式：网格布置、定位布置、手动布置、选轴段布置。

对话框操作：

（1）定义新构件：

梁布置对话框弹出后，点击"增加"，对话框变成下面的样子：

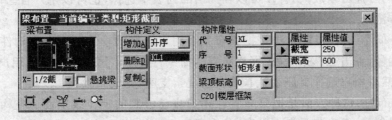

图 9-6　梁布置对话框-增加

界面上显示一个梁的属性缺省值。用户可以更改代号、序号、截面形状、梁顶标高、截面尺寸。例如,定义一个梁编号为 L10,截面矩形,截面尺寸 300×550,只要把代号修改为 L,序号修改为 10,截宽修改为 300,截高修改为 550 即可。修改后界面如下:

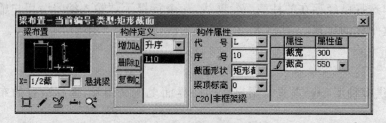

图 9-7　梁布置对话框-修改后

(2) 删除构件定义:选中要删除的编号,点击"删除"。

(3) 复制编号:如果用户已经在其他楼层上面定义了梁,用户可以把其他层上定义的梁编号复制到当前层上来。点击"复制",弹出对话框:

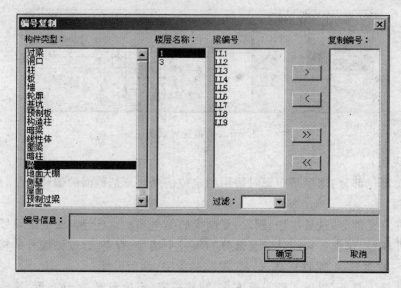

图 9-8　编号复制对话框

构件定义复制详细操作见构件定义复制。

(4) 截面定位:截面定位栏中的 X 是指截面边线和定位线的偏移距离。具体在幻灯片中显示(单击幻灯片可以放大)。X 可以在弹出的列表中选择,也可以用户自己输入。

梁布置方法:

(1) 网格布置:这种布置方法是把梁布置在用户选取的轴线的上。在构件定义栏内选择布置的梁编号,点击工具条上的"网格布置",命令行提示:"请选网格线",用户可以选择任意多条轴线,然后用户选择支座或让系统自动搜索支座,完成布置梁。

(2) 定位布置:这种方法是把梁布置在用户自己绘制的定位线上面。在构件定义栏内选择布置的梁编号,点击工具条上的"定位布置",命令行提示:"输入定位线起点",用户根据提示输入定位线起点、终点,选择支座,完成布置。

(3) 手动布置:这种方法是用户自己绘制梁段。点击工具条上的"手动布置",命令行提示:"请输入梁段 1 起点〈放弃〉",用户根据提示输入每一个梁段的起点、终点,完成一条梁的绘制。

选轴段布置:

这种方法布置时,用户在一根梁的每一跨的轴段附近点击,绘制出一条整梁。点击工具条上的"选轴段布置",命令行提示:"绘制梁段 1,在其所在轴段附近点击〈放弃〉",用户在第一跨梁的轴段附近点击,接着点击第二跨梁段的轴段,直到完成。

9.4 墙的布置

功能:提供多种墙布置方式。用户在同一界面上定义编号,选择适合的布置方式布置墙。

绘制菜单:结构→墙体

工具条图标:

命令行:QTHZ

执行出现以下对话框:

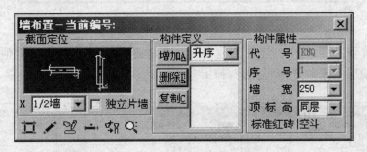

图 9-9 墙布置对话框

对话框说明:

(1) 截面定位部分:这里是布置时使用的定位信息。X 是截面的偏移尺寸,独立片墙是布置之后加独立片墙。

(2) 构件定义部分:这里增加、删除、复制墙的编号和浏览已经定义的墙编号。

(3) 构件属性:这里针对构件定义部分的每一个编号,查看、修改该编号的构件属性,包括代号、序号、墙宽、墙顶标高、材料、墙结构类型。

(4) 对话框工具条:提供 5 种布置方式:网格布置、定位布置、手动布置、选轴段布置,选梁布置。

对话框操作:

(1) 定义新构件:

墙布置对话框弹出后,点击"增加",对话框变成下面的样子:

界面上显示一个墙的属性缺省值。用户可以更改代号、序号、形状、墙顶标高。例如,定义一个墙编号为 Q10,截面矩形,墙宽 300,只要把代号修改为 Q,序号修改为 10,截宽修改为 300 即可。修改后界面如下:

(2) 删除构件定义:选中要删除的编号,点击"删除"。

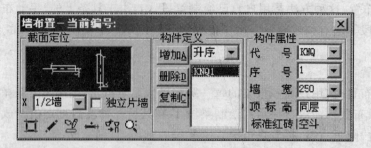

图 9-10 墙布置对话框

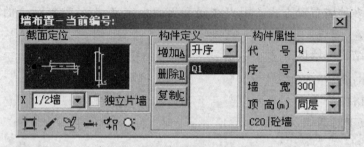

图 9-11 墙布置对话框

（3）复制编号：如果用户已经在其他楼层上面定义了墙，用户可以把其他层上定义的墙编号复制到当前层上来。点击"复制"，弹出对话框：

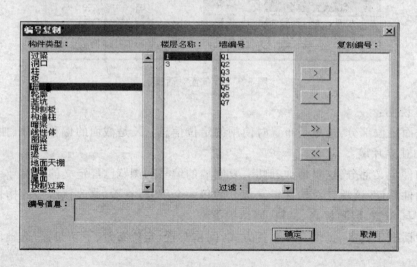

图 9-12 墙布置对话框

构件定义复制详细操作见构件定义复制。

（4）截面定位：截面定位栏中的 X 是指截面边线和定位线的偏移距离。具体在幻灯片中显示（单击幻灯片可以放大）。X 可以在弹出的列表中选择，也可以用户自己输入。

（5）墙布置方法：

1）网格布置：这种布置方法是把墙布置在用户选取的轴线的上。在构件定义栏内选择布置的墙编号，点击工具条上的"网格布置"，命令行提示："请选网格线"，用户可以选择任意多条轴线,然后用户选择支座或让系统自动搜索支座,完成布置墙。

2)定位布置:这种方法是把墙布置在用户自己绘制的定位线上面。在构件定义栏内选择布置的墙编号,点击工具条上的"定位布置",命令行提示:"输入定位线起点",用户根据提示输入定位线起点、终点,选择支座,完成布置。

3)手动布置:这种方法是用户自己绘制墙段。点击工具条上的"手动布置",命令行提示:"请点取起点<退出>",用户根据提示输入每一个段墙的起点、终点,完成一面墙的绘制。

选轴段布置:

这种方法布置时,用户在每一段墙所在轴段附近点击,绘制出一面整墙。点击工具条上的"选轴段布置",命令行提示:"在轴段附近点击<退出>",用户在第一段墙的轴段附近点击,接着点击第二段墙段的轴段,直到完成。

9.5 板的布置

功能:提供多种绘制方式,在封闭区域或非封闭区域里给定搜索误差值绘制板构件。可以设定形成板构件的其他边界构件和 CAD 图元。

绘制菜单:结构→板体

工具条图标:

命令行:BTHZ

执行出现以下对话框:

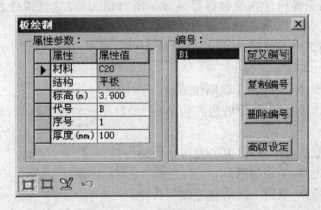

图 9-13　板绘制对话框

对话框选项说明:

1)材料:设定代号自动对应材料,如材料为空,请到结构总说明设置代号材料。

2)结构:设定代号自动对应结构形式,代号与材料对应关系请看结构总说明设置内容。

3)标高:以米单位输入板所属层标高,即板顶部到当前楼层平面的距离。缺省为编号定义时数值,绘制过程可临时修改数值。

4)代号:板编号的标头,结构总说明可以自定义。

5)序号:板编号的序号。

6)厚度:以毫米单位输入板厚度。

7）编号列表：以当前选取编号数据布置板，属性参数表格中除标高外，其他参数在布置时没有写入板属性。

8）定义编号：根据属性表格里的代号、序号和各属性值定义板编号。

9）复制编号：执行编号复制命令，直接复制其他楼层已定义的板编号。（设动态连接帮助）

10）删除编号：删除当前板构件编号。

11）高级设定：对话框向右扩大如图 9-14 所示。

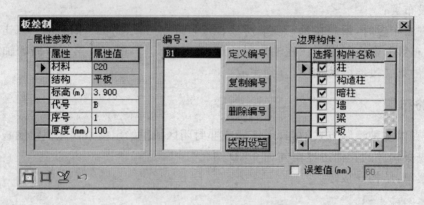

图 9-14 板绘制对话框

（1）关闭设定：恢复原对话框大小，或者直接点取 CAD 界面恢复对话框大小。

（2）边界构件：选择构件作绘制边界区域。所有图元指：建筑构件和 CAD 基本图元。为了不影响指定边界实体，请不要打开构件属性提示开关。

（3）误差值：当区域不封闭时，可估计缺缝大小设定误差值，其大小决定绘制结果是否正确。缺省为：60mm。

对话框底部工具条，主要用于绘制生成板（3 个图标）

（1）选点绘制内边界：以指定的边界构件或 CAD 图元作边界区域，选区域内一点绘制内板。

（2）选取构件绘制内边界：选取边界构件绘制内板。

（3）手动绘制边界：手动绘制板。

（4）取消上次操作：取消上次绘制过的板构件。

9.6 暗柱的布置

功能：提供布置暗柱，识别暗柱，识别暗柱定义表。

绘制菜单：结构→暗柱

执行出现以下对话框：

对话框说明：

（1）构件定义部分：这里选择、定义暗柱的编号和浏览已经定义的暗柱编号。

（2）构件属性：这里针对构件定义部分的每一个编号，查看该编号的构件属性，包括暗柱截宽、暗柱截高、旋转角度等。

（3）布置方法：提供 6 种布置方式：单墙两端布置、两墙交点布置、洞口两侧布置、定点

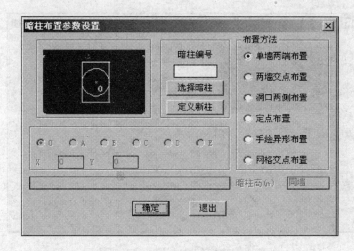

图 9-15　暗柱布置对话框

布置、手绘异形布置、网格交点布置。

　　对话框操作：

　　(1) 定义新构件：点击定义新柱，出现以下对话框：

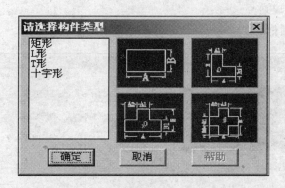

图 9-16　选择暗柱类型对话框

　　(2) 选择完构件类型后，点击确定。在暗柱布置对话框中选择"选择暗柱"，出现以下对话框：

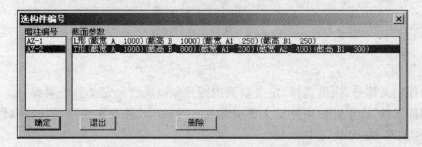

图 9-17　暗柱构件编号对话框

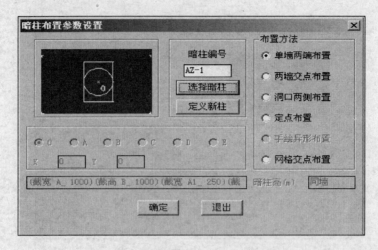

图 9-18 暗柱布置对话框-定义暗柱后

9.7 暗梁的布置

功能:提供布置暗梁,识别暗梁,识别暗梁定义表。

绘制菜单:结构→暗梁

执行出现以下对话框:

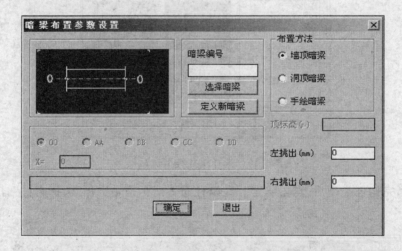

图 9-19 暗梁布置对话框

对话框说明:

(1)构件定义部分:这里选择、定义暗梁的编号和浏览已经定义的暗梁编号。

(2)构件属性:这里针对构件定义部分的每一个编号,查看该编号的构件属性,包括暗梁截宽、暗梁截高、左挑出、右挑出等。

(3)布置方法:提供3种布置方式:墙顶暗梁、洞顶暗梁、手绘暗梁。

对话框操作:

(1)定义新构件:点击定义新梁,出现以下对话框:

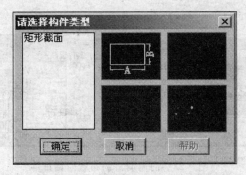

图 9-20 选择暗梁类型对话框

（2）选择完构件类型后，点击确定。在暗梁布置对话框中选择"选择暗梁"，出现以下对话框：

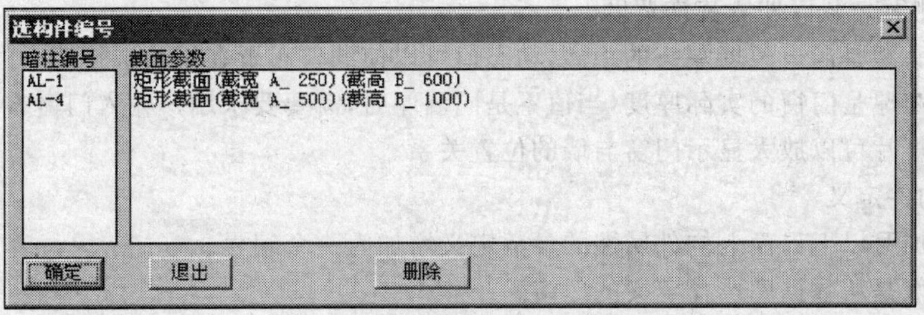

图 9-21 暗梁构件编号对话框

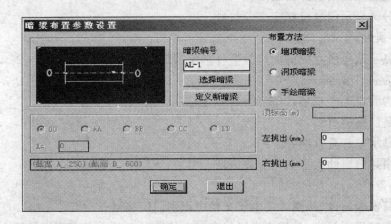

图 9-22 暗梁布置对话框-定义暗梁后

9.8 门窗洞口的布置

功能：提供布置门窗，识别门窗，识别门窗定义表。

工具条图标：

绘制菜单：结构→门窗洞口

命令行：dkbz

执行出现以下对话框：

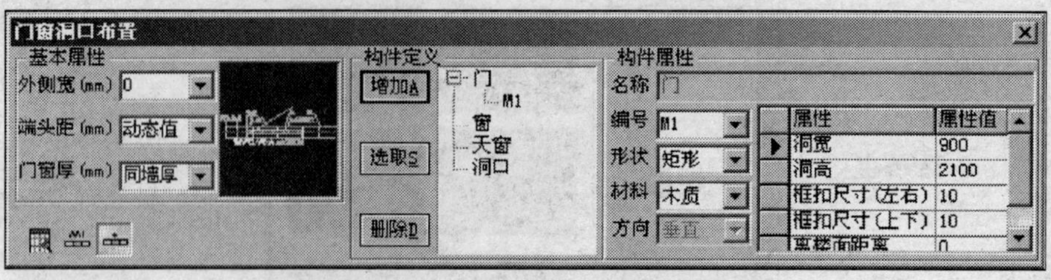

图 9-23   门窗洞口的布置对话框

命令行提示：选择布置洞口的墙：

对话框选项说明：

（1）基本属性

1）外侧宽是洞口外侧装饰宽度。

2）端头距是洞口离墙端头的距离，动态值可以使洞口布置在用户选择墙时的附近。

3）门窗厚是门窗的实际厚度，当值不是同墙厚时，需要要求用户输入门窗方向。

4）幻灯片可以放大显示门窗与墙的位置关系。

（2）构件定义

1）增加可以把界面上构件属性的参数定义增加为一个编号。

2）选取是从数据库选择定义的门窗。

3）复制是从别的楼层复制门窗编号。

4）删除是删除当前选择的编号。

5）列表分类显示门窗已经定义的代号。

（3）构件属性

1）名称显示编号所对应的洞口类型（门、窗、洞口）。

2）编号为洞口编号。

3）形状为洞口的外观形状（矩形、圆形、圆拱形）。

4）材料是门窗的材料。

5）方向是水平和垂直两种。

6）表格中是门窗的大小和位置等信息。

（4）工具条

1）识别门窗表，可以从插入的电子文档中识别门窗编号。

2）根据文字识别门窗，是用户选择代表门窗的编号自动在文字附近的墙上布置相应的门窗。

3）选择墙布置门窗，当水平布置时要求输入点。

9.9   构造柱的布置

功能：提供 2 种构造柱布置方式。用户在同一界面上定义编号，选择适合的布置方式布置构造柱。

绘制菜单：结构→构造柱

工具条图标：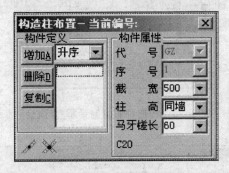

命令行：GZHZ

执行出现以下对话框：

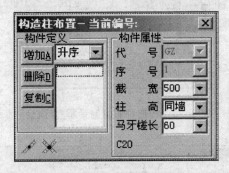

图 9-24　构造柱布置对话框

对话框说明：

（1）构件定义部分：这里增加、删除、复制构造柱的编号和浏览已经定义的构造柱编号。

（2）构件属性：这里针对构件定义部分的每一个编号，查看、修改该编号的构件属性，包括代号、序号、构造柱截宽、构造柱高、马牙槎长、材料。

（3）对话框工具条：提供 2 种布置方式：单墙布置、多墙布置。

对话框操作：

（1）定义新构件：

构造柱布置对话框弹出后，点击"增加"，对话框变成下面的样子：

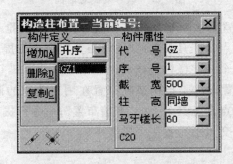

图 9-25　构造柱布置对话框-增加

界面上显示一个构造柱的属性缺省值。用户可以更改代号、序号、形状、构造柱顶标高。例如，定义一个构造柱编号为 GZ10，构造柱截宽 300，只要把代号修改为 GZ，序号修改为 10，截宽修改为 300 即可。修改后界面如下：

（2）删除构件定义：选中要删除的编号，点击"删除"。

（3）复制编号：如果用户已经在其他楼层上面定义了构造柱，用户可以把其他层上定义的构造柱编号复制到当前层上来。点击"复制"，弹出对话框：

构件定义复制详细操作见构件定义复制。

构造柱布置方法：

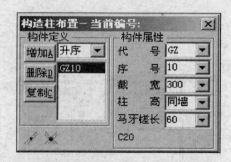

图 9-26 构造柱布置对话框-修改后

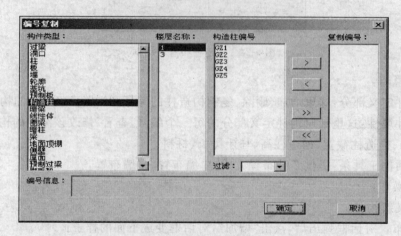

图 9-27 编号复制对话框

(1) 单墙布置:这种布置方法是把构造柱布置在用户选取的一面墙上。在构件定义栏内选择布置的构造柱编号,点击工具条上的"单墙布置",命令行提示:"请选择墙",用户选择一面墙,系统在上面布置一个一字槎构造柱。

(2) 多墙布置:这种布置方法是把构造柱布置在用户选取的两面墙上。在构件定义栏内选择布置的构造柱编号,点击工具条上的"多墙布置",命令行提示:"请选择第一片墙",用户选择两面墙,系统在两墙交点上布置一个构造柱。

9.10 圈梁的布置

功能:提供3种圈梁布置方式。用户在同一界面上定义编号,选择适合的布置方式布置圈梁。

绘制菜单:结构→圈梁

工具条图标: ✐

命令行:QLHZ

执行出现以下对话框:

对话框说明:

(1) 构件定义部分:这里增加、删除、复制圈梁的编号和浏览已经定义的圈梁编号。

(2) 构件属性:这里针对构件定义部分的每一个编号,查看、修改该编号的构件属性,包

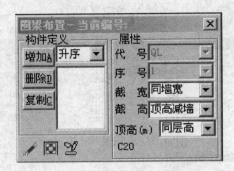

图 9-28　圈梁布置对话框

括代号、序号、圈梁宽、圈梁高、材料。

　　(3) 对话框工具条：提供 3 种布置方式：选墙布置、全层布置、手动布置。

对话框操作：

(1) 定义新构件

圈梁布置对话框弹出后，点击"增加"，对话框变成下面的样子：

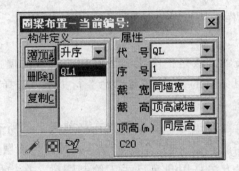

图 9-29　圈梁布置对话框

　　界面上显示一个圈梁的属性缺省值。用户可以更改代号、序号、形状、圈梁顶标高、截宽、截高。例如，定义一个圈梁编号为 QL10，圈梁顶标高同层高，截宽 300，截高 200，只要把序号修改为 10，截宽修改为 300，截面高修改为 200 即可。修改后界面如下：

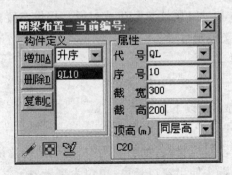

图 9-30　圈梁布置对话框

　　(2) 删除构件定义：选中要删除的编号，点击"删除"。

　　(3) 复制编号：如果用户已经在其他楼层上面定义了圈梁，用户可以把其他层上定义的

圈梁编号复制到当前层上来。点击"复制",弹出对话框:

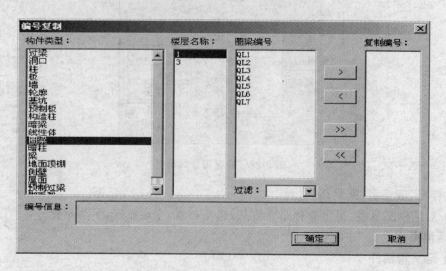

图 9-31   圈梁布置对话框

构件定义复制详细操作见构件定义复制。

圈梁布置方法:

(1) 选墙布置:这种布置方法是把圈梁布置在用户选取的墙上。在构件定义栏内选择布置的圈梁编号,点击工具条上的"选墙布置",命令行提示:"选择圈梁下面的墙",用户选择一面墙,系统在墙上面布置一个圈梁。

(2) 全层布置:这种布置方法是把圈梁布置在当前层上的所有墙上。在构件定义栏内选择布置的圈梁编号,点击工具条上的"全层布置",系统在当前层上的所有墙上布置圈梁。

(3) 动布置:这种布置方法是用户自己手工绘制圈梁。在构件定义栏内选择布置的圈梁编号,点击工具条上的"手动布置",系统提示:"输入圈梁起点",用根据圈梁的实际位置在屏幕上绘制圈梁。

9.11   过梁的布置

功能:提供门、窗、洞口和过梁属性参数生成过梁。提供布置预制过梁,但必须先在结构菜单下的预制构件表中定义预制过梁。

绘制菜单:结构→过梁

工具条图标:▦

命令行:GLHZ   执行出现以下对话框:

对话框选项说明:

(1) 材料:设定代号自动对应材料,如材料为空,请到结构总说明设置代号材料。

(2) 挑出值:过梁单侧端头伸出窗口长度,单位为毫米。

(3) 截高:过梁的截面高度,单位为毫米。

(4) 截宽:过梁的截面宽度,单位为毫米。

(5) 代号:过梁编号的标头,结构总说明可以自定义。

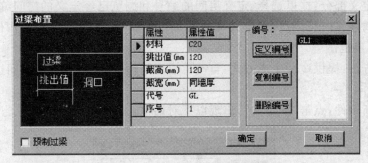

图 9-32　过梁布置对话框

（6）序号：过梁编号的序号。

（7）编号列表：以当前选取编号数据布置过梁，属性参数表格中除标高外，其他参数在布置时没有写入过梁属性。

（8）定义编号：根据属性表格里的代号、序号和各属性值定义过梁编号。

（9）复制编号：执行编号复制命令，直接复制其他楼层已定义的过梁编号。（设动态连接帮助）

（10）删除编号：删除当前过梁构件编号。

操作过程：先选择过梁材料、挑出值、过梁高和宽（图 2-1），确定后在 AutoCAD 界面下选择洞口（可以多选），自动按照洞口尺寸布置过梁；或者选择布置预制过梁，确定后在 AutoCAD 界面下连续选择洞口（只能单选），然后选择预制构件表中已经定义的预制过梁进行布置（如果两次选择的洞口尺寸相同则不需要选择预制过梁，默认为上次的预制过梁）。

9.12　房间的布置

功能：提供两种布置房间的方式，修改房间定义。

绘制菜单：结构→房间

工具条图标：**▩**

命令行：FJHZ

执行出现以下对话框：

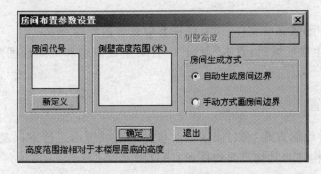

图 9-33　房间布置对话框

对话框说明：

（1）构件定义部分：这里选择、定义房间的编号和浏览已经定义的房间编号。

（2）构件属性：这里针对构件定义部分的每一个编号，查看该编号的构件属性，包括房间代号、侧壁高度范围等。

（3）布置方法：提供2种生成方式：自动生成房间边界、手动方式画房间边界。

对话框操作：

（1）定义新构件：点击"新定义"，出现以下对话框：

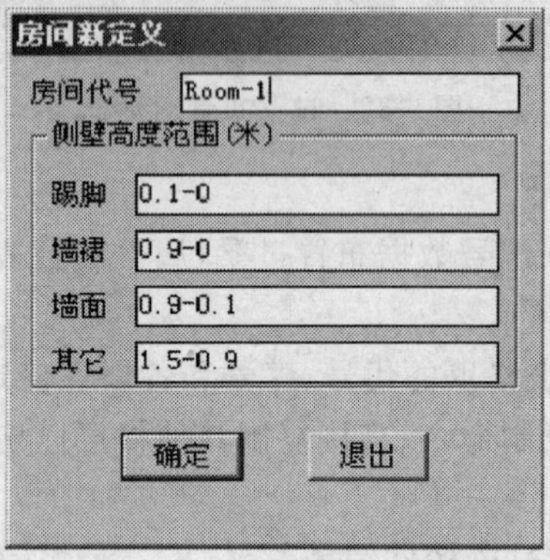

图9-34 房间布置对话框

输入侧壁各装饰面的高度范围，要求高值在前，底值在后。最后工程量分析将按此高度范围在立面上搜索整个房间的墙面，对有洞口或自然洞口的区域进行准确扣减，如果扣减有问题，必须执行图形检查命令里的对应所属关系检查方式；用户可以修改计算规则来控制是否增加门窗前端的周边面积工程量。侧壁的扣减仅与墙、洞口发生关系，与其他构件无关，侧壁的扣减量与其本身高度无关，而是跟每个输入高度范围值有关，如果给定的某个高度范围超过梁顶标高，梁体空间位置将当作自然洞口扣掉，房间里梁体相关的装饰量到侧壁属性取；所以说侧壁只关心墙面的装饰量，在布置房间时切记侧壁必须靠近墙面，误差不得超过30mm。如果一个房间里有高低不齐的多面墙，高度范围应取最高墙面那块或本楼层高度值；如各墙面装饰不一样，定额挂接也不一样，那就可以采用房间编辑功能进行炸开，分别挂接定额。

（2）定义新构件完构件后，点击确定。在房间布置对话框中点击"确定"，出现以下提示信息：

F 作辅助线/A 隐藏部分实体/请直接在要构造的边界内点取：

（3）选择构件生成区域后，点击"退出"。自动生成侧壁和地面顶棚两个构件组成房间概念。

9.13 轮廓的布置

功能：提供多种绘制方式，在封闭区域或非封闭区域里给定搜索误差值绘制轮廓构件。可以设定形成轮廓构件的其他边界构件和CAD图元。

绘制菜单：结构→轮廓

工具条图标：

命令行：LKHZ

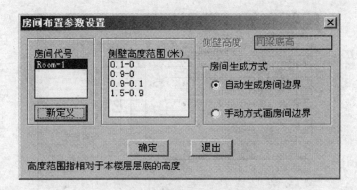

图 9-35　房间布置对话框

执行出现以下对话框：

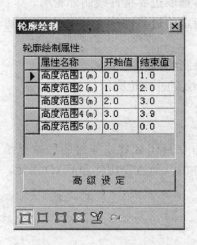

图 9-36　轮廓绘制对话框

对话框选项说明：

（1）轮廓绘制属性下的网格表：分别在开始列和结束列输入轮廓高度范围系列值，开始值要小于或等于结束值，输入单位为米，不需要的高度范围可以不用输入开始值和结束值。高度范围系列分别代表某个装饰面，如：墙裙等。

（2）高级设定：对话框向右扩大如下：

1）关闭设定：恢复原对话框大小，或者直接点取 CAD 界面恢复对话框大小。

2）边界构件：选择构件作绘制轮廓边界区域。所有图元指：建筑构件和 CAD 基本图元。为了不影响指定边界实体，请不要打开属性浮动显示开关。

3）设定搜索误差值：当区域不封闭时，可估计缺缝大小设定误差值，其大小决定绘制结果是否正确。缺省为：60mm。

（3）对话框底部工具条，主要用于绘制轮廓（6 个图标）：

1）选点绘制内边界：以指定的边界构件或 CAD 图元作边界区域，选区域内一点绘制内轮廓。

2）选取构件绘制内边界：选取边界构件绘制内轮廓。

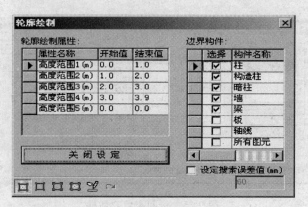

图 9-37   轮廓绘制对话框

3）选取构件绘制外边界：选取边界构件绘制外轮廓。

4）选点绘制外边界：以指定的边界构件或 CAD 图元作边界区域，选区域内一点绘制外轮廓。

5）手动绘制边界：手动绘制轮廓。

取消上次操作：取消上次绘制过的轮廓构件。

9.14 脚手架的布置

功能：提供多种绘制方式，在封闭区域或非封闭区域里给定搜索误差值绘制脚手架构件。可以设定形成脚手架构件的其他边界构件和 CAD 图元。

绘制菜单：结构→脚手架

工具条图标：无

命令行：SJHZ

执行出现以下对话框：

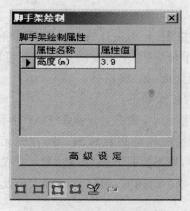

图 9-38   脚手架绘制对话框

对话框选项说明：

（1）脚手架绘制属性下的网格表：输入脚手架高度值，缺省高度为当前楼层高。输入单位为米。

（2）高级设定：对话框向右扩大如图 9-39 所示。

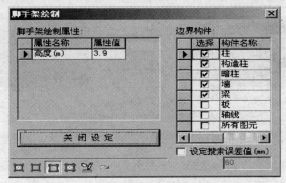

图 9-39　脚手架绘制对话框

1）关闭设定：恢复原对话框大小，或者直接点取 CAD 界面恢复对话框大小。

2）边界构件：选择构件作绘制边界区域。所有图元指：建筑构件和 CAD 基本图元，为了不影响指定边界实体，请不要打开属性浮动显示开关。

3）设定搜索误差值：当区域不封闭时，可估计缺缝大小设定误差值，其大小决定绘制结果是否正确。缺省为：60mm。

（3）对话框底部工具条，主要用于绘制脚手架（6 个图标）

1）选点绘制内边界：以指定的边界构件或 CAD 图元作边界区域，选区域内一点绘制内脚手架。

2）选取构件绘制内边界：选取边界构件绘制内脚手架。

3）选取构件绘制外边界：选取边界构件绘制外脚手架。

4）选点绘制外边界：以指定的边界构件或 CAD 图元作边界区域，选区域内一点绘制外脚手架。

5）手动绘制边界：手动绘制脚手架。

取消上次操作：取消上次绘制过的脚手架构件。

9.15　基础布置

9.15.1　基础布置

功能：布置基础。

工具条图标：

绘制菜单：结构→基础

命令行：JCHZ

执行出现以下对话框：

对话框选项说明：

（1）左边的幻灯片显示基础定位形式的示意图

（2）列表显示过梁的代号

（3）定义新基础可以定义新的编号

（4）删除此基础可以删除选择的基础编号

（5）单选按钮选择基础的定位形式

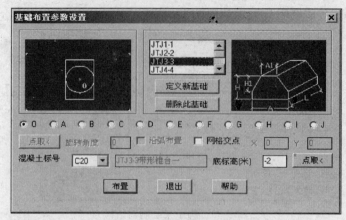

图 9-40　基础布置对话框

（6）旋转角度可以确定独立基础的方向（可以从图面选取）

（7）沿弧布置可以确定独立基础的方向与弧成固定角度

（8）网格交点可以让用户选择轴网布置基础

（9）X 和 Y 为定位方式的偏移值

（10）混凝土标号可以选择，但缺省为结构总说明基础定义值

（11）显示框显示所选基础的代号和类型

（12）底标高为基础的底高

如果选择独立基础布置

命令行提示：请点取基础的平面位置：

如果选择条形基础布置

命令行提示：请输起点：

如果选择网格布置

命令行提示：请选网格线

9.15.2　基础定义

（1）选择类型，如图 9-41 所示。

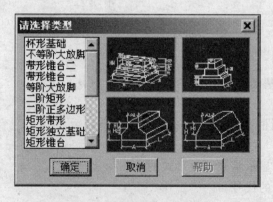

图 9-41　基础类型选择对话框

可以从左边的列表框中选择所需种类，也可以从右边的幻灯片选择。

（2）定义属性

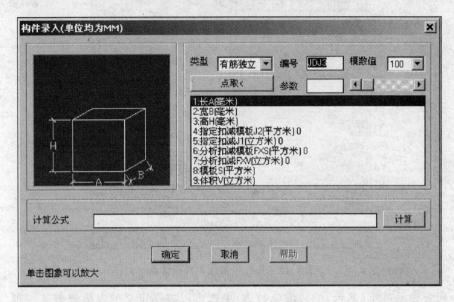

图 9-42　基础构件录入对话框

1）左边的幻灯片显示构件的参数和形式

2）标头显示总说明中的类型

3）编号与标头对应

4）模数值用来控制滑动条的步进值

5）参数是参数表中当前的参数的值

6）计算公式是当前的参数的计算式，可以修改

9.16　基坑的布置

功能：提供基坑和基台的布置。

工具条图标：

绘制菜单：结构→基坑/基台

命令行：JTHZ

执行出现以下对话框：

对话框选项说明：

（1）边界的生成方式存在 3 种：

1）可以在封闭区域内生成边界

2）可以手动画边界

3）可以选择已经存在的边界

（2）基坑和基台可以通过单选按钮实现

（3）标高为基坑（基台）的底高

（4）深度是一级基坑（基台）的高度

（5）走道宽是基坑（基台）边缘的走道宽度

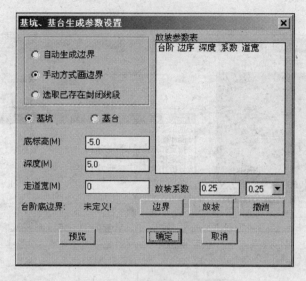

图 9-43　基坑和基台布置对话框

（6）列表显示基坑（基台）的放坡参数表，单选可以根据定义的参数修改某一项（当边界为异形时，参数的修改会影响当前级的所有参数）

（7）边界按钮回到 CAD 界面定义边界

（8）放坡根据定义的参数对当前级每一边进行放坡系数定义

（9）撤销是撤销当前级的参数

（10）预览是根据当前参数在图形中生成基坑，方便核对

9.17　屋面的布置

功能：提供四种屋面形式（条形、折形、三折形、正多边形）。可以设定屋面底标高，顶板厚旋转角度，同时可以设定屋面边长。

工具条图标：无

绘制菜单：结构→屋面

命令行：wmbz

执行出现以下对话框：

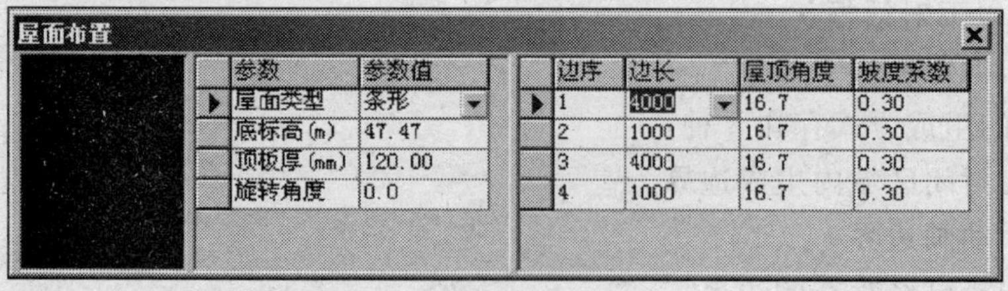

图 9-44　屋面布置对话框

命令行提示：请输入插入点：

对话框选项说明：

（1）左边的幻灯片显示屋面形式的示意图。

（2）屋面类型可以右图四种类型 ，底标高可以选择相差值为 1 的几个常用值

，顶板厚和旋转角度都可选用几种常用值。

边序表示屋面的第几边（放大幻灯片可以看到边序的定义），边长可以从下拉条中选择

也可从图面输入 （只能输入关键边序的边长，比如条形只能输入第一和第二边的

边长，正多边形只能输入第一边的边长），屋顶角度（角度制）只能从下拉条中选择，坡度系数
为屋顶角度的正切值不可修改，坡度与边长和楼层高度共同确定屋面高度，屋面高度不能大
于楼层高度。

9.18　桩基础的布置

功能：提供桩基础的布置。

工具条图标：无

绘制菜单：结构→桩基础

命令行：ZJHZ

执行出现以下对话框：

图 9-45　桩基础布置对话框

命令行提示：C 用圆代表/P 用多义线代表：＜p＞

说明：

（1）新定义参照图 9-14 中的定义，删除可以删除构件的定义

（2）桩基础是参数法构件，布置的圆（多义线）是该构件的载体，不表示实际形状。

9.19　楼梯的布置

功能：提供楼梯的布置。

工具条图标:无

绘制菜单:结构→楼梯

命令行:LTHZ

执行出现以下对话框:

图 9-46　楼梯布置对话框

命令行提示:C 用圆代表/P 用多义线代表:＜p＞

说明:

(1) 新定义参照图 9-14 中的定义,删除可以删除构件的定义。

(2) 楼梯是参数法构件,布置的圆(多义线)是该构件的载体,不表示实际形状。

9.20　线性体的布置

功能:提供线性体生成,用来生成女儿墙、压顶等构件。

工具条图标:无

绘制菜单:结构→线性体

命令行：XTHZ

执行出现以下对话框:

命令行提示:起点:

对话框说明:

(1) 混凝土等级,选择线性体混凝土等级。

(2) 顶标高,相对于正负零的标高。

(3) 截宽,输入矩形线性体截面宽,点击"选取"按钮,可在图形中点取长 度。

(4) 截高,输入矩形线性截面高,点击"同截宽"按钮,接高值等于截宽。

(5) 绘制,打开"异形截面","绘制"可用。点击它可在图形上绘制任意形状截面。

(6) 单选按钮可以选择布置的偏移方式。

可连续绘制多段线性体,完成后回车(鼠标右键)。命令行提示"所画的是否正确""(Yes/No)＜Yes＞",回答"Y",线性体生成;回答"N",返回对话框。

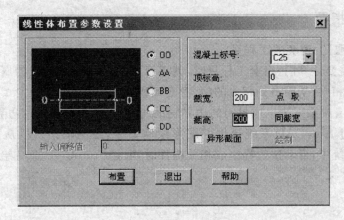

图 9-47　线性体布置对话框

9.21　预制板布置

功能：从标准图集中选择预制板布置。

布置菜单：结构→预制板

工具条图标：

命令行：YBBZ

执行命令后出现以下对话框（先在结构菜单下的预制构件表中定义预制板）：

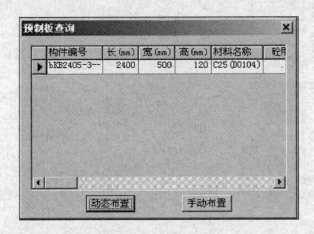

图 9-48　预制板布置

选择预制构件表中已经定义的预制板。

（1）选择动态布置后在 AutoCAD 界面下输入起点，此时会动态线显示布置的预制板，然后输入终点。起点和终点必须在两堵墙之间，最后预制板会布置在起点墙的边缘，如果终点在墙边缘，自动布置现浇板补齐预制板与墙的间隙。选择手动布置后在 AutoCAD 界面下输入需要布置的板数，此时会动态线显示布置的预制板，然后输入插入点，再输入旋转角度，即可。

9.22　练习与指导

（1）怎样获取门、窗套的工程量？

答：当用户需要计算门、窗套工程量时，就可以利用洞口边缘周长的属性值，将其与门、窗套的展开长度相乘，从而得到相应的门、窗套面积。

（2）当根据墙或梁无法生成封闭的边界辅助线时，怎样生成封闭的边界辅助线？

答：可以通过 AutoCAD 系统提供的图形绘制命令，绘制辅助线段从而形成封闭的边界。在可视化系统中，自动按边界生成相关构件时，通过 AutoCAD 命令绘制的辅助线段是可以识别的。

第10章 如何快速计算钢筋工程量

本章重点:

本章主要介绍在"三维可视化工程量智能计算软件"中,怎样利用预算图中有关结构数据信息,进行钢筋工程量的快速计算。

本章具体包括下列内容:

● 钢筋计算的基本思路

● 柱钢筋布置

● 梁钢筋布置

● 板钢筋布置

● 剪力墙钢筋布置

● 构造柱钢筋布置

● 圈梁钢筋布置

● 过梁钢筋布置

● 钢筋计算的系统工具

10.1 钢筋计算的思路

在进行钢筋工程量计算之前,首先让我们来了解在可视化软件中钢筋计算的一个整体思路。

在三维可视化工程量智能计算软件中,钢筋计算主要是通过图形与参数结合来完成的。从前面第九章中介绍可以了解到,在可视化系统中计算建筑方面的工程量时,基本上是利用了结构部分有关构件定位信息,进行建筑轮廓的生成,快速得到其工程量。同样,在进行钢筋的计算时,我们也是建立在工程结构数据的基础上,完成钢筋计算。

用户在手工计算钢筋时,钢筋的有关尺寸信息基本上是从结构图中获得的,通过对结构中有关构件的基本数据组合,获取相应的钢筋计算结果。而在可视化系统中,当工程模型建立后结构部分的数据信息基本已经反映到工程预算图中,比如一根矩形柱在预算图中就具有它真实的尺寸信息:柱高、截宽、截高。而钢筋的计算将从结构图形中自动获取这些构件的基本数据,通过系统中指定的有关计算公式,得到钢筋的长度和数量。然后通过钢筋统计程序,获取钢筋的工程量。

因此,钢筋的计算一般遵循下面几个步骤:

(1) 激活相应的钢筋布置命令,选择需要布置钢筋的构件。

(2) 选择钢筋类型、公式,定义有关钢筋描述信息,钢筋的描述包括钢筋直径、分布间距或数量信息。

(3) 系统将根据用户设定的描述,自动从当前构件中获取有关尺寸等信息,并把两者相结合,计算出构件中钢筋的实际长度和数量。

(4) 由钢筋统计程序分构件分层,按用户可定义的归并条件统计出该工程钢筋总用量。

例如:计算多跨梁的通长面筋。

(1) 首先激活梁钢筋布置命令,选择"A"子命令,选取布置整梁的方式。

（2）选择受力锚固面筋钢筋的公式：$Lnb+2×La$。（Lnb 表示梁两个边支座之间的净距；La 表钢筋锚固长度）

（3）用户只需定义"4B20"（表示 4 根直径为 20mm 的二级钢筋），系统将自动获取该多跨梁两个边支座之间的净距值 Lnb，并根据柱的混凝土标号计算得到钢筋锚固长度 La，按公式计算这根钢筋的总长度。

（4）由钢筋统计程序汇总，得到钢筋总用量。

10.2 钢筋计算依据的设置

在进行钢筋计算之前，首先需要进行有关的初始设置。钢筋计算的初始设置主要是包括钢筋计算中需要用到常量值，钢筋锚固和搭接长度、钢筋锚固形式的定义。通过点击"工程\工程属性"命令进行有关钢筋的初始设置，如图 10-1 所示。

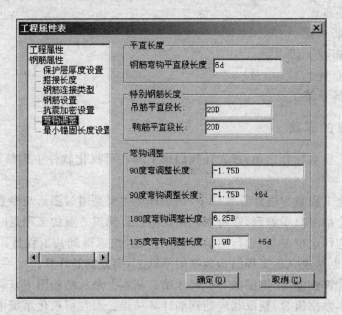

图 10-1 "工程属性"设置对话框

钢筋的初始设置包括保护层厚度、搭接长度、加密设置、锚固长度等属性，它主要是设置钢筋计算中常量值。软件在计算钢筋长度时将从该处的计算依据中取得相应值。

比如，柱端箍筋加密区长度为 max(Ljg,500,(Lzg-Lztjm)/6)，表示在计算柱箍筋根数时，会将 Ljg（截面高度）、(Lzg-Lztjm)/6（柱高减梁高后的六分之一）和 500 三个数中的最大值，作为该柱箍筋的加密区长度。这正是规范所要求的加密区长度。

若工程设计图纸要求柱端箍筋加密区长为 1000mm，用户可直接将此处改为 1000 即可。若工程不要求柱端加密，则直接将之改为 0。

梁端加密区长度意义类似于柱端加密区长度。

"Ljg、Lzg"是本系统预定义的一些变量名，页面中的变量名"D"表示钢筋的直径。其他变量名的解释请参见附录钢筋系统变量名表。

（1）钢筋锚固和搭接长度定义

系统在计算钢筋锚固 LA 和搭接 Ll 长度时将从该处取得计算依据。如果工程设计与此处(国家规范)不同时可直接修改。比如许多图纸指定所有钢筋锚固长度为 40D,用户只需将所有的改为 40D。

通过单击"按现行国家规范设置"按钮,系统会按现行国家规范设置钢筋锚固和搭接长度。

（2）梁柱钢筋连接方式

在实际工程中,由于工程需要,钢筋会根据不同直径规格采取不同的连接形式。而在计算钢筋工程量时,对于有些连接形式,需要统计出钢筋单个接头的数目,这就为钢筋的计算带来一定的麻烦。

在可视化系统中,您就不必为统计钢筋接头的事情而烦恼了。用户只要在此页面中定义钢筋接头的形式,在进行单根钢筋布置时,系统会根据钢筋直径,自动判定接头的形式并记录下来。在进行钢筋统计时,系统将会按照不同的连接方式自动统计接头的数目。

分别在柱、梁主筋连接方式中,根据实际需要选择直径范围和连接的方式即可。系统中提供了多种连接方式的选项:套筒连接、冷挤压接头、电渣压力焊、闪光对焊、单面搭接焊、自定义接头等供用户选择。

（3）钩调整

主要用于箍筋长度的计算,在此定义的长度会传替到箍筋长度公式中相应变量,如箍筋长度公式中变量 Lwg180 对应的是 180°弯钩调整长度值。(具体可看见钢筋系统变量名表)

（4）抗震加密设置

可以针对不同的抗震等级设置柱端及梁端的加密区长度,通过对"抗震等级"组下拉框中内容的选择,在"加密设置"一栏中会出现相应的加密区长度,用户可以进行对应的修改,修改一个抗震等级的加密公式后,切换抗震等级,自动保存上个修改的抗震加密设置。

10.3　柱钢筋布置

10.3.1　布置柱钢筋的步骤

通过点击"钢筋\柱筋"命令或点击快捷按钮 ，进行柱钢筋的布置,大致可分为下列几个步骤:

第一步:激活命令,设定钢筋文字高度;

系统首先在命令提示行中提示:

Command：ZJBZ

钢筋文字高度＜600＞：

\\输入钢筋文字在屏幕上显示的高度,系统默认值为 600mm,回车选定系统默认值。

第二步:选择需要布置钢筋的柱;

M 移动/E 删除/C 复制/选择需布置钢筋的柱:

\\系统默认为选择需布置钢筋的柱,在屏幕上点取需要布置钢筋的柱,一次只能选取一根柱。

其中:

M——移动柱钢筋;

C——复制柱钢筋；

E——删除柱钢筋。

第三步：录入钢筋描述；

接着系统将弹出"当前录入钢筋"对话框（图10-2），进行该柱钢筋的录入。

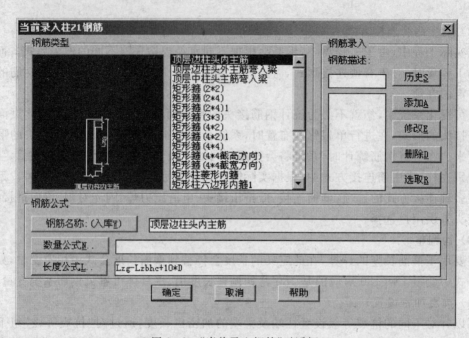

图10-2 "当前录入钢筋"对话框

图示"当前录入钢筋"对话框中，大致可分为三个部分：

"钢筋类型"区域

选择相应的钢筋类型，如竖向主筋、矩形箍筋等。

该钢筋的图形说明信息将在图形区显示出来。单击钢筋简图，可放大查看。

"钢筋公式"区域

显示当前选择钢筋类型的名称、长度公式、数量公式，可直接进行钢筋公式的修改。

用户觉得系统提供的钢筋公式不够时，可以按照系统提供的规则自定义钢筋，然后点击"钢筋名称（入库）"，将已编辑的钢筋公式保存到数据库中，以后可随时调用。

当用户点击"钢筋名称（入库）"按钮后，系统会自动弹出柱钢筋"公式类型"对话框，如图10-3所示。

图10-3 柱钢筋"公式类型"对话框

在软件中，系统将根据构件的类型将钢筋公式分别存放。例如选择一根圆形柱时，在箍筋的种类中就会出现"圆形圆箍"的钢筋类型。因此，用户在保存钢筋公式时，就要选择钢筋的公式类型，以便下次调用。

用户可以查看钢筋公式变量对说明。当用户点击"数量公式"或"长度公式"弹出对话框，显示变量描述。图10-4是柱钢筋布置中，显示"顶层边柱头内主筋"对长度公式变量说明对话框。

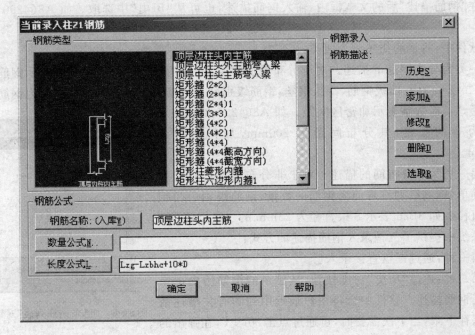

图 10-4 钢筋公式变量说明

在这个对话框里面,用户可以输入一个数值覆盖"自定义数据",这样,变量 lz 就有了具体的值。如果想编辑这个公式,可以点击"编辑公式(E)",弹出下一个对话框:

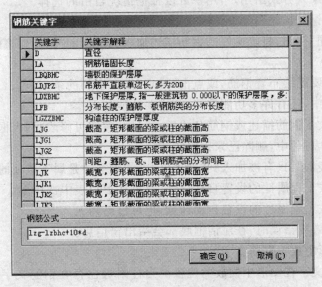

图 10-5 编辑钢筋公式对话框

这个对话框中列表是整个工程涉及到的钢筋公式变量,用户可以使用这些变量。用户在对话框下面的钢筋公式编辑框里编辑这个公式,编辑后点确定或取消钢筋布置对话框。如果用户是确定退出编辑钢筋公式对话框,钢筋布置对话框上显示用户编辑后对公式。

"钢筋录入"区域

在"钢筋描述"后的文本框内,输入钢筋描述,也可从"历史"中选取。如 A8@200:100,8B25。

软件中,将钢筋描述分为两类:

一类为分布钢筋的描述。对于分布钢筋的定义:使用 A、B、C、D、E 分别表示钢筋级别一级、二级、三级、四级钢筋、冷拔钢丝,钢筋级别后为钢筋的直径。"@"符号后为钢筋分布的间距,":"后数字表示加密区间距。如 A8@200:100 表示直径为 8 的圆钢,其分布间距为 200mm,加密间距为 100mm。

图 10-6   "已录钢筋列表"对话框

另一类为非分布筋的描述。对于非分布钢筋的定义就比较简单:钢筋级别符号前为钢筋的数量,钢筋级别后为钢筋的直径。如 8B25 表示 8 根直径为 25mm 的二级钢筋。

系统中提供了三种录入钢筋描述的方式:

第一种:通过键盘直接录入。

第二种:通过"历史"功能按钮,从已录的钢筋历史记录中选择钢筋描述。软件中会将用户最近用到的有关描述信息都保存下来,当下次需要时,可通过点击"历史",在弹出的"已录钢筋列表"对话框中选择,如图 10-6 所示。

第三种:通过"选取"的方式。用户可以通过"选取"功能,从图形中选取有关钢筋描述信息,这时系统将直接把选中的描述信息录入到"钢筋描述"后的文本框内。

系统提供三种录入方式给用户,用户可以根据情况自由的选择。

第四步:添加"钢筋描述";

通过点击"添加"按钮,将定义好的钢筋描述加入到下面的"钢筋列表框",完成一种钢筋类型的定义。

用户可根据需要继续布置钢筋,或点击"确定"结束钢筋的录入。

在钢筋录入栏中,还有许多功能按钮,其主要功能如下:

"修改":在修改了钢筋描述或钢筋公式后,通过此按钮可修改"列表框"中的钢筋。

"删除":从"列表框"中,删除已录钢筋描述。

"钢筋描述列表框":只有被加入到"列表框"中的钢筋才是属于该柱的有效钢筋。

"接头类型":按工程属性的设置自动计算,也可从下拉表中选择。

"接头数量":按工程属性的设置自动计算,也可自己输入。

当输入的值无效或错误时,在对话框底部会给出错信息。

第五步:在图形中放置钢筋文字。

设置钢筋显示文字在图形中摆放的位置。当柱附近已存在钢筋文字时,此时文字处在拖动状态,点击鼠标左键,钢筋文字将显示在点击的位置。注意,若鼠标右点,会产生意想不到的后果。系统回到子命令状态,此时可键入子命令修改录入钢筋或选择其他柱布钢筋。如键入"M",可移动钢筋位置,而不必退出当前状态。

在图形文件中,系统是以钢筋描述文本来进行钢筋标识的。通过"构件属性查询"可以查看其详细的钢筋工程量信息。

10.3.2 柱钢筋的复制与编辑

可视化系统作为一个图形化的软件,同样为钢筋提供了大量的图形化编辑操作:

钢筋复制

钢筋复制(COPY):利用 AutoCAD 系统提供的复制命令,可以将已存在的钢筋复制到另外一个构件上,并且钢筋的长度、数量会根据当前构件的有关尺寸信息重新计算。

图 10-7 "修改钢筋描述"对话框

柱钢筋复制的步骤:

(1) 在"修改"菜单中选择"复制"命令或从快捷按扭中直接选择"复制"命令,然后选择被复制的柱钢筋,可以多选或选择不同柱的钢筋。

(2) 选完钢筋后回车(鼠标右键),选择需布置钢筋的柱,此时会弹出"修改钢筋描述"对话框如图 10-7 所示,修改钢筋描述,完成后点击"确定"钢筋复制完成,钢筋文字生成。如果柱附近已有柱钢筋,会自动进入移动状态,在图形界面上鼠标左键单击以确定钢筋文字位置。

(3) 命令行提示"请选取需复制钢筋的柱<退出>",可继续选择柱复制钢筋,重复第二步,或回车退出。

(4) 复制柱钢筋时,最好将梁显示出来。不同截面形式的柱之间,钢筋不能相互复制;同编号的柱之间,钢筋也不能相互复制,否则会导致钢筋数量重复,工程量出现误差。

注:在执行钢筋复制时,选择了不同类钢筋或构件,将调用标准的复制命令,钢筋不会被重计算。

钢筋描述文字的编辑

在图形文件中,系统是以文本的形式,表示钢筋描述的文字信息。

因此,用户就可以通过 AutoCAD 系统提供的文本编辑命令(DDEDIT),本系统通过"ED"命令激活,来编辑钢筋描述文字信息。

编辑钢筋描述步骤:

(1) 令提示下输入 ED,回车或右击鼠标进入选择状态。

(2) 择要修改的钢筋描述,回车或右击鼠标弹出钢筋描述编辑对话框,如图 10-8 所示。

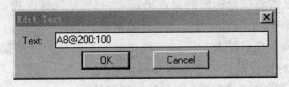

图 10-8 钢筋描述编辑框

(3) 修改钢筋描述后,"确定"返回,可继续进行下一个钢筋描述的编辑,回车或右击鼠标即返回命令提示状态。

通过文本编辑来修改钢筋描述,钢筋的长度、数量属性不会马上更新。通过运行"钢筋重计算"命令,钢筋的属性信息就可更新。

10.3.3　柱钢筋布置的技巧及注意事项

在布置柱钢筋时,需要注意下列事项:

(1) 在布置柱钢筋时,应尽量分层布置。

(2) 布柱钢筋时最好将柱、梁同时显示,以便计算柱头加密区长度。

(3) 同编号的柱只需要布置一次,在钢筋统计时,系统会自动将同编号柱的数量统计出来,然后与该柱布置的钢筋相乘,得到该编号柱的钢筋总用量。如果同编号的柱布置两次,将会使该编号单根柱钢筋用量增加一倍,导致该编号柱的钢筋总用量相应增加一倍。

(4) 当录完柱钢筋后,可用复制命令将该柱钢筋复制到其他柱,钢筋需重计算。

(5) 钢筋录完后,如果构件尺寸被改变,可使用钢筋重计算命令计算,不需重录。

(6) 程序通过数量公式的有无来判断钢筋的种类是分布筋(A8@200)或非分布筋(2B25)。如当无数量公式时,输入"A8@200"的描述,会被提示表达式错误。

10.4　梁钢筋布置

10.4.1　梁钢筋布置

在进行梁钢筋布置时,基本操作步骤与柱钢筋布置相似。只是在选择梁钢筋类型上多了些选项。通过点击"钢筋\梁筋"命令或点击快捷按钮 ![按钮],进行梁钢筋的布置。梁钢筋布置命令行:

Command:LJBZ:

钢筋文字高度＜600＞:

M 移动/E 删除/C 复制/A 选择整梁/选择需布置钢筋的梁跨:

其中:

M——移动梁钢筋

C——复制梁钢筋

A——进入选择整梁状态

E——删除梁钢筋

布置梁钢筋的步骤:

(1) 输入钢筋文字在屏幕上显示的高度,系统默认值为 600mm,回车选定系统默认值。

(2) 在屏幕上选取需要布置钢筋的梁或梁跨,共有三种选择方式:

点选任一梁跨后回车——仅录入选中梁跨的钢筋;

连续点选一连续梁的任意两跨——以这两跨间所有梁跨为一条梁录入钢筋,如点选 1、3 跨录入梁底直筋,它的长度是按 1、2、3 跨总长计算的;

键入子命令 A——任意点选梁跨,将布置整梁钢筋。

(3) 在弹出的"当前录入钢筋"对话框中,录入该梁钢筋描述,如图 10-9 所示。

进行梁钢筋录入的方法与柱钢筋一样,请参见 10.3.1 小节的内容。

(4) 设置钢筋显示文字在图形中摆放的位置:当录入多跨钢筋或梁附近已存在钢筋文字时,才有此步骤。此时,文字在拖动状态,点击鼠标左键,钢筋文字将显示在点击的位置。

(5) 回到初始命令状态,此时可键入子命令修改录入钢筋或选择其他梁布钢筋。如键入"M",可移动钢筋位置,键入"C"可复制钢筋,而不必退出当前状态。

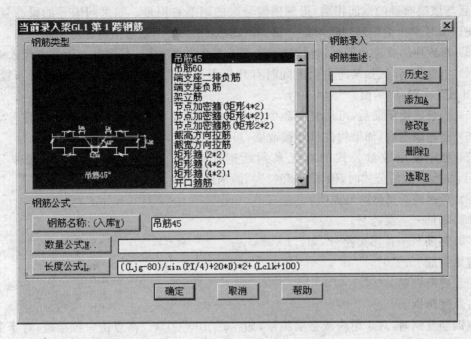

图 10-9　"当前录入钢筋"对话框

10.4.2　梁钢筋的复制和编辑

梁钢筋复制

（1）在"修改"菜单中选择"复制"命令，然后选择被复制的梁钢筋，可以多选或选择不同梁跨的钢筋，但不能同时选择不同性质的梁筋，如同时选中支座负筋和单跨底筋，否则提示错误。

（2）选完钢筋后回车（鼠标右键），根据选择钢筋的类型，点取一跨或两跨梁（详见梁钢筋布置），此后会弹出编辑对话框，修改钢筋描述，完成后点击"确定"，钢筋复制完成，钢筋文字生成。如果梁附近已有梁钢筋，会自动进入移动状态，在图形界面上单击鼠标左键以确定钢筋文字位置。

（3）命令行提示"请选取需复制钢筋的梁＜退出＞"，可继续选择梁复制钢筋，重复第二步，或回车退出。

（4）同编号的梁钢筋不能相互复制，会导致统计出错。

钢筋描述文字的编辑

在图形文件中，系统是以文本的形式，表示钢筋描述的文字信息。

因此，用户就可以通过 AutoCAD 系统提供的文本编辑命令（DDEDIT），来编辑钢筋描述文字信息。通过文本编辑来修改钢筋描述，钢筋的长度、数量属性不会马上更新。通过"钢筋重计算"命令，钢筋的属性信息就可更新。

10.4.3　梁钢筋布置技巧及注意事项

梁钢筋布置技巧及注意事项：

（1）在布置梁钢筋时，应尽量分层布置。

（2）同编号的梁只需要布置一次，在钢筋统计时，系统会自动将同编号梁的数量统计出,然后与该梁布置的钢筋相乘,得到该编号梁的钢筋总用量。如果同编号的梁布置两次,将会使该编号单根梁钢筋用量增加一倍,导致该编号梁的钢筋总用量相应增加一倍。

(3)布置中间支座负筋时,连续选取负筋布置的相邻两跨,在弹出对话框中录入钢筋。

(4)布置吊筋时,如某跨主梁上同时有几根不同截宽的次梁时,应分别进行布置,并指定"LCLK"(次梁宽)的值。

(5)当录完梁钢筋后,可用复制命令将该梁钢筋复制到其他梁,钢筋需重计算。

(6)钢筋录完后,如果构件尺寸被改变,可使用钢筋重计算命令计算,不需重录。

(7)程序使用数量公式的有无来判断钢筋类型是分布筋(A8@200)或非分布筋(2B25),如当无数量公式时,输入"A8@200"的描述,会被认为是错误的。

(8)梁钢筋所属梁跨号说明:

单跨钢筋——梁跨号;

多跨钢筋——首尾梁跨号,如:"1、3";

整梁钢筋——"0";

左悬挑跨钢筋——"-100";

右悬挑跨钢筋——"100"。

在钢筋复制时,对于单跨或整梁编号,如:"3""100""0",仅需点击一段梁跨;对于多跨钢筋,编号如:"1、3",必须点击两端梁跨。

10.5　板钢筋布置

功能:提供板钢筋的布置。

操作菜单:钢筋→板筋

工具条图标:

命令行:BJGJ

(1)布置板钢筋

通过点击"钢筋\板钢筋"命令或点击快捷按钮，进行板钢筋的布置。板钢筋布置命令行:

Command:BJGJ

点取外包的第一点:

弹出的对话框如下:

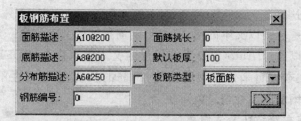

图 10-10　板筋布置对话框

"面筋描述","底筋描述","分布筋描述"分别是要布置的各种钢筋中的钢筋描述;在"面筋描述","底筋描述"后面的 ⬚ 是用来点选图形中的钢筋描述文字,这个文字没有特殊要求,只要是一个合法的板筋描述文字就行。分布筋后面的 ☐ 是用来确定是否自动布置缺省的构造分布筋。"钢筋编号"是把这种钢筋描述和钢筋类型定义为一种钢筋编号。"面筋挑长"是指定钢筋布置时钢筋的外包长度,当它的长度不为 0 时,布置的钢筋的外包是以面筋挑出中的长度作为钢筋的外包。当点击"面筋挑长"后面的 ⬚ 时,命令行提示:"输入面筋挑长",用户可以点取两点来确定面筋挑长是多长,也可以手动输入一个数据来确定长度。"板厚"是用来指定缺省的板的厚度。当点击"板厚"后面的 ⬚ 时,命令行提示:"点取一块板来确定板厚度",用户可以点选一块布置好的板来确定板的厚度。"板筋类型"中是用户可以选

择布置的几种可以用来布置的板筋类型,点击下拉按钮,弹出如下: 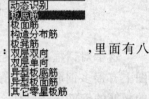 ,里面有八

种钢筋类型可以选择,"板底筋"和"板面筋"的布置方法相同,把他们分开是因为"板底筋"如果带弯勾是 180°弯勾,而"板面筋"如果带弯勾是 90°弯勾,他们的图形显示不同,如果选择这两种钢筋,命令行第一步提示:点取外包的第一点:,当用户点击外包的第一点后,第二步提示:点击外包的第二点:,接下来是点取分布的第一点,第二点。"构造分布筋"是用"分布筋描述"中的钢筋描述来布置已经布置好的面筋或者底筋的构造分布筋,当选择这种钢筋类型时,命令行提示:"请选择需要布置分布筋的板筋:",用户单选一条板筋,就可以布置一条分布筋。"双层双向","双层单向","异形板底筋","异形板面筋"这四种钢筋类型的布置方法基本相同,都是点选一块板后自动布置板筋,它们的命令行提示都是:"请选择需要布置钢筋的板":他们构造的方法是根据用户选择板的位置,钢筋的布置和用户点取板的位置有关。当点击 ⟩⟩ 按钮时,对话框如下:

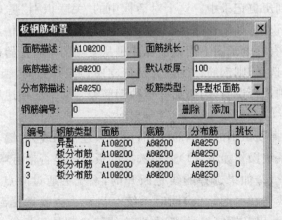

图 10-11　板筋布置对话框展开

　　在这个对话框中的下面是保存的历史布置记录,这记录通过 删除 添加 可以添加,删除历史记录,当点击历史中记录时,会把历史中的数据读到上面的对话框中用来进行钢筋布

置。

(2) 识别板钢筋

识别板筋是选择板筋类型中的"动态识别",当第一次选择动态识别时,会弹出下面的提示对话框:

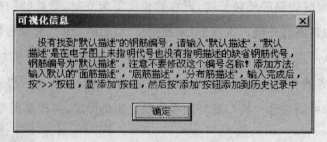

图 10-12　板筋布置描述提示

这个对话框提示的是在识别板筋之前要求输入一个缺省的板筋描述,这是因为在电子图上有很多钢筋都是没有标注钢筋描述的,只是在图形说明中指定如果没有标明钢筋描述的板筋的钢筋描述是什么。这个缺省的钢筋的钢筋编号是被系统现在默认为"默认描述",点击"确定"后,板筋对话框如下面的形式:

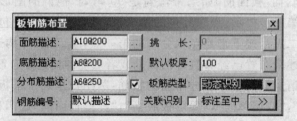

图 10-13　板筋布置描述设置好后

现在钢筋编号已经填入了"默认描述",请根据板筋说明中的数据填写好各个数据,然后把这个钢筋编号添加到历史记录中。这个对话框中的"关联识别"是一个选择开关,默认是不选择的,表示是自动识别,如果选择,表示要用户框选需要识别的信息;"标注至中"默认是没有选择的,这是因为有些电子图上面钢筋标注是从支座的中间开始标注的,有些是从支座边开始标注的,如果不选择,则钢筋标注认为是从支座边线开始的,否则认为是从支座中开始的。下面就具体识别进行说明,当添加好各种钢筋编号的钢筋描述后,当不选择关联识别下:

命令行提示"请选择要识别的板钢筋线:",用户点选板筋线,右键,然后提示要输入分布的两个点。接下来是系统操作如下:(1)通过选择的板筋线是否带有弯勾或者直勾等信息来判断是底筋还是面筋。(2)如果选择的线是断开的,系统会通过断点在 10mm 内是否有平行的线,如果有,会把线连在一起。(3)同时系统会自动去查找选择到的板筋线 350mm 附近的钢筋描述,钢筋标注以及钢筋编号,现在默认的信息都是于板筋线是平行的,找到的信息会填写到对话框中。(4)如果找到了 3 种信息,即找到钢筋描述,标注以及编号,就会把这个编号添加到历史记录中,如果只是找到编号,就会到历史中找到与这个编号匹配的钢筋。(5)如果找到钢筋标注,则板筋外包长度是以标注中的长度,否则是以板筋线的长度。(6)如

（2B25），如当无数量公式时，输入"A8@200"的描述，会被认为钢

10.7 过梁钢筋布置

通过点击"钢筋\过梁钢筋"命令或点击快捷按钮 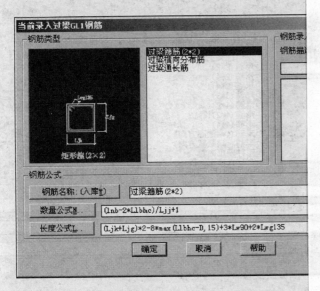 进行
钢筋命令行：

Command：GJBZ

钢筋文字高度＜600＞：

X 退出/M 移动/E 删除/＜B 布置＞：

其中：

X——退出过梁钢筋布置

M——移动过梁钢筋

B——布置过梁钢筋

布置过梁钢筋的步骤及说明：

（1）输入钢筋文字在屏幕上显示的高度，系统默认值为 600

（2）在屏幕上点取需要布置钢筋的过梁。

（3）在弹出如图 10-15 所示"当前录入钢筋"对话框中录入
方式同柱钢筋的录入，详细请参见 10.3.1 小节的内容。

图 10-15 "当前录入钢筋"对话框

（4）设置钢筋显示文字在图形中摆放的位置。

（5）回到初始命令状态，此时可键入子命令修改录入钢筋
键入"M"，可移动钢筋位置，而不必退出当前状态。

其他操作方法可参考布置柱钢筋的方法。

构造柱、暗柱、暗梁、圈梁钢筋的布置可分别参考柱、梁钢筋

果识别是面筋，而且没有找到板筋的两个支座，会自动布置分布筋。

如果选择关联识别：命令行提示"请框选要识别的板筋线和文字信息："，用户框选到所有这个钢筋中要用的信息，然后击右键就可以识别了。

（3）布置板钢筋说明

1）板钢筋中的钢筋数量缺省是用的加 1 根，如果用户认为加 1 是错误的，要到钢筋属性中修改钢筋数量公式，去掉后面的加 1，如果都不要加 1，可以通过"查找/替换"来批量修改。

2）板钢筋中是否带弯勾是通过钢筋级别来判断，只有一级钢筋有弯勾，其他级别的钢筋没有弯勾。

3）这个对话框是个浮动对话框，可以不关掉对话框一直进行钢筋布置。

4）在布置板底筋、板面筋时，点取外包的时候如果点击在梁或者墙中，外包长度是自动到梁或者墙边，如果有梁同时有墙，则是优先到梁边。如果认为这个是错误的，用户可以关闭梁墙来进行板筋布置。

5）对话框推出的时候保存了历史记录。

6）在板筋识别中，要注意识别是否正确，CAD 命令行中有识别到的钢筋信息提示，而且识别到的信息，图形中会转变成蓝色。如果认为要识别到的信息没有变颜色，则要确认这个信息是否中板筋线附近，这个间距是板筋线上下 350mm。

7）板筋识别中，在没有选择到关联识别的时候，用户可以进行多个板筋一起识别，这里有两种方法，第一种是如果有多个板筋的分布长度相同，则可以点取多条板筋线，然后输入分布，第二种是如果是一个钢筋网片，而且正交，则可以点选这两根板筋线，则不用输入分布了。

10.6 墙钢筋布置

10.6.1 布置剪力墙钢筋

通过点击"钢筋\墙筋"命令或点击快捷按钮，进行剪力墙钢筋的布置。布置剪力墙钢筋命令行：

Command：QJBZ

钢筋文字高度＜600＞：

/M 移动/E 删除/C 复制/选择需布置钢筋的剪力墙：

其中：

M——移动剪力墙钢筋

C——复制剪力墙钢筋

E——删除剪力墙钢筋

布置剪力墙钢筋的步骤及说明：

（1）输入钢筋文字在屏幕上显示的高度，系统默认值为 600mm，回车选定系统默认值。

（2）在屏幕上点取需要布置钢筋的剪力墙。

（3）在弹出如图 10-14 所示"当前录入钢筋"对话框中录入该剪力墙钢筋。其录入描述的方式同柱钢筋的录入，详细请参见 10.3.1 小节的内容。

（4）设置钢筋显示文字在图形中摆放的位置。

（5）回到初始命令状态，此时可键入子命令修改录入钢筋或选择其他剪力墙布钢筋。

图 10-14　"当前录入钢筋"对话框

如键入"M"，可移动钢筋位置，而不必退出当前状态。

10.6.2　剪力墙钢筋复制

剪力墙钢筋复制操作步骤：

（1）在"修改"菜单中选择"复制"命令，然后选择被复……不同剪力墙的钢筋。

（2）选完钢筋后回车（鼠标右键），此时会弹出编辑对话框……"确定"，钢筋复制完成，钢筋文字生成。如果剪力墙附近……状态，在图形界面上单击以确定钢筋文字位置。

（3）命令行提示"请选取需复制钢筋的剪力墙＜退……筋，重复第二步，或回车退出。

（4）同编号的剪力墙钢筋不能相互复制，否则会导致……

注：在执行钢筋复制时，选择了不同类钢筋或构件，将……重计算。

10.6.3　剪力墙钢筋布置技巧

"剪力墙钢筋布置"技巧及注意事项：

（1）在布置剪力墙钢筋时，应尽量分层布置。

（2）同编号的剪力墙只需要布置一次，在钢筋统计时……量统计出，然后与该剪力墙布置的钢筋相乘，得到该编号……的剪力墙布置两次，将会使该编号单根剪力墙钢筋用量增……总用量相应增加一倍。

（3）当录完剪力墙钢筋后，可用复制命令将该剪力墙……计算。

（4）钢筋录完后，如果构件尺寸被改变，可使用钢筋……

（5）程序使用数量公式的有无来判断钢筋类型……

10.8　基础钢筋布置

10.8.1　布置基础钢筋

通过点击"钢筋\基础筋"命令或点击快捷按钮 ⬚，进行基础钢筋的布置。布置基础钢筋命令行：

Command：JCBJ

钢筋文字高度＜600＞：

M 移动/E 删除/选择需布置钢筋的基础：

其中：

M——移动基础钢筋

E——删除基础钢筋

布置基础钢筋的步骤及说明：

（1）输入钢筋文字在屏幕上显示的高度，系统默认值为 600mm，回车选定系统默认值。

（2）在屏幕上点取需要布置钢筋的基础。

（3）在弹出如图 10-16 所示"当前录入钢筋"对话框中录入该过梁钢筋。其录入描述的方式同柱钢筋的录入，详细请参见 10.3.1 小节的内容。

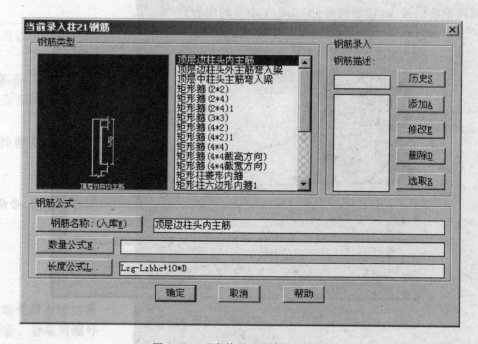

图 10-16　"当前录入钢筋"对话框

（4）设置钢筋显示文字在图形中摆放的位置。

（5）回到初始命令状态，此时可键入子命令修改录入钢筋或选择其他基础布钢筋。如键入"M"，可移动钢筋位置，而不必退出当前状态。

其他操作方法可参考布置柱钢筋的方法。

果识别是面筋,而且没有找到板筋的两个支座,会自动布置分布筋。

如果选择关联识别:命令行提示"请框选要识别的板筋线和文字信息:",用户框选到所有这个钢筋中要用的信息,然后击右键就可以识别了。

(3) 布置板钢筋说明

1) 板钢筋中的钢筋数量缺省是用的加 1 根,如果用户认为加 1 是错误的,要到钢筋属性中修改钢筋数量公式,去掉后面的加 1,如果都不要加 1,可以通过"查找/替换"来批量修改。

2) 板钢筋中是否带弯勾是通过钢筋级别来判断,只有一级钢筋有弯勾,其他级别的钢筋没有弯勾。

3) 这个对话框是个浮动对话框,可以不关掉对话框一直进行钢筋布置。

4) 在布置板底筋、板面筋时,点取外包的时候如果点击在梁或者墙中,外包长度是自动到梁或者墙边,如果有梁同时有墙,则是优先到梁边。如果认为这个是错误的,用户可以关闭梁墙来进行板筋布置。

5) 对话框推出的时候保存了历史记录。

6) 在板筋识别中,要注意识别是否正确,CAD 命令行中有识别到的钢筋信息提示,而且识别到的信息,图形中会转变成蓝色。如果认为要识别到的信息没有变颜色,则要确认这个信息是否中板筋线附近,这个间距是板筋线上下 350mm。

7) 板筋识别中,在没有选择到关联识别的时候,用户可以进行多个板筋一起识别,这里有两种方法,第一种是如果有多个板筋的分布长度相同,则可以点取多条板筋线,然后输入分布,第二种是如果是一个钢筋网片,而且正交,则可以点选这两根板筋线,则不用输入分布了。

10.6　墙钢筋布置

10.6.1　布置剪力墙钢筋

通过点击"钢筋\墙筋"命令或点击快捷按钮　，进行剪力墙钢筋的布置。布置剪力墙钢筋命令行:

Command:QJBZ

钢筋文字高度＜600＞:

/M 移动/E 删除/C 复制/选择需布置钢筋的剪力墙:

其中:

M——移动剪力墙钢筋

C——复制剪力墙钢筋

E——删除剪力墙钢筋

布置剪力墙钢筋的步骤及说明:

(1) 输入钢筋文字在屏幕上显示的高度,系统默认值为 600mm,回车选定系统默认值。

(2) 在屏幕上点取需要布置钢筋的剪力墙。

(3) 在弹出如图 10-14 所示"当前录入钢筋"对话框中录入该剪力墙钢筋。其录入描述的方式同柱钢筋的录入,详细请参见 10.3.1 小节的内容。

(4) 设置钢筋显示文字在图形中摆放的位置。

(5) 回到初始命令状态,此时可键入子命令修改录入钢筋或选择其他剪力墙布钢筋。

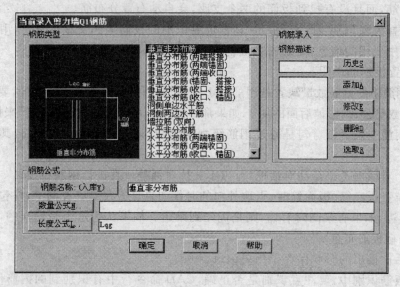

图10-14　"当前录入钢筋"对话框

如键入"M",可移动钢筋位置,而不必退出当前状态。

10.6.2　剪力墙钢筋复制

剪力墙钢筋复制操作步骤:

(1) 在"修改"菜单中选择"复制"命令,然后选择被复制的剪力墙钢筋,可以多选或选择不同剪力墙的钢筋。

(2) 选完钢筋后回车(鼠标右键),此时会弹出编辑对话框,修改钢筋描述,完成后点击"确定",钢筋复制完成,钢筋文字生成。如果剪力墙附近已有剪力墙钢筋,会自动进入移动状态,在图形界面上单击以确定钢筋文字位置。

(3) 命令行提示"请选取需复制钢筋的剪力墙<退出>",可继续选择剪力墙复制钢筋,重复第二步,或回车退出。

(4) 同编号的剪力墙钢筋不能相互复制,否则会导致统计结果出错。

注:在执行钢筋复制时,选择了不同类钢筋或构件,将调用标准的复制命令,钢筋不会被重计算。

10.6.3　剪力墙钢筋布置技巧

"剪力墙钢筋布置"技巧及注意事项:

(1) 在布置剪力墙钢筋时,应尽量分层布置。

(2) 同编号的剪力墙只需要布置一次,在钢筋统计时,系统会自动将同编号剪力墙的数量统计出,然后与该剪力墙布置的钢筋相乘,得到该编号剪力墙的钢筋总用量。如果同编号的剪力墙布置两次,将会使该编号单根剪力墙钢筋用量增加一倍,导致该编号剪力墙的钢筋总用量相应增加一倍。

(3) 当录完剪力墙钢筋后,可用复制命令将该剪力墙钢筋复制到其他剪力墙,钢筋需重计算。

(4) 钢筋录完后,如果构件尺寸被改变,可使用钢筋重计算命令计算,不需重录。

(5) 程序使用数量公式的有无来判断钢筋类型是分布筋(A8@200)或非分布筋

（2B25），如当无数量公式时，输入"A8@200"的描述，会被认为错误的。

10.7　过梁钢筋布置

通过点击"钢筋\过梁钢筋"命令或点击快捷按钮 ▓ 进行过梁钢筋的布置。布置过梁钢筋命令行：

Command：GJBZ

钢筋文字高度＜600＞：

X 退出/M 移动/E 删除/＜B 布置＞：

其中：

X——退出过梁钢筋布置

M——移动过梁钢筋

B——布置过梁钢筋

布置过梁钢筋的步骤及说明：

（1）输入钢筋文字在屏幕上显示的高度，系统默认值为 600mm，回车选定系统默认值。

（2）在屏幕上点取需要布置钢筋的过梁。

（3）在弹出如图 10-15 所示"当前录入钢筋"对话框中录入该过梁钢筋。其录入描述的方式同柱钢筋的录入，详细请参见 10.3.1 小节的内容。

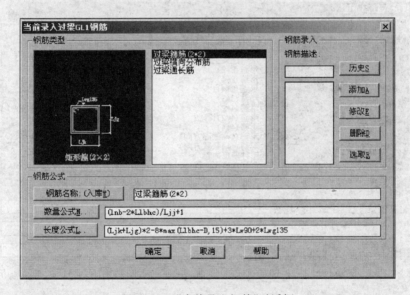

图 10-15　"当前录入钢筋"对话框

（4）设置钢筋显示文字在图形中摆放的位置。

（5）回到初始命令状态，此时可键入子命令修改录入钢筋或选择其他过梁布钢筋。如键入"M"，可移动钢筋位置，而不必退出当前状态。

其他操作方法可参考布置柱钢筋的方法。

构造柱、暗柱、暗梁、圈梁钢筋的布置可分别参考柱、梁钢筋的布置。

10.8　基础钢筋布置

10.8.1　布置基础钢筋

通过点击"钢筋\基础筋"命令或点击快捷按钮 🗐，进行基础钢筋的布置。布置基础钢筋命令行：

Command：JCBJ

钢筋文字高度＜600＞：

M 移动/E 删除/选择需布置钢筋的基础：

其中：

M——移动基础钢筋

E——删除基础钢筋

布置基础钢筋的步骤及说明：

（1）输入钢筋文字在屏幕上显示的高度，系统默认值为600mm，回车选定系统默认值。

（2）在屏幕上点取需要布置钢筋的基础。

（3）在弹出如图10-16所示"当前录入钢筋"对话框中录入该过梁钢筋。其录入描述的方式同柱钢筋的录入，详细请参见10.3.1小节的内容。

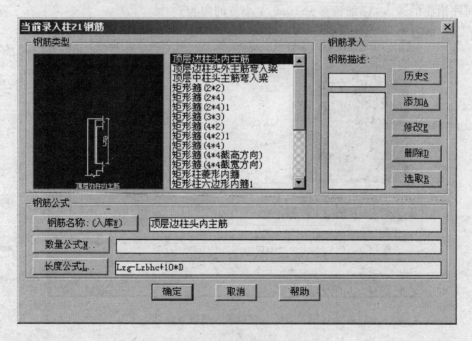

图10-16　"当前录入钢筋"对话框

（4）设置钢筋显示文字在图形中摆放的位置。

（5）回到初始命令状态，此时可键入子命令修改录入钢筋或选择其他基础布钢筋。如键入"M"，可移动钢筋位置，而不必退出当前状态。

其他操作方法可参考布置柱钢筋的方法。

10.8.2 基础钢筋布置的技巧及注意事项

在布置基础钢筋时,需要注意下列事项:

(1)因编号的柱只需要布置一次,在钢筋统计时,系统会自动将同编号柱的数量统计出来,然后与该柱基础置的钢筋相乘,得到该编号基础的钢筋总用量。如果同编号的柱布置两次,将会使该编号单个基础钢筋用量增加一倍,导致该编号基础的钢筋总用量相应增加一倍。

(2)布置钢筋后,可用复制命令将该基础钢筋复制到其他基础,钢筋需重计算。

(3)基础钢筋复制只能在同类型对基础之间进行,如为"矩形带形"基础上对钢筋不能复制到类型为"带形锥台二"的基础上面。

(4)程序通过数量公式的有无来判断钢筋的种类是分布筋(A8@200)或非分布筋(2B25)。如当无数量公式时,输入"A8@200"的描述,会被提示表达式错误。

10.9 钢筋计算的系统工具

10.9.1 全部钢筋重计算工具

当钢筋布完后,构件尺寸发生了改变,可执行钢筋重计算命令更新有关钢筋的数据。通过点击"分析\钢筋分析"命令或点击快捷按钮 ▥ ,进行全部钢筋重计算。

Command:GJFXe

弹出对话框如 10-17。

图 10-17 "钢筋分析"对话框

在这个对话框中,选择要重计算的楼层和在这些楼层中要重计算的钢筋的类型。

"钢筋重计算"时的注意事项:

(1)当钢筋布完后,构件尺寸发生了改变,就需要进行钢筋重计算。

(2)当构件较多时,计算时间可能会较长。

10.9.2 可视化设置

"可视化设置"命令用来设置可视化钢筋计算的有关运行状态属性。

"可视化设置"操作步骤及方法:

(1)通过点击"工具\可视化设置\常用选项"命令,可以激活如图 10-18 所示"选项设置"对话框。

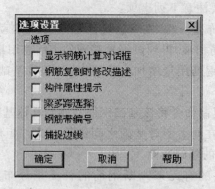

图 10-18　"选项设置"对话框

（2）在弹出的对话框中选择（或取消）相应选项，选项说明如下：

"显示钢筋计算对话框"：选中该项，在相应构件"当前录入钢筋"对话框中录入钢筋后，点击"确定"按钮，系统会弹出单根钢筋对话框，显示每条钢筋的计算结果。如图 10-19 所示，就为矩形箍（2×2）的计算结果。

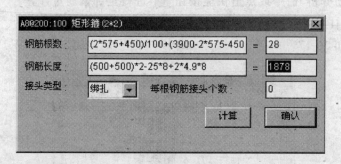

图 10-19　单根钢筋计算结果对话框

在单根钢筋计算结果对话框中，用户还可以根据需要，对相应钢筋"长度公式"、"数量公式"，以及"接头类型"进行修改，然后点击"计算"按钮重计算。

"钢筋复制时修改描述"：选中该项，当进行钢筋复制时，会弹出如图 11-7 所示的"修改钢筋描述"对话框。

（3）点击"确定"按钮，接受设置值。

10.9.3　钢筋名称显示或隐藏工具

"钢筋名称显示或隐藏"命令用来显示每条钢筋的类型。通过在工具栏上点击██按钮激活命令，弹出对话框如图 10-20 所示。

选择（或取消）要显示的对象，包括了对构件的显示，"确定"返回，在相应钢筋文字后（或钢筋图形上）显示（或不显示）该钢筋类型。

10.10　练习与指导

（1）在布置柱钢筋时，需要注意些什么？

答：在布置柱钢筋时，需要注意下列事项：

图 10-20 "编号显示/隐藏"对话框

1）在布置柱钢筋时,应尽量分层布置。

2）布柱钢筋时须将柱、梁同时显示,以便计算"柱头加密长"。

3）同编号的柱只需要布置一次,在钢筋统计时,系统会自动将同编号柱的数量统计出来,然后与该柱布置的钢筋相乘,得到该编号柱的钢筋总用量。如果同编号的柱布置两次,将会使该编号单根柱钢筋用量增加一倍,导致该编号柱的钢筋总用量相应增加一倍。

4）当录完柱钢筋后,可用复制命令将该柱钢筋复制到其他柱,钢筋需重计算。

5）钢筋录完后,如果构件尺寸被改变,可使用钢筋重计算命令计算,不需重录。

6）程序通过数量公式的有无来判断钢筋的种类是分布筋（A8@200）或非分布筋（2B25）。如当无数量公式时,输入"A8@200"的描述,会被提示表达式错误。

（2）在布置梁钢筋时,需要注意些什么?

答:梁钢筋布置需注意事项:

1）在布置梁钢筋时,应尽量分层布置。

2）同编号的梁只需要布置一次,在钢筋统计时,系统会自动将同编号梁的数量统计出来,然后与该梁布置的钢筋相乘,得到该编号梁的钢筋总用量。如果同编号的梁布置两次,将会使该编号单根梁钢筋用量增加一倍,导致该编号梁的钢筋总用量相应增加一倍。

3）当录完梁钢筋后,可用复制命令将该梁钢筋复制到其他梁,钢筋需重计算。

4）钢筋录完后,如果构件尺寸被改变,可使用钢筋重计算命令计算,不需重录。

5）程序使用数量公式的有无来判断钢筋类型是分布筋（A8@200）或非分布筋（2B25）,如当无数量公式时,输入"A8@200"的描述,会被认为错误的。

6）梁钢筋所属梁跨号说明:

单跨钢筋——梁跨号;

多跨钢筋——首尾梁跨号,如:"1 、3";

整梁钢筋——"0";

左悬挑跨钢筋——"-100";

右悬挑跨钢筋——"100"。

　　在钢筋复制时,对于单跨或整梁编号,如:"3""100""0",仅需点击一段梁跨;对于多跨钢筋,编号如:"1、3",必须点击两端梁跨。

第11章 工程预算图的编辑修改

本章重点：

在本章中主要介绍三维可视化工程量智能计算软件中的各类编辑、管理工具，通过可视化设置功能，可以根据自己的需要编辑修改已生成的构件，以适应各种变化需求。熟练的运用这些系统工具，能为工程建模工作带来很大方便。

本章具体包括下列内容：

● 构件编辑（三合一功能）
● 房间编辑
● 公共编辑
● 钢筋描述
● 定额复制
● 定额删除
● 梁段重组
● 通用编辑

11.1 公共编辑

选择"编辑\【公共编辑】"命令，弹出如图11-1、11-2对话框。

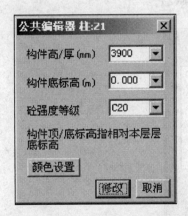

图 11-1 公共编辑对话框-柱

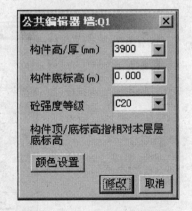

图 11-2 公共编辑对话框-墙

11.2 通用编辑

功能：改变柱、梁、墙等构件的长宽高属性。

工具条图标：无

绘制菜单：编辑→通用编辑

命令行：TYBJ

命令行提示：A 修改暗柱截面尺寸/J 修改柱的截面尺寸/＜查询修改构件的标高截

面＞：　　　：

（1）可以修改暗柱的截宽

（2）修改柱的截面尺寸时，命令行提示：Y 移动柱／＜修改柱子的截面＞

1）移动柱。

2）修改柱子的截面，出现下面对话框。

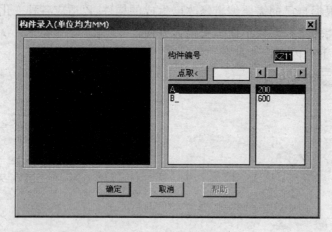

图 11-3　构件录入对话框

（3）查询修改构件的标高截面时，命令行提示：B 按编号选择构件（梁，柱，洞口，构造柱，圈梁，过梁）／＜选择构件＞：

1）按编号时，出现下面对话框，选择编号后同步骤（2）。

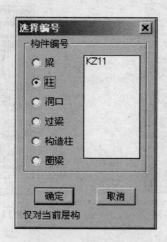

图 11-4　选择编号对话框

2）选择构件后，出现下面对话框：

11.3　构件编辑

11.3.1　柱编辑

选择"编辑\【构件编辑】"命令，提示"选取编辑构件"选择柱出现对话框。

可点击"颜色设置"来修改柱的颜色，点击"属性预览"来查看柱的各种不同属性。可以修改柱的属性,也可以复制一个相同或不同属性的柱子。

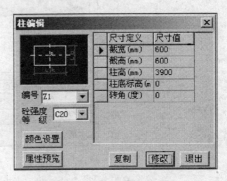

图 11-5   柱几何属性修改对话框   图 11-6   柱编辑对话框

11.3.2   梁编辑

选择"编辑\【构件编辑】"命令,提示"选取编辑构件"选择梁,弹出如图 11-7 对话框。

可点击"颜色设置"来修改梁的颜色,点击"属性预览"来查看梁的各种不同属性。可以修改梁的属性,也可以复制一个相同或不同属性的梁。且提供两种复制方式:单段复制、整段复制。及两种修改方式:单段修改、整梁修改。

11.3.3   墙编辑

选择"编辑\【构件编辑】"命令,提示"选取编辑构件"选择墙出现对话框,弹出如图 11-8 对话框。

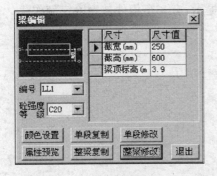

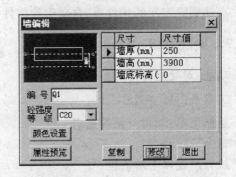

图 11-7   梁编辑对话框   图 11-8   墙编辑对话框

可点击"颜色设置"来修改墙的颜色,点击"属性预览"来查看墙的各种不同属性。可以修改墙的属性,也可以复制一个相同或不同属性的墙。

11.4   房间编辑

选择"编辑\【房间编辑】"命令,弹出如图 11-9 对话框。

可点击"修改侧壁高度",修改侧壁高度,提示:

X 退出/B 修改数据库中的数据/S 选择要修改的侧壁/D 修改当前层上的该编号侧壁

可点击"删除房间",删除房间,提示:

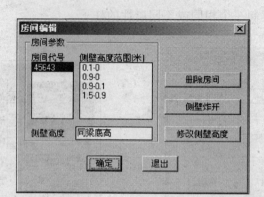

图 11-9　房间编辑对话框

X 退出/A 删除所有楼层上的该编号房间/删除当前层上的该编号房间

可点击"侧壁炸开",炸开房间侧壁,提示:

X 退出/S 炸开选择的侧壁/炸开当前层上的该编号侧壁

11.5　定额复制

选择"编辑\【定额复制】"命令,提示:选取参考的定额构件:

点选复制构件后,自动复制构件定额。

11.6　定额删除

选择"编辑\【定额删除】"命令,提示:选取要被删除定额的构件:

点选删除定额的构件后,自动删除构件定额。提示:有 ＊ 个构件被删除定额作法。

11.7　梁段重组

功能:对梁的跨号进行重新组织。

工具条图标:

绘制菜单:编辑→梁段重组

命令行:LDCZ

执行出现以下对话框:

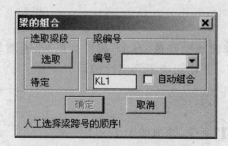

图 11-10　梁重新组织对话框

对话框选项说明:

（1）选取梁段，可以从图面选取梁

1）选择自动组合时，可以一次选取多段梁，自动把可能是同一条梁的梁段组合成一条梁。（可能同时组合多条梁）

2）没有自动组合时，只能每次选取单段梁，组合时按照选取的先后顺序组合梁段。（只能组合一条梁）

（2）编号下拉条是已经选取的梁的所有编号，编辑框的编号是组合后的梁编号

命令行提示：请选要重组的梁段：

11.8　构件属性查询

构件属性查询主要是用来查询构件的有关属性值，包括物理属性、几何属性和扩展几何属性等。在第九章中已经详细的介绍了各类构件的相关属性值，在本节中就不多讲了，在本小节中，只补充讲解构件属性查询命令的操作方法。

通过点击"工具\属性查询"命令，选择一个或多个同类构件，就可以激活相应构件"属性修改"对话框。在"属性修改"对话框中，通过鼠标点击属性值栏，该属性值以白色显示时，用户就可以对该属性进行修改。当同时查询多个构件的有关属性时，可能会出现如图 11-11 所示的情况。

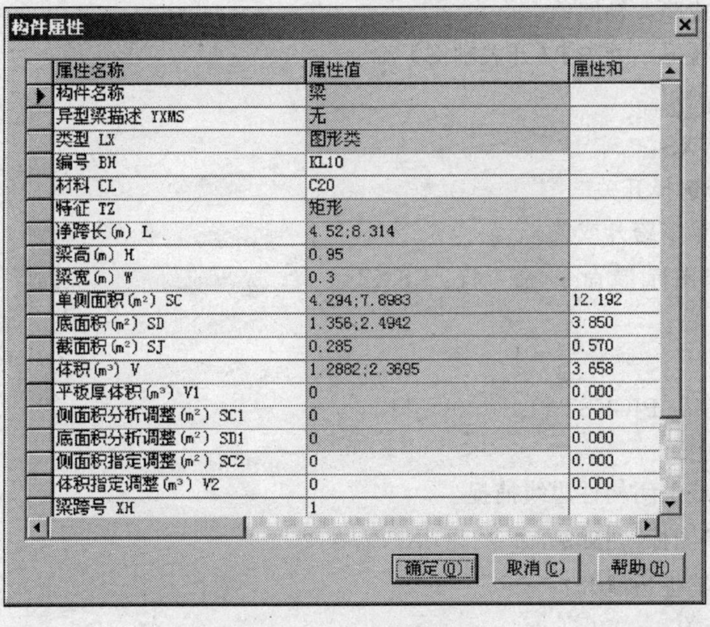

属性名称	属性值	属性和
构件名称	梁	
异型梁描述 YXMS	无	
类型 LX	图形类	
编号 BH	KL10	
材料 CL	C20	
特征 TZ	矩形	
净跨长(m) L	4.52;8.314	
梁高(m) H	0.95	
梁宽(m) W	0.3	
单侧面积(m²) SC	4.294;7.8983	12.192
底面积(m²) SD	1.358;2.4942	3.850
截面积(m²) SJ	0.285	0.570
体积(m³) V	1.2882;2.3695	3.658
平板厚体积(m³) V1	0	0.000
侧面积分析调整(m²) SC1	0	0.000
底面积分析调整(m²) SD1	0	0.000
侧面积指定调整(m²) SC2	0	0.000
体积指定调整(m³) V2	0	0.000
梁跨号 XH	1	

图 11-11　构件属性对话框

这是由于在可视化系统中，当用户同时查询多个构件的有关属性时，对于某个属性值可能各构件都不相同，在这时该属性的属性值栏系统就出现分号隔开的几个值，也就出现了如上图中的情况。

最后对于构件属性查询重申一点：通过构件属性查询，主要是来修改构件有关物理属性和扩展几何属性中的相关属性。

11.9　修改钢筋描述

选择"编辑\【钢筋描述】"命令,弹出如图11-12对话框。

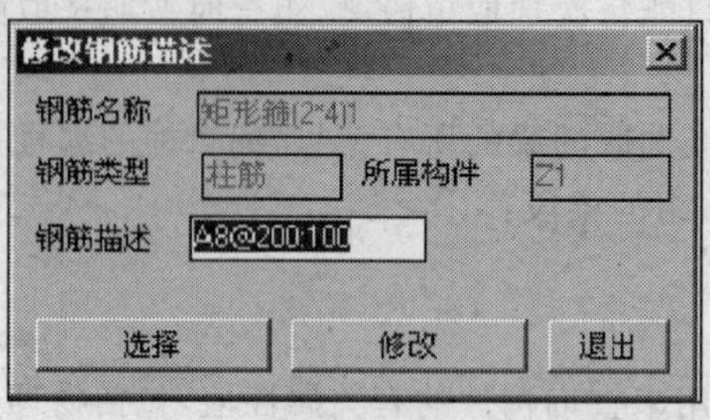

图 11-12　修改钢筋描述对话框

点击"选择",选择要修改的钢筋描述,点击"修改",修改钢筋描述。钢筋直径、分布间距、加密间距等均要有效,且不能改变钢筋的分布类型。

11.10　主要公共开关工具

(1)轴网显示/隐藏

功能:显示或隐藏轴网。

选择"工具\【显示开关】\【开关轴网】"命令

工具条图标

命令行:ZWXS

(2)梁多跨选择开关

功能:选择梁多跨开或关。

选择工具条图标 命令,命令行:'LKXZ

提示信息:

'_pickstyle

New value for PICKSTYLE ＜0＞:1

(3)捕捉边线

功能:打开或关闭构件边线捕捉。

选择工具条图标 命令,命令行:BXPZ

提示信息:捕捉边线开!

(4)其他开关

详见菜单"工具\【显示开关】"所有命令。

11.11　练习与指导

(1)分别在什么样的情况下使用"构件属性查询"和"通用编辑"工具?

答:构件属性查询主要是来修改构件有关物理属性和扩展几何属性中的相关属性。比如修改构件的编号、材料等。

通用编辑主要是用来对构件的有关几何属性和标高值进行修改。比如梁的截宽、截高、墙厚,以及构件的标高信息等,在菜单"编辑→通用编辑"中。

(2) 有什么样的方法能快速辨认出图形文件中重复构件?

答:通过系统提供的"图形文件检查"功能进行检查。详细操作请参见本章 15.7 小节的内容。

(3) 进行统计结果反查后,退出报表返回图形界面,此时图形变成灰色,该如何使图形恢复原来颜色?

答:选择"视图\重画",执行该操作,图形颜色恢复。

第12章　工程量清单项目和定额子目如何挂接

本章重点：

在本章中主要介绍如何利用三维可视化工程量智能计算软件提供的定额挂接,国标清单定额挂接以及相关的一些技巧。

本章具体包括下列内容：

● 定额挂接的步骤

● 构件做法计算公式与换算式的设定

● 管理构件做法

● 清单挂接的步骤

在前面的第九章中,我们讲述的是"如何绘制工程预算图,进行工程的建模",即将建筑物的基本构件信息录入到预算图中去,然后经过工程量的分析(有关工程量的分析介绍详见第十三章),就可得到工程中需要的所有工程量信息。也就是说,得到有关各构件的定额属性、几何属性、扩展几何属性,从而解决可视化软件的核心问题:工程量信息的录入问题。到此,您至少完成了建立预算图 80% 的工作量。

解决了工程量录入的问题,那么工程量又是怎样输出的呢？又是怎样得到用户所需要的工程量清单？这就是本章即将跟大家讨论的问题。

12.1　定额挂接的步骤

12.1.1　认识"定额关联"窗口

首先,让我们来认识一下定额挂接的主要操作界面——"定额关联"窗口。

通过激活"工具\定额挂接"命令,选择需要进行定额挂接的构件,系统将弹出"定额关联"窗口,如图 12-1 所示。

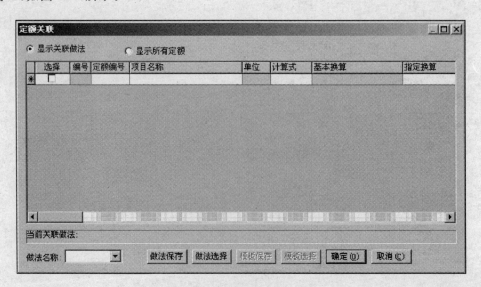

图 12-1　"定额挂接"窗口

在图 12-1 的"定额关联"窗口中,包括下面几方面的内容:

定额显示选项

用来控制"显示已关联定额"和"显示全部定额"。

系统默认的选项为"显示已关联定额",当所选构件已经关联过定额,系统将其的关联定额作法自动过滤出来。

当点击"显示全部定额"选项,系统将显示工程中用户已经调用的全部定额列表。

定额显示列表框

主要是用来显示工程中已调用的定额子目列表。

在定额列表框中,可以通过两种模式调用定额:一种是在"定额编号"栏中键入已知定额子目编号,直接调出定额子目。另一种是不记得定额子目的情况下,通过定额库中去查找。将光标移动到"定额编号"栏中在栏中会出现一个功能按钮,点击该功能按钮就能激活"定额选择"窗口。

状态栏

主要显示当前已关联做法的编号。

12.1.2　定额挂接的操作步骤

在可视化系统中,进行定额挂接定义大致可分为三个步骤:

(1) 选择需要进行定额挂接的构件;

(2) 从定额库中调出相关定额,并设定计算公式与统计条件;

(3) 关联定额。

下面将详细的介绍定额挂接的相关操作:

第一步:选择需要进行定额挂接的构件

激活"定额挂接"命令,系统提示"请选择要关联做法的同类构件";用户选择需要进行定额挂接的同类构件,点击鼠标右键结束构件选择,系统将弹出如图 12-1 所示"定额关联"窗口。

用户选择构件时,必须是选择同类构件。因为系统每次只能对同类构件进行做法的关联。如果用户一次选择了多个类型的构件,系统将给出信息提示框如图 12-2,提示用户重新选择同类构件。

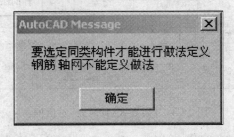

图 12-2　"提示用户重新选择同类构件"信息提示框

建议:当进行定额挂接前,可通过"当前楼层和构件"命令,让屏幕中只显示需进行关联做法的构件。

第二步:从定额库中调出相关定额,并设定计算公式与统计条件

如图 12-1 所示的"定额关联"窗口中,首先调用定额。

可以通过定额库中去查找定额,将光标移动到"定额编号"栏中,在栏中会出现一个功能按钮,点击该功能按钮就能激活"定额选择"窗口,如图 12-3 所示。

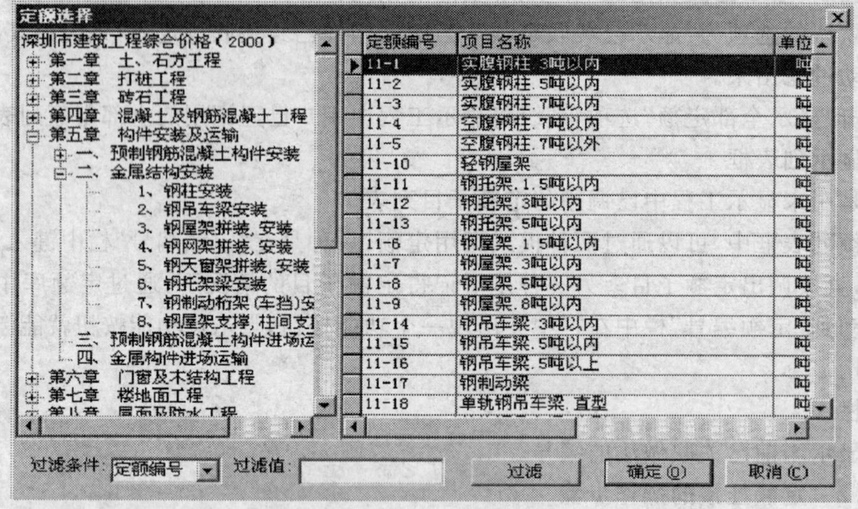

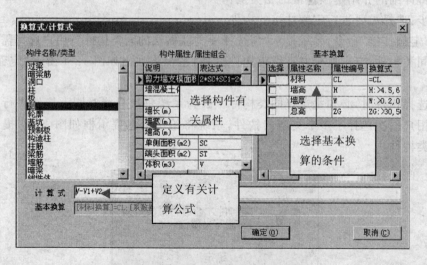

图 12-3 "定额选择"窗口

通过上图"定额选择"窗口中左边树状的"定额章节名称",查询到相关的定额子目,通过点击"选择"按钮继续。

系统将自动弹出"换算式\计算式"对话框,如图 12-4 所示。

图 12-4 "换算式\计算式"对话框

在图 12-4"换算式\计算式"对话框中,用户可以进行计算公式和换算式(统计分类条件)的定义。对话框中的内容大致可分为几个部分:

"构件名称\类型"

在构件列表中,罗列了可视化系统中所有构件名称与类型,通过鼠标点击构件,系统将调出相应的构件属性和换算式,供用户选择。

系统默认的构件类型为当前用户所选构件类型。

"构件属性\属性组合"

这是为了用户查询方便,将当前构件的几何属性和扩展几何属性显示出来。可视化系统中,通过定义相应的构件属性,来确定工程量统计的内容。

在实际计算中,构件某一项工程量不仅仅是构件的某单一属性值,比如柱的模板工程量(按接触面积计算),除了柱侧面积外,还需要扣减柱与梁相接部分的工程量,才能得到实际模板工程量。这就需要对同类构件的两个或多个基本属性进行组合,通过组合属性值得到相关的工程量。那么:

模板工程量=SC(柱的侧面积)+SC1(侧面积分析调整值)+SC2(侧面积指定调整)

"基本换算"

根据定额不同分类需求,选择基本换算条件。通过鼠标左键单击该分类条件,打上"√",选中该分类条件。该条件将在"基本换算"后文本栏显示出来。

用户需要取消选中的分类条件,只需要再次通过鼠标左键单击该分类条件,将"√"去掉即可。

"计算式"

用户可以直接通过键盘录入相关属性值的表达式,或者通过鼠标左键双击该构件的构件属性\属性组合中说明文字,系统自动将该构件的构件属性\属性组合中说明后的属性值表达式填写到"计算式"栏,完成工程量计算式的定义。

另外,工程量计算式还支持四则运算。用户可以根据需要,让选用的构件属性值表达式参与四则运算。如用户需要计算外窗套的面积,而洞口构件有没有这样的属性,这时就可以利用洞口边缘周长属性值来进行计算,假定窗套沿周长方向的展开长度为 0.8m,那么

外窗套的面积=L(洞口边缘周长)×0.8

在图 12-4"换算式\计算式"对话框中定义完计算式、换算式后,点击"确定"按钮,系统将在定额列表框中将选用的定额显示出来,完成施工做法定义的第二步操作。

第三步:关联定额

当用户从定额库中将定额调入到定额列表框后,并不意味着该定额与所选构件之间进行了关联。用户需要将定额列表框中的定额子目关联到所选构件上。

通过鼠标点击"选择"栏,打上"√",即表示将所选定额子目关联到所选构件上了,并且在状态行中将该行的编号记录下来,如图 12-5 所示。

当用户需要取消已存在的关联时,同样通过点击"选择"栏,将"√"取消,即表示该构件的定额做法被取消。

在关联定额时,系统会自动的进行计算公式的匹配验证。当用户在计算公式中定义了所选构件没有的属性值表达式,并把该做法指定给该构件时,系统会自动提示表达式出错,如图 12-6 所示。这时,用户必须对有关做法的表达式进行检查。

"指定换算"条件的应用:用于标识一些零星的换算信息。

例如人工挖土方,编制定额是按挖干土考虑的,当人工挖湿土时就需要换算。在定额列表框中,为了区分这两种情况,在用于人工挖湿土的"指定换算"条件中录入表示便于区分识别性的文字"湿土",这样系统在统计时就能将两者的工程量信息分开。

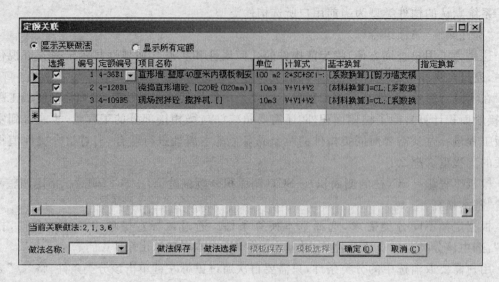

图 12-5　关联定额

12.1.3 定额挂接的注意事项

在定额挂接定义时,用户需要注意以下几条事项:

（1）在进行定额挂接时,遵循多对多的原则。即一个定额做法同时可以关联多个不同类型的构件;而一个构件又同时可以挂接多个不同的做法。

图 12-6　做法指定出错的提示信息

（2）当同一个定额做法关联到多个不同类型的构件时,相对不同构件的工程量计算表达式可能不同。这就需要多次调用同一个定额,分别指定不同的工程量计算表达式,与相应构件相关联。而系统在进行工程量统计时,会根据定额子目自动将各构件的工程量汇总。

（3）当构件被关联定额后,该构件的颜色变成灰色,您可以很容易的去进行区别。

12.2 管理构件做法

12.2.1 做法的定制与选择

做法的定制与选择主要是将一些常用的定额做法组合信息保存下来,以便在其他工程中使用。例如,一般关联到柱构件上的定额做法主要是有关模板、混凝土的定额子目,用户每次在定义这些做法时,需要经过调用定额子目、设置计算式、选用换算式的步骤。那么用户可以通过做法的定制功能,将多个定额做法进行组合保存起来,以便在其他工程中可以直接调用。

做法选择主要的操作步骤:

（1）选择需要定制的定额做法。

（2）选择"工具\可视化设置\标准做法库维护"弹出"定制做法"对话框,如图 12-7 所示。

（3）在"定制做法"对话框中,选择某一标准做法,在"做法描述"中选择相应定额,单击"确定"按钮,完成做法的定制。当需要时就可以通过"做法选择"调用它。

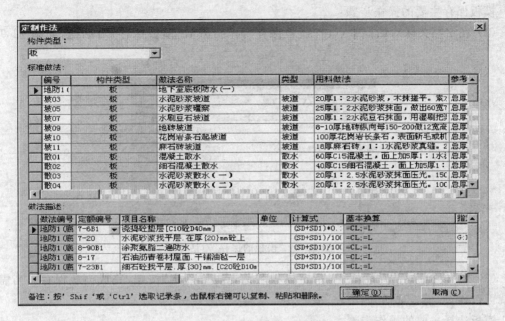

图 12-7　"定制做法"对话框

做法选择主要的操作步骤：

（1）定额列表框中选择"做法的选择"命令，激活"做法选择"对话框，如图 12-8 所示。

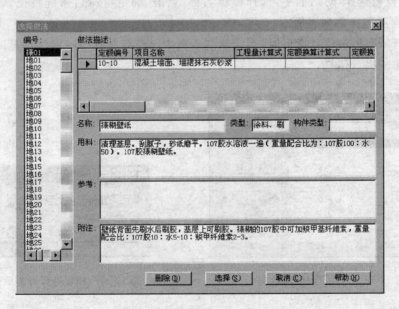

图 12-8　"做法选择"对话框

（2）在"做法选择"对话框中，选择已定制的某一做法，点击"选择"按钮，完成做法选择。

12.2.2　模板的保存与选择

模板的保存与选择主要是将定额列表框中的所有定额做法信息保存下来，以便在其他工程中使用。

模板保存主要的操作步骤：

（1）在定额关联对话框中点击"模板保存"命令，激活"模板保存"对话框，如图12-9所示。

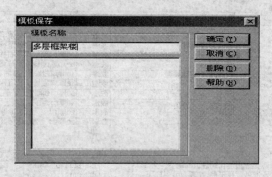

图12-9 "模板的保存"对话框

（3）在"模板保存"对话框中，指定模板名称，点击"确定"按钮，完成模板保存。当需要时就可以通过"模板选择"调用它。

模板选择主要的操作步骤：

（1）在定额关联对话框中点击"模板选择"命令，激活"模板选择"对话框，如图12-10所示。

（2）在"模板选择"对话框中，选择模板名称，点击"确定"按钮，系统将把该模板中的所有做法信息拷贝到定额列表框中。

（3）进行所有做法信息拷贝时，当定额列表框中已经存在有一些做法信息时，系统将给出如图12-11的提示信息。

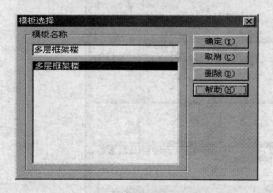

图12-10 "模板选择"对话框

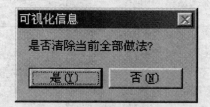

图12-11 模板选择时提示信息

根据提示信息，选择"是"，系统将清空定额列表框中所有做法后再进行模板拷贝。选择"否"，系统直接将模板拷贝到定额列表框中。

注意：进行模板保存和模板选择操作是针对整个工程，而不是单个构件。

12.3 清单挂接

功能：将图形中的构件与清单关联，同时指定相应的定额，在关联的同时也决定了工程量的分类汇总条件。可以同时为一个或多个相同类型构件挂接清单。

操作菜单：

工具条图标：

命令行：QDGJ

执行命令后出现以下对话框：

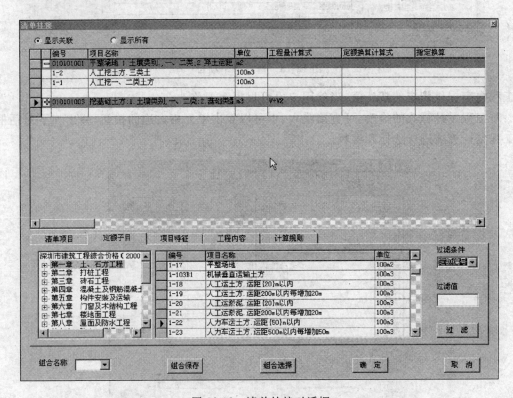

图 12-12 清单挂接对话框

（1）对话框说明：

对话框分上下两部分：上半部分显示已选择的清单及定额，采用主从结构折叠式显示；下半部分包含五个分页：清单项目、定额子目、项目特征、工程内容、计算规则。清单项目和定额子目页提供可供选择的清单及定额，项目特征、工程内容、计算规则页分别显示与当前清单对应的相关内容。

（2）对话框操作说明：

1）清单指定：可通过鼠标双击选择，也可在清单定额显示窗口直接输入清单编码

（A）鼠标选择方式：

打开"清单项目"页，如下图所示：

通过左边树状结构查找相应的清单，也可以根据清单编号和项目名称两种方式对需要显示的清单项目进行过滤，显示符合特定条件的清单。以鼠标双击的方式选择相应的清单。

（B）手工输入编码：在"编号"列直接输入清单编号（注意：在输入编号之前，该行的其他列是不允许修改的）。

无论是直接输入还是鼠标双击指定一条清单，都会对其对应的工程量计算式、项目特征

图 12-13 选择清单项目

及工程内容提供相应的默认值,当然用户也可根据需要修改。

对工程量计算式的修改,可直接输入,也可以点击单元格右边的按钮,弹出如下对话框,对工程量计算式进行选择和编辑。

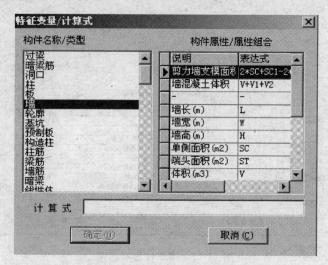

图 12-14 工程量计算式进行选择和编辑

2)定额指定:操作方式同清单指定。

3)项目特征

此页的内容随上面清单、定额显示窗口中当前所选中的清单相对应,同时该页中特征变量的修改,也会在上面清单项目名称中动态的反映出来。

清单项目	定额子目	项目特征	工程内容	计算规则
项目特征	特征变量	归并条件		
1.墙类型	JGLX	=JGLX		
2.墙厚度	W	>0.2,0.4,0.7,1,1.5		
3.混凝土强度等级	CL	=CL		
4.混凝土拌合料要求				

图 12-15 特征变量栏

项目特征根据其与构件的关联性分为两类,对于与构件关联的项目特征,点击特征变量列右边的█按钮时,弹出"特征变量/计算式"对话框进行选择、编辑,不与构件本身属性相关联的项目特征,则直接提供下拉列表以供选择。

4) 工程内容

工程内容页面所显示的内容也是与当前所选定的清单动态关联的,如下图所示:

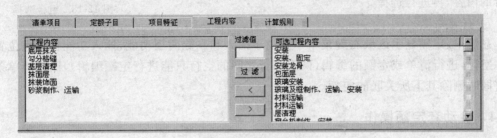

图 12-16　工程内容页面

通过 `<` 和 `>` 对工程内容项目进行添加和删除,右边可选工程内容默认显示当前选定清单所属附录所有可选工程内容,通过"过滤"功能可显示符合特定要求的工程内容。

5) 组合保存

点击"组合保存"按钮,出现如下对话框,对当前选定的清单及与其关联的定额、项目特征、工程内容进行做法保存,以备以后直接使用。

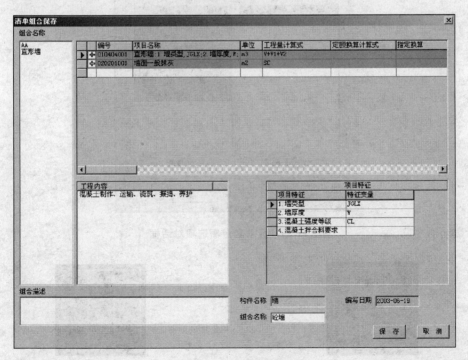

图 12-17　组合保存页面

6）组合选择

提供另一种更简易的清单挂接方式：直接复制以前保存过的某个清单组合进行清单挂接。可直接通过组合名称下拉列表进行选择，如下图所示：

图 12-18　组合选择

也可通过"组合选择"按钮，进入组合选择对话框，浏览各组合的内容，再进行选择。

7）右键菜单

在清单、定额显示区域右键菜单中提供了插入和删除两项功能，插入功能在任意位置插入一空行，进行清单或定额的编辑（两定额行之间的空行只能进行定额编辑），删除清单条目时将同时删除其下所关联的定额。

12.4　自动套定额操作

功能：自动给砼和砌体构件自动套上定额、工程量计算公式和相关的换算信息。

绘制菜单：分析→自动套定额

工具条图标：

命令行：ZTDE

执行出现以下对话框：

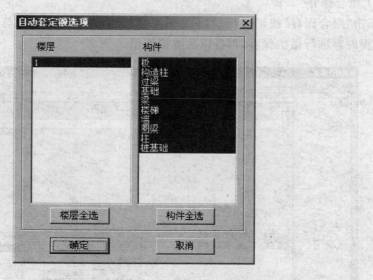

图 12-19　自动套定额选项对话框

图 12-20　未套定额构件

图 12-21　已套定额构件

　　选择楼层和构件后按确认按钮执行自动套定额操作,自动套上定额的构件将配色方案中"已指定做法构件"的颜色。

　　　　点击"定额挂接"按钮进入定额挂接对话框对自动套的定额进行查询和编辑修改。

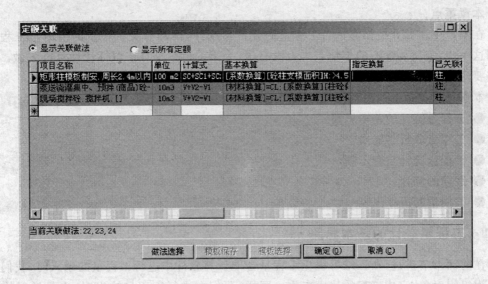

图 12-22　定额关联对话框

12.5　练习与指导

　　(1) 按深圳地区的计价规则,计算矩形柱模板的工程量时,矩形柱模板需要按照矩形柱一定的周长、柱高(超高)范围值分别套用不同的子目,这就需要分类统计出这些工程量。在可视化系统中,是否需要分类去指定相关的定额做法呢?

　　答:回答是:完全不用。用户可以一次性选定同层中所有的矩形柱,在定义构件做法时选定周长、柱高作为换算条件即可。这样,系统在进行工程量统计时,就会自动按周长、柱高分类,将矩形柱模板的工程量统计出来。

　　(2) 构件关联定额后,图形颜色变成灰色,那么该如何进行颜色恢复呢?

　　答:选择"工具\可视化设置\配色方案",在颜色设置对话框中找到构件名称是"已指定做法构件"行,把"显示"栏中的"√"去掉,单击"确定"返回,颜色即可恢复正常。

第13章 工程量分析、统计与报表

本章重点:

在本章中主要介绍如何进行工程量的分析与统计,得到有关工程量的清单。工程量计算到这一步,您所要操心的事情基本上没有了,余下的事只是点击鼠标让计算机去做。但您还需要注意本章介绍的要点。

本章具体包括下列内容:
- 工程量统计的基本思路
- 工程量分析与输出
- 工程量统计与套定额
- 钢筋的统计
- 工程量的清单报表

13.1 工程量统计的基本思路

在前面章节讲过,在三维可视化工程量智能计算软件中进行工程量的录入时,我们是以构件为组织对象,完成工程的建模工作。同样,我们在进行工程量输出时,也是针对构件来进行操作的,相当于工程量录入的一个逆过程。

工程量的录入是将建筑物细分为各种类型的可视化构件,并将其一个一个的摆到预算图的相应位置中去。

工程量的输出则是做了一件相反的事情:针对工程模型中每个构件,为构件的有关几何属性、扩展几何属性,指定一个输出规则(或者说统计规则),告诉系统当进行工程量统计时,构件相关属性值该自动累加到哪里。比如,为柱"体积属性"指定了一条有关柱混凝土的定额子目,工程量统计时系统就会将该柱的"体积属性值"工程量,自动累加到指定柱混凝土定额子目中去。

为实现工程量的输出,系统提供了灵活的工程量输出工具:"定额挂接"。通过激活"工程\工程属性"命令,为每个构件的相关属性指定统计规则,定义各构件的定额属性,最终使构件的有关工程量按照指定统计的规则,有序的汇总、归并、统计,最终得到用户所需的工程量清单。

对于定义的统计规则,主要包括三方面的内容:

(1) 相关的定额信息

目前可视化软件中,最终的工程量清单主要是以定额子目的形式进行分类的,这就决定了定义统计规则首要工作就是调用相关的定额子目。

(2) 工程量计算式

主要是定义应该统计什么样的工程量。即需要计算某构件体积工程量时,就定义构件有关体积的计算公式;需要统计某构件面积工程量时,就要指定相应的面积工程量计算表达式;抽取长度工程量时,就需设定长度的有关工程量计算式。

(3) 设定统计的分类条件

主要是设定应该按什么样的分类条件来统计工程量。为了简化操作,对于同类构件,系统中可以将构件的有关属性设定为分类统计条件。当进行工程量统计时,系统就会根据设定分类的条件,将工程量自动分类累加,完全不需要用户自己去分别定义构件做法,从而有效减轻用户构件做法指定工作量。

例如,按深圳地区的计价规则,计算矩形柱模板的工程量时,矩形柱模板需要按照矩形柱一定的周长、柱高(超高)范围值分别套用不同的子目,这就需要软件中能分类统计出这些工程量。

在可视化系统中,是否需要分类别去套用不同的定额呢? 回答是:NO! 用户可以一次性选定同层中所有的矩形柱,在定义构件做法时选定周长、柱高作为换算条件即可。这样,系统在进行工程量统计时,就会自动按周长、柱高分类,将矩形柱模板的工程量统计出来。

最后,强调一下在预算图建模过程中的一条重要原则:本系统中既可以直接输出工程量清单,也可将构件先定义施工做法,然后输出定额工程量。

13.2　工程量分析与输出

为构件定义施工做法后,就可以进行工程量分析与输出。

通过单击"分析\工程量分析"命令,可以激活"工程量分析及输出"对话框,进行工程量分析与输出,如图 13-1 所示。

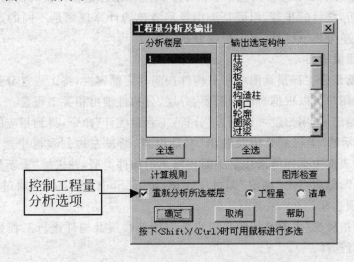

图 13-1　"工程量分析与输出"对话框

在可视化系统中,工程量的"分析"和工程量"输出"是完全不同两个概念,只是两者操作方法上很相似,为了方便用户,我们将其放置在"工程量分析及输出"对话框中。下面将分别说明两者的使用方法。

13.2.1　工程量分析

工程量分析主要是根据各构件的空间位置,分楼层分析各构件的相互扣减关系,获得构件相应的几何属性值和扩展几何属性值。

在可视化系统中,构件不是孤立的。它通过在空间中的位置关系,建立与其他构件的联系,在预算图中形成整体协同工作的工程模型。因此,当某个构件自身的几何尺寸发生变化后,势必将影响到周围相应构件有关扩展几何属性值的变化。而在建立工程模型的过程时,构件是以孤立的形式建立的,无法自动获得相关的扩展几何属性值。那么,构件要获得自身的相关扩展几何属性值,就必须经过"工程量分析"。

也就是说,构件的几何属性变化后就须进行工程量的分析,反之,几何属性不变,只是物理属性或定额属性变化,其变化不影响到工程量变化的情况下,就无须进行工程量分析。工程量分析需要占用一定的时间,在没有必要的情况下,就不要让它浪费您宝贵的时间了。

在图 13-1 所示的"工程量分析及输出"对话框中,左边是进行工程量分析的楼层选项。当用户要进行工程量分析时,选择需要分析的楼层编号和构件名称,然后点击"确定"即可。

在"工程量分析及输出"对话框中,按下"Shift"或"Ctrl",通过鼠标进行楼层编号、构件的多选。

在进行工程量分析时,需要注意以下几点:

(1) 进行工程量分析过程中,在命令行提示中会出现"网格没有打开"的提示信息,用户可以不用理会它。

(2) 有时工程量分析会进行不下去,出现中途停止的现象。这主要是在图形文件建立过程中,用户录入了一些非法的数据信息,而导致工程量分析无法进行。遇到这种情况,用户可以通过"工具\图形文件检查"命令,对一些非法的数据信息进行处理,恢复工程量分析的正常进行。

(3) 对于国标清单如果想得到清单和清单下的定额工程量在分析时需要进行工程量分析,统计,清单分析,统计的步骤,原因是工程量和清单的计算规则是不同的,分析的次序不分前后(可以先清单分析→统计,再工程量分析→统计)

13.2.2　工程量输出

工程量输出就是将工程预算图中所有构件按照其定额属性,将工程量分类输出的过程。在可视化系统中,用户可以根据自己的需要,分层、分构件输出相关工程量。

进行工程量输出后,用户就可以通过"分析\工程量统计"命令,得到相应的工程量清单。

在图 13-1 所示的"工程量分析及输出"对话框中,通过左边列表框中选择需要输出的"楼层",在右边列表框中选择所选楼层中需要输出的构件类型,并去掉"重新分析所选楼层"前复选框中的"√",然后点击"确定"即可。同样,按下"Shift"或"Ctrl",通过鼠标在相应的列表框中进行多项选择。

"重新分析所选楼层"主要是控制是否重新对所选楼层及构件进行工程量分析。这时,用户根据需要进行选择。

如图 13-1 中所示"工程量分析与输出"对话框中,点击"确定"按钮,系统就会自动对一层和二层进行工程量分析,并输出楼层为"一层、二层"中有关"柱、梁、板、墙"的工程量。

"工程量分析及输出"完成后,系统会出现以下提示:"现在可以用[工程量统计]菜单进行工程统计了"。这时,用户就可以调用"分析\工程量统计"命令,进行工程统计了。

注意:

进行工程量输出时,系统只输出图形文件中所显示构件的工程量。如果图形中该类构件没有被显示,尽管在"工程量分析与输出"对话框中选择了输出该类构件,系统也不会把该类构件的工程量输出。

13.3　工程量统计

功能:提供定额工程量,构件工程量,参数预制构件工程量统计。

绘制菜单:分析→工程量统计

工具条图标: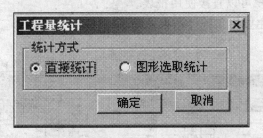

命令行:GCTJ

执行首先出现以下对话框:

图 13-2　工程量统计选项对话框

说明:

(1)直接统计:按照分析选定的一定的楼层的构件进行统计,选择后会出现如下界面:

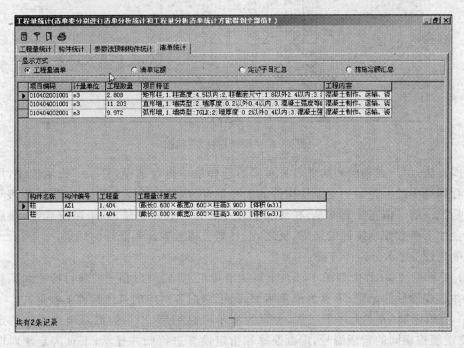

图 13-3　"工程量统计"对话框

(2)图形选取统计:根据用户从图形上选取的构件进行统计,如果选取这种统计方式,会出现如下的提示:"请选择需要统计的构件:";用户选取想统计的构件后右击鼠标即可回到统计的主界面。

对话框使用说明:

共分四页,分别是工程量统计,用于挂定额构件的统计;构件统计,用于非定额构件的统计,此统计要在菜单:工具→可视化设置→工程量输出设置中进行输出设置;参数预制统计,用于表格参数法和预制构件的统计;清单统计,用于统计显示国标清单工程量及定额。

（1）对话框顶部工具条，主要用于统计（4个图标）

1）启动统计。

2）筛选，显示用户选择的楼层及构件的工程量。

3）退出统计。

4）返回至报表，用户可以直接使用报表。

（2）筛选对话框，主要用于统计结果的筛选

界面如下：

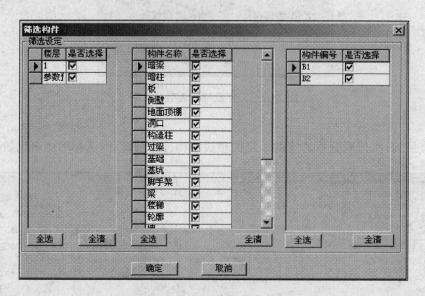

图13-4　"筛选构件"对话框

使用方法：用户在楼层和构件名称对应的选择框中进行选择，打"√"表示选中，用户确定后会看到选中的一定层一定编号构件的工程量，用户稍后可以直接返回报表，报表与统计的结果是统一的。值得注意的是，在楼层中有一层为参数预制层，如果用户选择，最后报表的汇总会加上参数预制统计的结果，反之，汇总则去掉参数预制统计的结果。

清单统计：显示分四种方式：

（1）工程量清单（界面如图13-5）：上页为清单汇总结果，以相同的项目特征和工程内容进行归并形成最后的结果；下页为清单明细，是汇总内容对应的具体构件工程量。

（2）清单定额：分成上中下三页，上页为清单汇总结果，中页为汇总项目对应的定额的汇总，此定额按相同的定额编号，定额换算和指定换算进行归并显示；下页为定额对应的具体构件工程量。界面如下：

（3）定额子目汇总：按工程量统计方式汇总的定额工程量。

（4）措施定额汇总：将措施定额汇总在一起。

在工程量统计输出中，系统提供两种统计输出方式：第一种是输出关联定额构件的工程量；第二种是输出没有进行定额关联构件的工程量。

用户得到工程量清单后，就可以通过"工程\可视化报表"命令打印有关工程量清单，进行后续的套价工作。或者在有关的计价软件（如我们公司的"清单计价2003"软件）中直接导入该工程项目文件，进行工程套价工作。

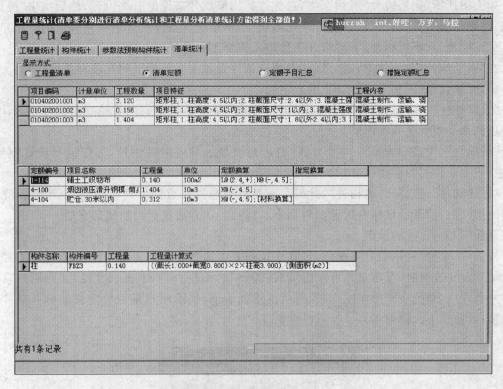

图 13-5　清单汇总结果对话框

13.4　钢筋的重计算与统计

钢筋数据录入完成后,即可以调用"分析\钢筋统计"命令进行工程统计。系统将激活"钢筋统计"对话框,如图 13-6 所示。

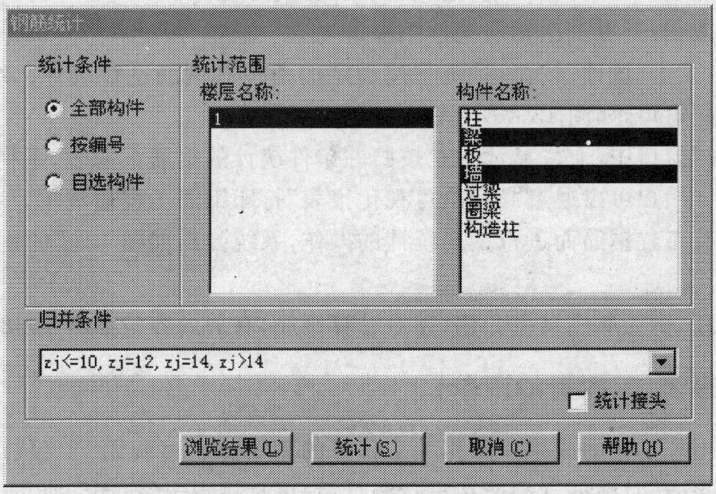

图 13-6　"钢筋统计"对话框

如上图所示"钢筋统计"对话框中,首先进行钢筋统计条件的有关设置,然后点击"统计"按钮,系统根据设置进行统计。在可视化系统中,钢筋统计条件设置是相当灵活的。用户可以区分不同楼层、不同构件、不同归并条件进行钢筋工程量统计。

在"钢筋统计"对话框中,进行钢筋的统计条件设置主要包括下列几项有关的内容:

钢筋"统计条件"和"统计范围"的选定

"全部构件":在左边的列表中显示楼层,右边列表显示构件。两者相互组合可以统计任意楼层的某一类或某几类钢筋。

"按编号":左边列表显示构件类别,右边列表显示对应构件编号,可按编号统计钢筋。(注意:该方法仅对当前楼层有效)

"自选构件":选择"自选构件",此时可在图形中选择任意构件进行钢筋统计,选择完需统计的构件后,回车或鼠标右键返回对话框。(注意:该方法仅对当前楼层有效)

钢筋"归并条件"的设定

按条件(直径)将钢筋分类统计,可在下拉列表中选择或自定义条件。如:仅输出直径为16mm、18mm的钢筋,可在归并条件中填写"ZJ=16,ZJ=18"(ZJ表示直径)。当用户自定义归并条件后,系统会弹出如图13-7所示信息提示框,提示用户是否将定义的归并条件保存起来,以便于下次调用:

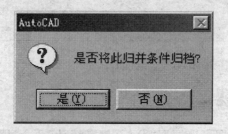

图13-7   归并条件提示框

统计接头:选中时系统将自动统计钢筋接头,否则不统计。

"浏览结果"按钮:查看上次钢筋统计结果。

"统计"按钮:点击"统计"按钮,系统将按设定的条件对钢筋进行统计。统计完成后,自动弹出"统计结果"窗口,如图13-8所示。

在"统计结果"窗口中,上栏显示的是按归并条件统计的钢筋汇总表,下栏是该统计结果对应的钢筋细表。用户可以通过"工程\可视化报表"打印钢筋工程量清单。

如果用户没有布置钢筋而进行钢筋统计的操作,系统弹出如图13-8的钢筋汇总表是空白。

如果构件尺寸、钢筋属性发生变化,需重计算钢筋,有关内容请参考10.8.1。

13.5   可视化报表(工程量的清单)

报表用于输出您工作的成果——相关工程量的清单。通过调用"工程\可视化报表"命令,激活"可视化报表"对话框,(钢筋在进行统计后,可直接点击"打印")如图13-9所示。

在可视化系统中,提供了20种报表。

从左至右分别为:建筑工程量汇总表、建筑工程量表、建筑工程量简表、装修工程量汇总

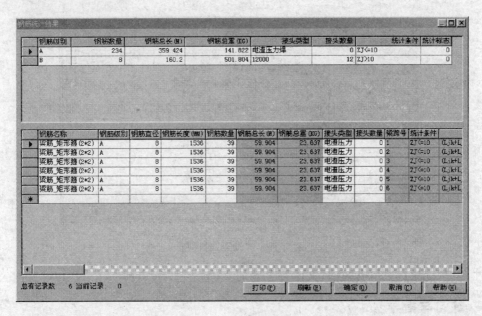

图 13-8 "统计结果"窗口

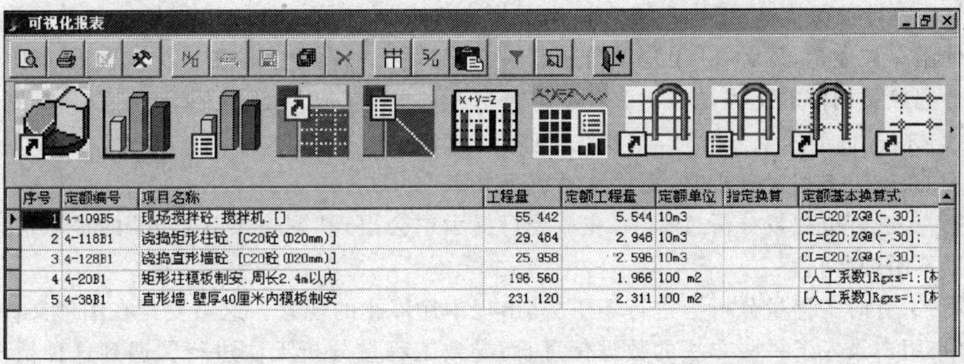

图 13-9 "可视化报表"对话框

表、装修工程量明细表、工程量计算表、工程量计算明细表、钢筋汇总表、钢筋明细表、预制钢筋汇总表、钢筋接头总表、构件工程量表、楼层表、钢筋汇总表（上海）、参数法钢筋明细表、构件工程量汇总表、构件工程量汇总（杭州）、分部分项工程量清单汇总、分部分项工程量清单计算表、清单措施定额汇总。

如上图所示"可视化报表"对话框中，通过点击图标，直接打开相应的报表，然后可直接预览报表内容或打印输出。

在可视化报表中，系统提供了报表设计器，在"可视化报表"对话框点击"报表设计"图标，系统进入报表设计器，您可以设计自己想要的报表格式，修改完后可保存为模板，以便下次调用。

点击"设置"可进入通用信息及字段的设置，如图 13-10。在此您可以设置工程名称、建设单位等一般信息，设置完后此信息会显示在相应的报表中。在字段信息页面中，您可以设置显示在报表中的标题名，数值的精度等。

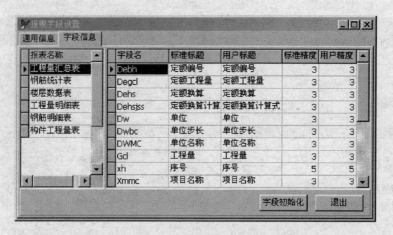

图 13-10　"设置"对话框

注意：精度只对数值有效，对文本是无效的。

13.6　练习与指导

（1）在进行工程量输出时，需要注意些什么？

答：进行工程量输出时，系统只输出图形文件中所显示构件的工程量。如果图形中该类构件没有被显示，尽管在"工程量分析与输出"对话框中设置了输出该类构件的选项，系统也不会把该类构件的工程量输出。

（2）在进行工程量分析时，需要注意些什么？

答：在进行工程量分析时，需要注意以下几点：

第一、进行工程量分析过程中，在命令行提示中会出现"网格没有打开"的提示信息，用户可以不用理会它。

第二、有时工程量分析会进行不下去，出现中途停止的现象。这主要是在图形文件建立过程中，用户录入了一些非法的数据信息，而导致工程量分析无法进行。遇到这种情况，用户可以通过"工具\图形文件检查"命令，对一些错误的数据信息进行处理，使工程量分析恢复正常。

（3）在工程量统计时会报错，解决的办法是什么？

答：工程量统计一般不会有任何错误，如果出现"表达式有错"或工程量为 0 的时候，用户不用着急。双击出错的构件，返回画面，查询红显构件的定额，进入计算式，检查你的计算式是否正确，不正确务必要改。另外可以在统计前进行图形文件检查，去掉图形中的错误。这样，统计就不会无缘无故地报错了。

第14章 预制法、参数法及工程量计算表

本章重点：

在本章中主要介绍 7.0 版本增加的预制构件、参数法构件的录入计算和工程量计算表的使用，您不但可方便对标准预制构件进行定义和布置，并且也可对非标准预制构件进行录入和编辑。在定义预制构件的同时，其钢筋也可以同时进行定义。

本章具体包括下列内容：
- 预制构件的录入计算
- 参数法构件的录入计算
- 预制构件钢筋和参数法钢筋统计
- 工程量计算表的使用

14.1 预制构件的录入计算

当您需进行预制构件布置时，点击"结构"菜单按钮━━▶"预制构件表"此时弹出如图 14-1 的"预制构件输入器"对话框，在此框中，可根据您的预制构件的构件编号、构件名称等内容进行选择录入。

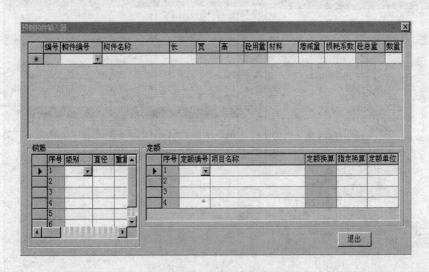

图 14-1 预制构件输入器对话框

点击"构件编号"表格框内的下拉按钮，弹出如图 14-2 的对话框，在此框的左边显示有各地区标准预制构件列表，在此表中，选定您需要的预制构件库。点击目录条前的"➕"框，其目录会一级一级显示出来，点击目录条前的"➖"框，其目录会一级一级关闭。

例如，您的"预应力空心板"是使用中南地区的构件标准图，且标准构件编号是 YKB3052。则可如图 14-3 依次点击"中南标预制构件"、"预应力空心板 120mm 厚冷拔低合金碳钢丝"━━▶"分现场就位不需要运输、非现场就位需要运输"两种。

选好您所需要的内容后，对话框右侧会弹出相应构件列表，在表中找到构件编号为

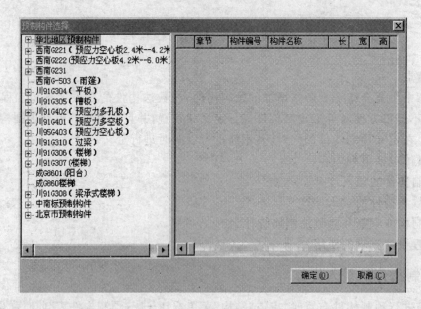

图 14-2　预制构件选择对话框

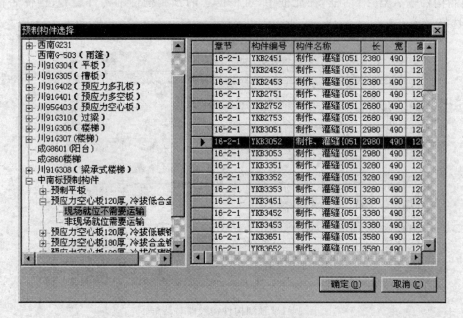

图 14-3　预制构件选择对话框

YKB3052 的预应力空心板,选中此编号的构件,这时您会看到如图 14-4,所有表格内都显示了内容。并且在钢筋窗口内也有了内容,这时便可对您选定的构件套挂定额了。点击定额栏内定额编号表格内的下拉键,会弹出定额选择对话框,套挂定额可一次将构件的制作、运输、安装、灌缝等定额全部套挂完(系统内已经带有构件的定额)。依上述方法,可将您在本工程项目中的预制构件一次性全部设置完。最后点击"　**确定**　"按钮,则您需要的预制构件就录入到您的构件库中。

　　有时设计图上的预制构件与标准图集上的构件类型不一定相符,碰到此类情况您只需

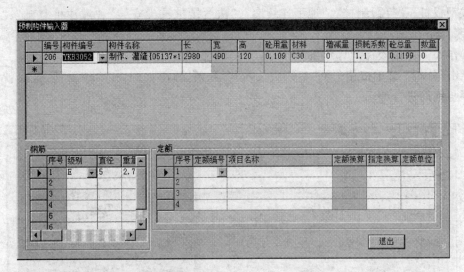

图 14-4　预制构件输入器对话框

将选定的构件编号后加一个标识符如 A(a)、B(b)、C(c)、D(d)等,此时对话框内灰色有数据内容的表格将变为白色可编辑,如图 14-5,同时只要构件的钢筋还是同选定的标准构件,则系统将会自动按您现在的构件长度调整钢筋用量。

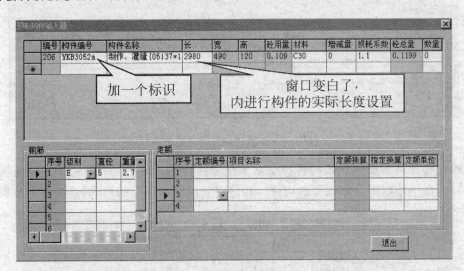

图 14-5　预制构件输入器对话框

当您一次性将您所需要的构件全部设置完成后,就可以进行预制构件布置了。

14.2　参数法构件的录入计算

　　能够对楼梯、基础、桩基础进行参数法计算,其构件中的钢筋也可同时进行计算。楼梯部分的平台板、梯段细分为 A 型、B 型、C 型、D 型、E 型,增加了上部楼梯梁、下部楼梯梁、整体二跑式楼梯;基础部分分"杯形基础"、"带形锥台二"、"带形锥台一"、"二阶矩形"、"二阶正多边形"、"矩形带形"、"矩形独立基础"、"矩形锥台"、"满堂基础"、"三角六边型基础"、"三桩六边形承台"、"上方体底圆承台基础"、"异形截面"、"圆台形基础"、"正多边形";桩基础分

"打、拔钢板桩"、"打预制桩"、"地下连续墙"、"法兰接桩桩尖安装"、"灌注桩基础"、"锚杆钻孔、灌浆"等。

操作如下:(用楼梯计算作例)

点击"分析"菜单按钮━━▶"参数法录入"命令条,弹出如图 14-6 编辑框,这时就可对您的构件与钢筋进行编辑了。

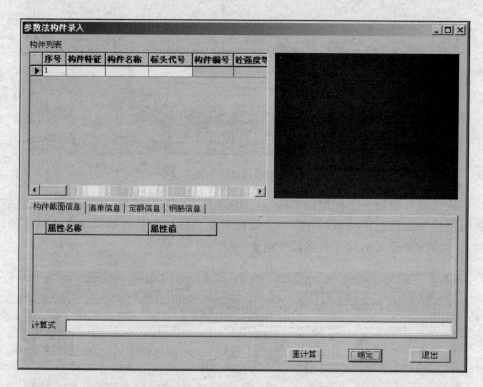

图 14-6 参数法构件录入对话框

继续在构件列表框内点击构件特征的下拉按钮,弹出如图 14-7 的构件特征选项对话,直接在对话框中选取符合您需要的构件。如您需要对楼梯进行编辑,则点击选定楼梯即可。

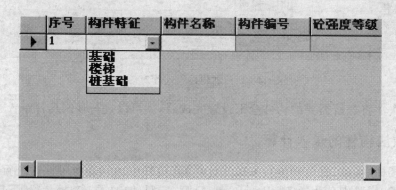

图 14-7 构件特征

接下来在构件名称下的表格内点击下拉按钮,弹出如图 14-8 的构件名称选项对话框,在对话框中点击选取符合您需要的构件名称和类型。

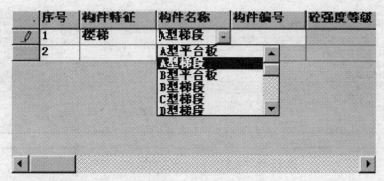

图 14-8　构件名称

当您选定好构件类型和名称，这时界面会自动弹出如图 14-9 构件类型的简图，在构件编号框下表格内输入您的构件编号和在混凝土强度等级下表格内输入混凝土强度等级。

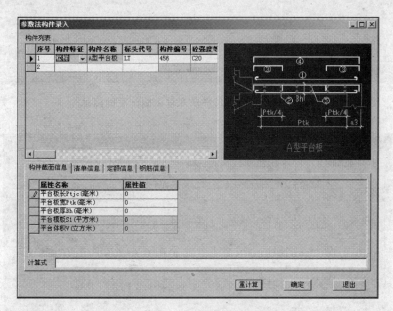

图 14-9　参数法构件录入对话框

点击数量表格框，这时您可看到对话框左下方的构件截面信息栏打开了，如图 14-10，上面显示出与构件类型简图中的变量名相一致的变量信息，您便可依据显示出的属性提示对您的构件进行算量编辑了。

构件截面信息录制完后，点击"定额信息"对话框如图 14-11。

点击" 定额关联 "按键，弹出如图 14-12 对话框，这时您可针对您的构件类别和名称选择相应的定额进行挂接。

定额挂接完成后，如果要挂接清单，就可以进行清单挂接了，清单挂接方法如定额挂接。

定额挂接完后，接下来可对构件的钢筋进行计算了。点击"钢筋信息"对话页，弹出如图 14-13，您可根据设计图中钢筋的规格、型号等钢筋描述，在钢筋描述表格中进行钢筋录入。

当钢筋描述录入完，至此，一种构件的"参数法录入"工作就录制完毕了。您可依照上述方法，对整个单项工程的参数法构件与钢筋进行全部录入，录入完后，点击" 确定 "按

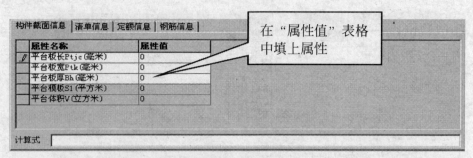

图 14-10　参数法构件录入对话框－部分

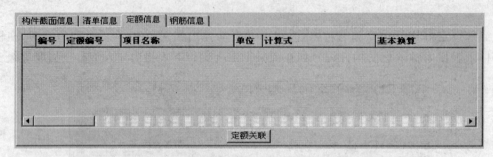

图 14-11　参数法构件录入对话框－定额信息

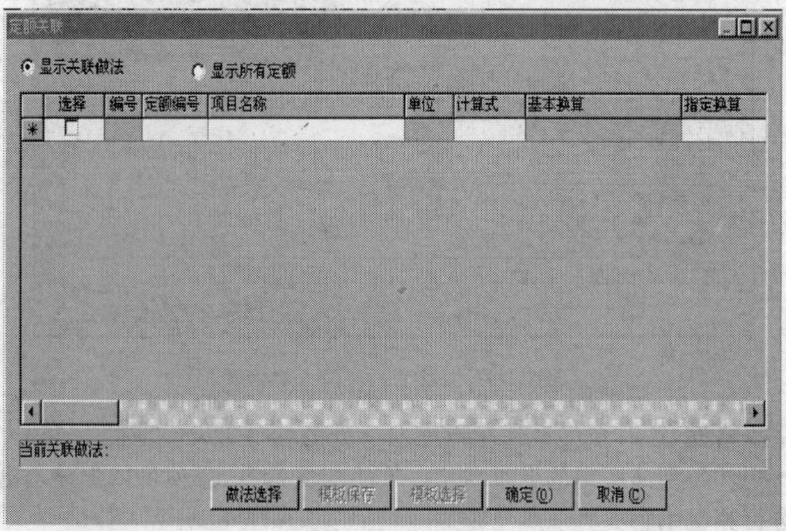

图 14-12　定额关联对话框

钮,退出"参数法构件与钢筋录入"工作。

特别说明:

"参数法构件与钢筋录入"中的基础计算方法,与图形计算方法是一致的,用户可根据实际情况决定用哪种方法进行计算。其中布置满堂基础,建议最好是用图形方法,其钢筋的布置可用专门的满堂基础钢筋布置,也可用板钢筋的布置方法进行布置。

	构件截面信息	清单信息	定额信息	钢筋信息			
	钢筋名称	长度公式	数量公式	钢筋描述	长度(mm)	数量	
	6 自定义钢筋	Lz[按实际值输入]		0	0		
	1 平台底受力直筋(带弯勾)	Ptk+2*15*D+2*LWG180	Ptjc/Ljj+1	0	0		
	2a 平台底分布筋	Ptjc+2*15*D	Ptk/Ljj+1	0	0		
	3 平台面负弯筋	Ptk/4+30*D+t-Lbqbhc	2*Ptjc/(Ljj*2)	0	0		
	4a 平台面筋	Ptk+2*30*D	Ptjc/(Ljj*2)+1	0	0		
	5a 平台面分布直筋	Ptjc+2*30*D	Ptk/Ljj+1	0	0		
	1a 平台底受力直筋	Ptk+2*15*D	Ptjc/Ljj+1	0	0		
	2 平台底分布直筋(带弯勾)	Ptjc+2*15*D+2*LWG180	Ptk/Ljj+1	0	0		

图 14-13 参数法构件录入对话框－钢筋信息

14.3 预制构件钢筋和参数法钢筋统计

点击"分析"菜单按钮——▶"预制钢筋统计"命令条

提示信息：YZGJ 预制钢筋统计完毕可以参看报表！

点击"分析"菜单按钮——▶"参数钢筋统计"命令条

提示信息：CSGJ 开始参数法钢筋统计！

参数法钢筋汇总完成！

参数法钢筋统计完成！

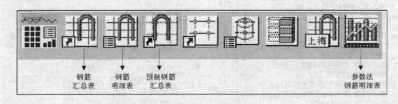

图 14-14 可视化报表－工具条

14.4 工程量计算表的使用

点击"分析"菜单按钮——▶"零星量录入"命令条，弹出如图 14-15 编辑框，这时就可对您的工程量计算表进行编辑了。

继续在工程量计算表对话框内点击"定额编号"的下拉按钮，弹出如图 14-16 的定额选择对话框，直接在对话框中选取符合您需要的定额。

如您需要对"第四章 混凝土及钢筋混凝土工程"→"一、现浇混凝土模板"→"3. 梁模板制安"进行定额选择，则点击选定定额，后按"确定"即可。

当您选定好工程量定额后，这时界面会自动返回图 14-17 工程量计算表，添加定额编号后，对话框如图 14-17 示。

在"项目名称"框下表格内可修改您的项目名称，在"单位"框下表格内可修改您的单位。在不同的项目名称内可定义构件编号、工程量计算式，如图 14-18 所示。

14.5 练习与指导

1. 钢筋计算公式中的保护层厚度是如何选取的？

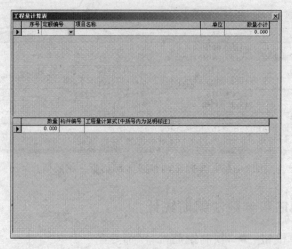

图 14-15　工程量计算表对话框

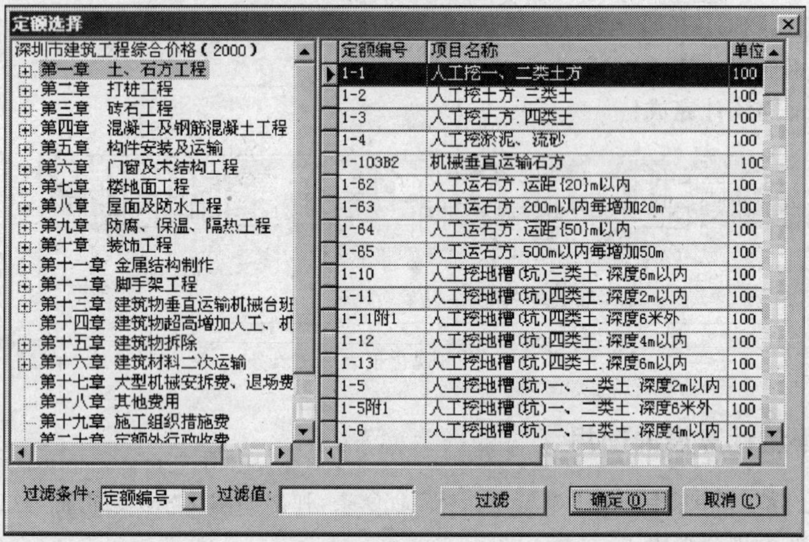

图 14-16　定额选择对话框

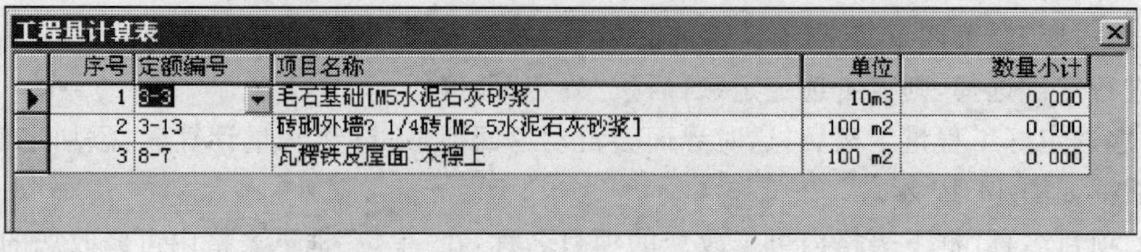

	序号	定额编号	项目名称	单位	数量小计
▶	1	8-3	毛石基础[M5水泥石灰砂浆]	10m3	0.000
	2	3-13	砖砌外墙? 1/4砖[M2.5水泥石灰砂浆]	100 m2	0.000
	3	8-7	瓦楞铁皮屋面.木檩上	100 m2	0.000

图 14-17　添加定额编号对话框

　　答:系统中有两处可以设置保护层厚度,工程属性中设置针对整个工程的保护层厚度值,结构总说明中还可以设置针对某一标头代号的构件的保护层厚度,在进行钢筋长度和数量的计算时,如果在结构总说明中进行了设置,首先选取针对当前代号构件所设置的保护层

数量	构件编号	工程量计算式[中括号内为说明标注]
0.000	gjz1	324+343545+43543345+gjz4
0.000	gjz4	gjz1+gjl2
0.000	gjl2	0

图 14-18 修改工程量计算式对话框

厚度,反之,则选取工程属性中的设置值。

2. 钢筋数量或长度的计算结果为零是什么原因?

答:出现这种情况的原因一般是计算公式中包含了非法变量,进行计算时无法将其转换为相应的数值,检查相应的计算公式,将其中的不合法变量替换即可。

第 15 章　可视化工具设置与系统维护

本章重点：

在本章中主要介绍三维可视化工程量智能计算软件中的各种设置工具，通过可视化设置功能，可以根据自己的需要订制可视化软件，用以适应各种变化需求。

本章具体包括下列内容：

● CAD 配置
● 编号显示及隐藏
● 常用选项
● 配色方案
● 计算规则
● 钢筋公式维护
● 定额维护
● 标准做法维护
● 工程量输出设置
● 使用查找替换工具
● 图形文件检查
● 图形构件管理器
● 清单维护

15.1　CAD 系统配置

CAD 系统配置　配置 CAD 运行参数，控制 CAD 环境中的文件搜索路径、显示线条的平滑度、键盘操作习惯、自动存盘时间间隔、图形窗口特性、定位设备信息、打印设备信息，以及配置项名称等多种设置参数信息。

通过调用"工具\可视化设置\[CAD 配置]"命令显示 AutoCAD 的"系统配置"对话框（如图 15-1 所示），配置 CAD 运行环境，以符合自己的工作需要。"系统配置"对话框包含"文件"、"性能"、"兼容性"、"基本"、"显示"、"定点设备"、"打印机"、"配置"共八个页面。其中可视化的配置文件名称为"Veqics70"。

需要注意的是，三维可视化工程量智能计算软件的底层平台是 CAD，修改这些选项，直接影响可视化软件的运行。修改这些选项之前，请先参考 CAD 操作手册，了解其配置的作用，作好修改记录，先保存配置数据以便于有问题后恢复设置。

15.2　编号显示及隐藏

功能：根据用户设定显示或输出构件的各种属性。

工具条图标：▓

工具菜单：工具→ 显示开关→属性图形显示开关

命令行：SXXS

执行后显示如下对话框：

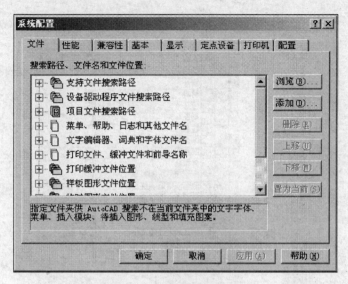

图 15-1 CAD 系统配置对话框

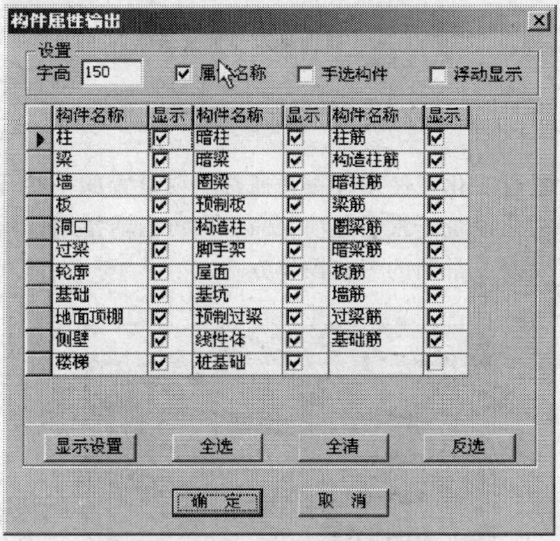

图 15-2 编号显示及隐藏对话框

构件属性显示包括属性图形显示和动态浮动显示两种。

属性图形显示:即将需要显示的构件属性输出到当前图形,可以根据用户选定的构件类型分别显示,选择构件时可以进行全选、全清及反向选择操作。输出文字的大小由用户通过字高自行设定,"属性名称"选项决定属性输出时是否显示属性名称,默认显示当前楼层选定类型的所有构件属性,选择"手选构件"则由用户自由选择构件进行属性显示输出。

点击"显示设置"按钮,弹出如下对话框进行各种构件需要显示属性的设定:

动态浮动显示:如果在上面的构件属性输出对话框中选择了"浮动显示",将根据鼠标位置进行构件属性的动态浮动显示。

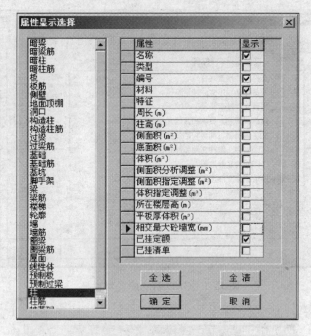

图 15-3   属性显示设置对话框

15.3   常用选项

常用选项   用来设置可视化在使用过程中通常需要设置的一些开关。

通过菜单"工具\可视化设置\[常用选项]"命令即可激活常用选项对话框(如图 15-3 所示)。复选设置项,就可以改变常用的一些操作方式。

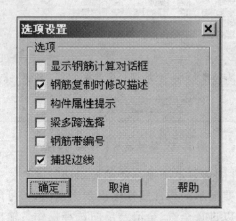

图 15-4   "常用选项设置"对话框

其中"显示钢筋计算对话框"选项复选后,在每一个布置钢筋操作中,会自动弹出钢筋计算的对话框(如图 15-4 所示),通过此对话框可以检验钢筋公式计算情况,如钢筋数量,钢筋长度接头类型接头个数等。默认情况为不显示。

"钢筋复制时修改描述"选项复选后,在复制钢筋操作中会显示修改钢筋描述对话框(如

图 15-5 所示）。默认情况是显示。

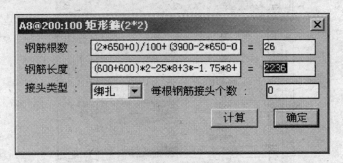

图 15-5　钢筋计算对话框

　　"构件属性提示"选项复选后，在图形设计区用鼠标点击构件时，显示构件主要属性信息（如图 15-6 所示）。

图 15-6　"修改钢筋描述"对话框

　　"砖混结构"选项功能暂时保留。

图 15-7　"构件属性提示"对话框

15.4　配色方案

　　配色方案　功能使用户可以按照自己的爱好，设置可视化里各种构件、对象的颜色。此设置只针对当前工程有效。

　　通过菜单"工具\可视化设置\[配色方案]"命令激活配色方案的颜色设置对话框（如图 15-8 所示）。

　　在对话框上的颜色列用鼠标点击，可以通过颜色选择对话框选择颜色。一般构件的显示设置项不可改变。其中两项构件名称的显示设置项是可以改变的，这两项是："已指定做

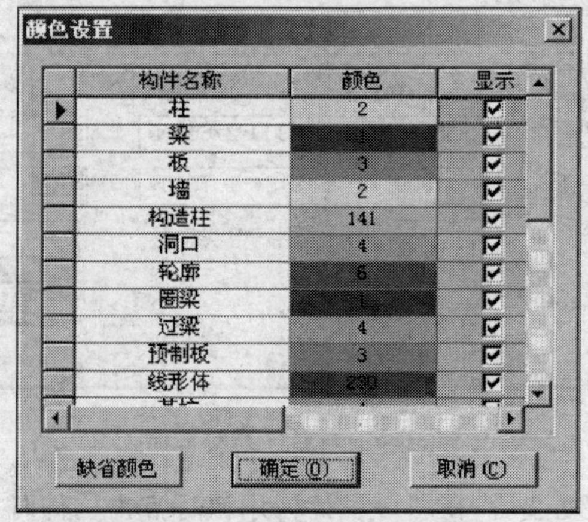

图 15-8 "颜色设置"对话框

法构件"、"出错亮显构件"。当"显示"复选框不设置时,本条颜色设置项就不起作用。在设置状态下,这两项颜色设置优先起作用。

注意:配色方案的设置是针对本工程有效的。

15.5 计算规则

计算规则 功能把可视化的工程量计算功能完全开放出来,用户可以根据本地工程量计算规则的要求,或者当前工程的要求,自由设定工程量分析计算时各种相关构件的扣减关系。在作计算规则设置时,一定要认真理解所套用定额的工程量计算要求,设置好各构件的扣减关系再进行工程量分析。当然,如果设置错了,可以按照正确的要求设置,再重新进行工程量分析,就按照新的设置更正过来了。

通过"工具\可视化设置\[计算规则]"命令激活可视化工程量计算规则对话框(如图15-9所示)。

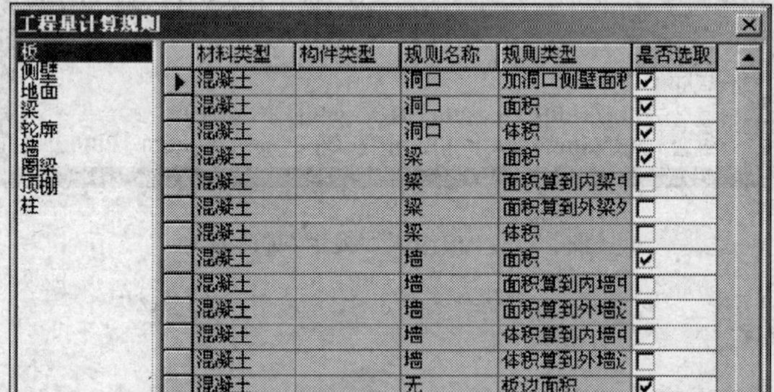

图 15-9 "工程量计算规则"对话框

在该对话框中,材料类型指该构件所用的材料、构件类型,指与之相关构件的细类、规则名称指与之发生扣减关系的构件,规则类型指扣减相关构件的体积或者面积,是否选择表示该设置是否起作用。

在使用三维可视化工程量计算软件建模时,默认情况下,柱子的高度与层高相同;梁上表面的高度与层高相同,梁下的墙高度等于层高减去梁厚;板的上表面高度同层高,板边到梁边、柱边距离相同;洞口厚度同墙厚。

在工程量计算规则设置对话框中,如果所有的规则都没有选择,则系统在进行工程量计算时,只计算各个构件的几何工程量,如体积、周长、面积等,不进行扣减。

例如,如果柱的侧面积不扣减梁的端头面积,则去掉梁的侧面积扣减选项(如图 15-10 所示)。

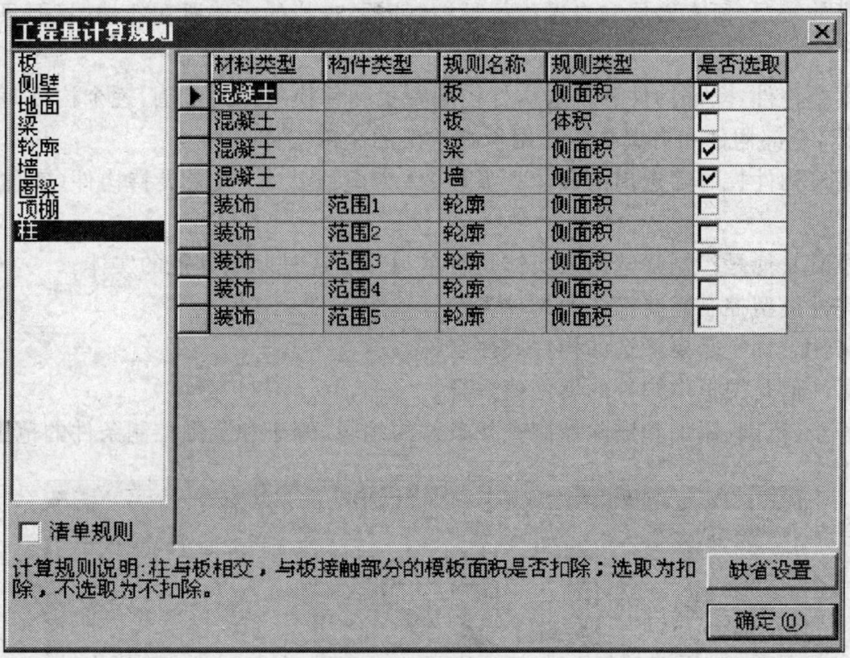

图 15-10　柱侧面积工程量扣减,不扣梁端头面积

注意:工程量计算规则设置只对当前工程有效。

如果选择 □ **清单规则** ,则表示中设置的清单的计算规则。

15.6　使用查找替换工具

查找替换

功能:根据实体的属性值查找对应的实体集合,并且修改当前属性的属性值

工具条图标:🔍

工具菜单:工具→查找/替换

命令行:CZTH

执行出现以下对话框:

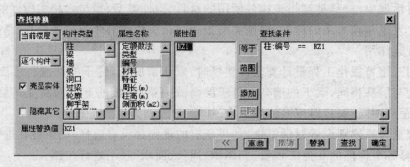

图 15-11 查找替换对话框

对话框选项说明：

（1）当前楼层，所有楼层和自选楼层是控制需要查找的实体所在的楼层（但只会筛选显示的构件）。

（2）逐个构件、全部构件和自选构件控制查找和替换实体的范围，逐个构件每次只能作用单个实体，全部构件和自选构件作用于筛选出的全部实体。

（3）亮显构件控制筛选出的实体亮显（实体为虚线状态）或者夹持构件（实体为选择状态）。

（4）隐藏其他是控制筛选出的实体是否单独显示还是隐藏其他的实体。

（5）构件类型控制需要筛选的构件类型。

（6）属性名称是需要筛选的构件属性名称。

（7）属性值是图形中构件的属性值集合。

（8）等于、范围、添加和删除控制查找条件的编辑，等于和范围控制条件的范围。

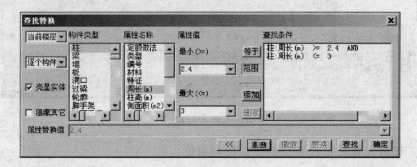

图 15-12 查找替换选定值后

当最小值小于最大值时，条件的关系为 AND（并且的关系）；当最小值等于最大值，条件的只会出现一条等于的条件；当最小值大于最大值时，条件的关系为 OR（或者的关系）。

（9） << 按钮控制对话框为下面的窗口

（10）修改会弹出属性查询的对话框，上一个和下一个控制查找方向。

（11） >> 按钮恢复对话框的最大化。

（12） 重画 恢复当前屏幕的实体的显示。

（13）撤销是返回查找或替换的上个状态。

(14)替换是用属性替换值替换当前选择的构件类型和当前选择的构件属性的属性值。

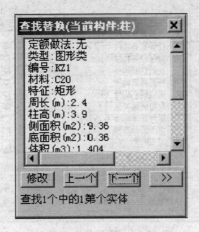

图 15-13　控制对话框

功能说明

(1) 可以筛选不同类型的实体,但两种实体的关系系统默认为 OR 的关系(或者的关系)。

(2) 同一类型的实体的不同属性系统默认为 AND 的关系(并且的关系)。

(3) 同一类型的实体的相同属性,等于的条件下为 OR 的关系,范围的条件下可能为 OR 也可能为 AND 的关系(如前面的 h 项说明)。

15.7　图形文件检查

功能:根据构件对象、检查楼层和检查方式来检查模型建造过程中出现的构件异常问题,检查结果以颜色标志,或逐个让用户确认,以便用户修改。这个功能具有预防多量、少扣,纠正异常错误,排除分析、统计出错特点。在缺省下,先执行两种方式:位置重复和清除短小构件。

绘制菜单:工具→图形检查

工具条图标:无

执行出现以下对话框:

对话框选项说明:

(1) 检查楼层:选取将要被检查的楼层,每次只能检查一个楼层。

(2) 检查方式:提供 7 种异常检查方式,具体说明:

1) 位置重复构件:指相同类型构件在空间位置上有相互干涉情况。此选项不能与尚需相接、尚需切断一起使用用。检查结果提供自动处理操作。

2) 位置重叠构件:指不同类型构件在空间位置上有相互干涉情况。检查结果提示颜色供用户手动处理。

3) 尚需相接构件:构件端头没有与其他构件相互接触。仅限墙、梁构件,检查结果提供自动处理操作。检查值:指输入大于端头与相接构件的距离。

4) 尚需切断构件:构件端头跨入其他构件,需要剪切。仅限墙、梁构件,检查结果提供自动处理操作。

5) 标高异常构件:构件在空间的几何位置超出当前检查楼层的标高范围。检查结果提

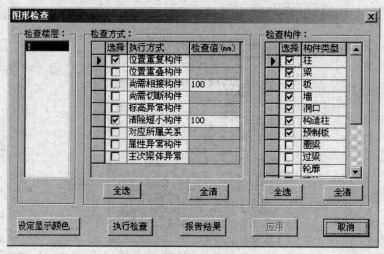

图 15-14   图形检查对话框

示颜色供用户手动处理。

6）清除短小构件：找出长度小于检查值的所有构件。检查结果提供自动处理操作。

7）对应所属关系：根据门窗洞口构件与墙的位置关系，处理其"所属构件编号"属性自动对应墙的句柄，确保扣减准确度。检查结果提供自动处理操作。

8）属性异常构件：指构件属性个数与现版本软件的数据库不匹配，造成查询构件属性出错，可能在升级中出现。检查结果提示颜色。

9）主次梁体异常：根据受力关系自动判定主次梁，并自动打断或延伸梁体到合理位置。

（3）检查构件：选取将要检查构件。

（4）设置显示颜色：设定检查结果构件将要显示的颜色。

（5）执行检查：根据构件对象、检查楼层和检查方式来检查模型建造过程中出现的构件异常问题。

（6）报告结果：列出检查结果信息。

（7）应用：处理检查结果。当检查方式中有位置重复、尚需相接、尚需切断、清除短小构件时，每种方式的检查结果均提示下列对话框，不同方式标题相应改变。以位置重复方式为例如下：

图 15-15   处理重复构件对话框

对话框选项说明：

（1）应用所有已检查构件：如果打勾，击'应用'将按缺省方式所有检查结果构件；击'往下'将所有检查结果构件变为所设定颜色，供标识修改；击'取消'为不处理。否则挨个处理。

（2）动画显示：如果打勾，当'应用所有已检查构件'；不打勾时，所有检查结果构件挨个处理时以动画方式显示。否则快速显示。

（3）总数：当前处理的检查方式中所有检查结果构件总数。

（4）处理第×个：目前处理构件总数中的序号。

（5）当前构件：注明当前处理构件的类型。

（6）应用：位置重复方式删除显示为绿色的所有构件；尚需相接方式连接显示为绿色的构件；尚需切断方式剪断显示为绿色的构件；清除短小方式删除显示为对话框设定颜色的构件。处理完后构件变为系统颜色。位置重复方式按'T'回车可以变换删除构件。

（7）往下：处理下一组序号构件，上一组序号构件保留颜色标志（保留构件为红色，删除构件为绿色）。

（8）恢复：取消上次的应用操作。

15.8　图形构件管理器

功能：根据构件对象、构件编号、构件楼层等来检查模型建造过程中出现的构件异常问题，检查结果显示在构件管理器上，供用户方便修改。具有预防多量、少扣，纠正异常错误，排除分析、统计出错特点。

绘制菜单：工具→图形管理

工具条图标：无

执行出现以下对话框：

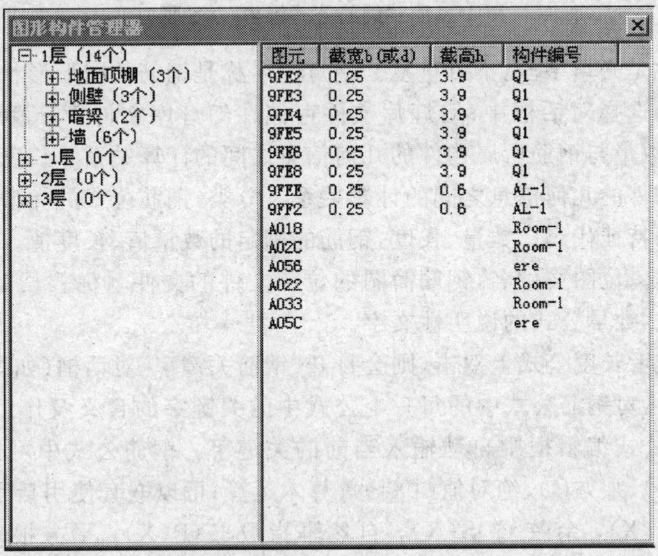

图 15-16　图形构件管理器对话框

15.9　钢筋公式维护

本系统可以同时满足工程量计算和钢筋计算需要，能够充分利用同一图形数据为工程量计算和钢筋抽量计算服务。钢筋通过钢筋公式与图形数据建立联系。在系统中，提供了主要常用的钢筋公式，可以满足一般的应用。由于工程结构千差万别，对钢筋布置要求也各不相同,系统提供了钢筋公式维护功能,用户根据工程中配筋的要求,修改编辑已有钢筋公式,增加新的钢筋公式。增加的钢筋公式可以积累起来,供以后使用。

通过"工具\可视化设置\［钢筋公式库维护］"命令激活可视化钢筋公式全屏编辑对话框(如图 15-17 所示)。在该对话框中,可以通过钢筋分类下拉列表选择显示在当前表格的钢筋公式。一条完整的钢筋公式由下面几部分内容组成:钢筋名称、幻灯片名称、数量公式、长度公式、分类、特征码、数量、长度、弯钩特征、位图文件名、长度说明、数量说明。

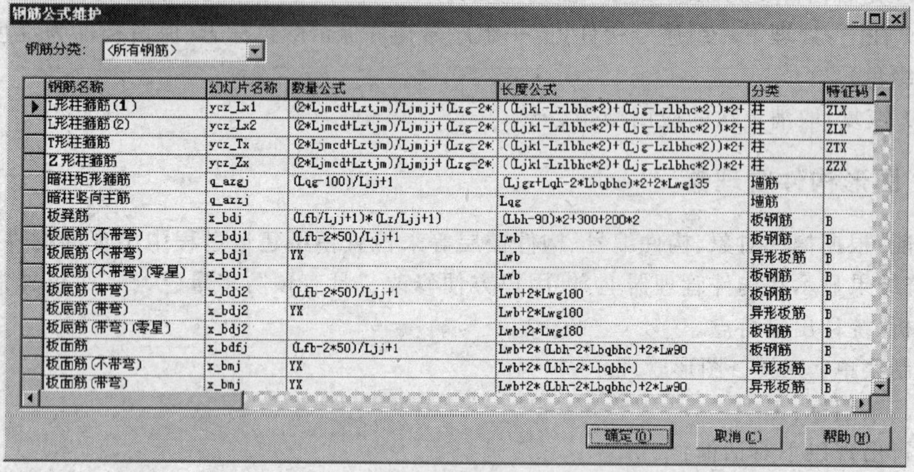

钢筋名称	幻灯片名称	数量公式	长度公式	分类	特征码
L形柱箍筋(1)	ycz_Lx1	(2*Ljmcd+Lztjm)/Ljmjj+(Lzg-2*	(Ljkl-Lzlbhc*2)+(Ljg-Lzlbhc*2))*2+	柱	ZLX
L形柱箍筋(2)	ycz_Lx2	(2*Ljmcd+Lztjm)/Ljmjj+(Lzg-2*	(Ljkl-Lzlbhc*2)+(Ljg-Lzlbhc*2))*2+	柱	ZLX
T形柱箍筋	ycz_Tx	(2*Ljmcd+Lztjm)/Ljmjj+(Lzg-2*	(Ljkl-Lzlbhc*2)+(Ljg-Lzlbhc*2))*2+	柱	ZTX
Z形柱箍筋	ycz_Zx	(2*Ljmcd+Lztjm)/Ljmjj+(Lzg-2*	(Ljkl-Lzlbhc*2)+(Ljg-Lzlbhc*2))*2+	柱	ZZX
暗柱箍形箍筋	q_azgj	(Lqg-100)/Ljj+1	Ljge+Lqh-2*Lbqbhc)*2+2*Lwgl35	墙筋	
暗柱竖向主筋	q_azzj		Lqg	墙筋	
板凳筋	x_bdj	(Lfb/Ljj+1)*(Lz/Ljj+1)	(Lbh-90)*2+300+200*2	板钢筋	B
板底筋(不带弯)	x_bdj1	(Lfb-2*50)/Ljj+1	Lwb	板钢筋	B
板底筋(不带弯)	x_bdj1	YX	Lwb	异形板筋	B
板底筋(不带弯)(零星)	x_bdj1		Lwb	板钢筋	B
板底筋(带弯)	x_bdj2	(Lfb-2*50)/Ljj+1	Lwb+2*Lwg180	板钢筋	B
板底筋(带弯)	x_bdj2	YX	Lwb+2*Lwg180	异形板筋	B
板底筋(带弯)(零星)	x_bdj2		Lwb+2*Lwg180	板钢筋	B
板面筋	x_bdfj	(Lfb-2*50)/Ljj+1	Lwb+2*(Lbh-2*Lbqbhc)+2*Lw90	板钢筋	B
板面筋(不带弯)	x_bmj	YX	Lwb+2*(Lbh-2*Lbqbhc)	异形板筋	B
板面筋(带弯)	x_bmj	YX	Lwb+2*(Lbh-2*Lbqbhc)+2*Lw90	异形板筋	B

图 15-17　"钢筋公式维护"对话框

其中钢筋名称是必填字段,不可重复。幻灯片名称是钢筋的图形形状描述,在钢筋布置的时候显示在钢筋选择对话框中;幻灯片文件存储在幻灯库文件 VEQICS.SLB 中。数量公式,描述钢筋的数量与钢筋所属构件的几何信息之间的计算关系。长度公式,描述钢筋的长度与钢筋所属构件的几何信息之间的计算关系。分类,钢筋公式的类型。特征码,钢筋公式所属构件的截面特征代码。数量、长度,钢筋的固定的数量值、长度值。弯钩特征,有弯钩的钢筋的弯钩角度。位图文件名,钢筋简图的位图文件的文件名称。长度说明,数量说明,对钢筋的长度公式、数量公式的说明性文字。

在数量公式或者长度公式上双击,则会打开"钢筋关键字"对话框(如图 15-11 所示),在该对话框的表格中,对钢筋公式中的每一个公式中的关键字的含义及作用都有描述。双击关键字,则在钢筋公式编辑框中自动输入当前的关键字。钢筋公式中可以包含加(＋)、减(－)、乘(×)、除(/)、乘方(‸)、绝对值(｜X｜)等算术运算;可以嵌套使用括号,改变运算顺序,可以使用正弦 SIN(X),余弦 COS(X),自然幂指数 EXP(X),平方根 SQRT(X),对数 LOG(X),正切 TG(X),余切 CTG(X),反正弦 ASIN(X),反余弦 ACOS(X),反正切 ATG(X),向上取整 CEIL(X),向下取整 FLOOR(X),求最大值 MAX(X1,X2,..Xn),求最小值 MIN(X1,X2,..Xn)等数学函数。在编辑公式时应该注意括号的匹配,函数参数的有效性等问题,函数可以嵌套使用。

注意:三角函数的参数应该为弧度。

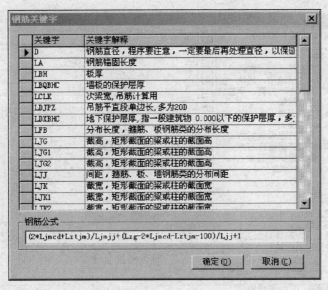

图 15-18 "钢筋关键字"对话框

15.10 定额维护

功能：提供用户自定义定额输入。

操作菜单：工具→可视化设置→定额库维护

工具条图标：

命令行：DEWH

执行命令出现如下对话框：

对话框使用说明：

选择增加会出现一条新的记录，用户需要输入定额编号，项目名称，单位信息，对于已有的定额编号会提示用户重新输入。值得注意的是，用户只能在定额子目的最小章节中增加或删除，这样便于用户操作，对于标准定额是不允许用户删除的。

15.11 标准做法维护

本系统提供了"标准做法维护"功能，通过这个功能，用户可以根据当地工程的特点、自己的实际需要，不断充实和完善做法数据，形成标准做法知识库。这样，随着知识库的不断丰富，在使用本系统时，在关联构件的施工做法处，通过选择积累的标准做法数据（图 15-12），可以大量节约时间。

通过"工具\可视化设置\[标准做法维护]"命令激活可视化标准做法维护对话框（图 15-12）。每一构件做法，通过下列内容定义：做法编号、名称、类型、用料、参考信息、辅助信息、做法所属构件，以及做法的套用定额的描述信息。

注意：在定制做法对话框处维护标准做法时，对于标准做法数据，应该指明本做法的类型，然后用定额和计算公式来描述做法。由于做法是针对构件的，在此处会有公式的正确性验证机制。如果没有在标准做法数据的构件类型处输入正确的数据，在编写做法描述数据时，系统由于无法确认本做法的从属关系，而提示错误。

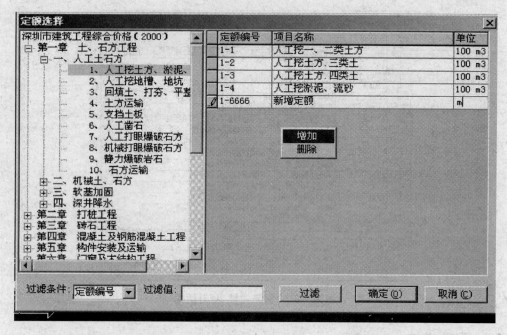

图 15-19   定额维护对话框

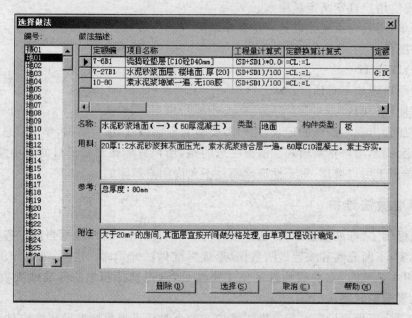

图 15-20   "选择做法"对话框

15.12   工程量输出设置

本软件输出的工程量数据有两种形式：定额清单工程量、构件工程量。定额清单工程量指，对于构件的表面积、体积等包含了扣减数据的量与定额相联系，建立联系的方法是指定该条定额的工程量的计算公式，计算公式是由表示构件的几何属性的变量或者由这些变量

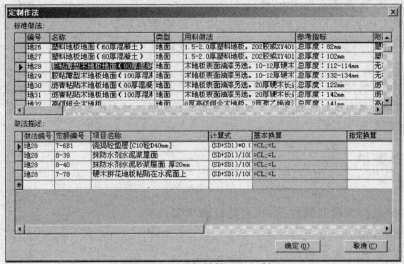

图 15-21 "定制做法"对话框

组成的公式组成。构件工程量,是指构件的几何信息不必与定额建立联系,其几何信息或者包含了与其他构件的扣减数据的量。

通过"工具\可视化设置\〔工程量输出设置〕"命令激活工程量输出设置对话框(如图15-23所示)。

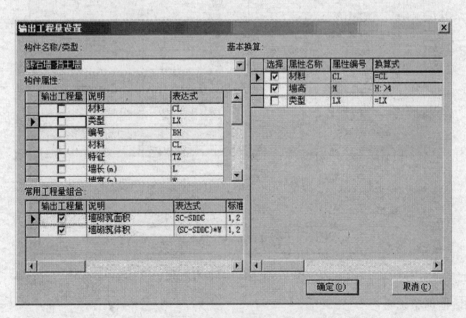

图 15-22 "输出工程量设置"对话框

在此处,可以通过构件的多个几何属性变量值组成公式,作为常用工程量组合,以方便工程量计算。通过编辑基本换算,来确定套用定额后的工程量的合并条件。相同换算条件的工程量可以合并。欲增加基本换算,只需在构件属性表处,用鼠标把欲作为换算条件的属性拖拽到基本换算表中即可。设定某一常用工程量组合的基本换算,先定位在该常用工程量组合的记录上,复选基本换算记录。

可以将墙与砖石墙分开设置输出,使构件工程量更准确。

在"构件属性"增加了非几何属性,使汇总归并条件更丰富。

操作注意:

当拖曳"构件属性"至"基本换算"中后,如果是非几何属性,如"类型",会缺省在换算式生成=BL,用户不要去修改,而对于几何属性,会提示用户写出范围值,用户输入时以逗号隔开即可,如4,6,8

15.13　清单维护

清单维护

功能:维护国标清单的属性值、项目特征和工程内容。

工具条图标:无

工具菜单:工具→清单库维护

命令行:QDWH

执行出现以下对话框:

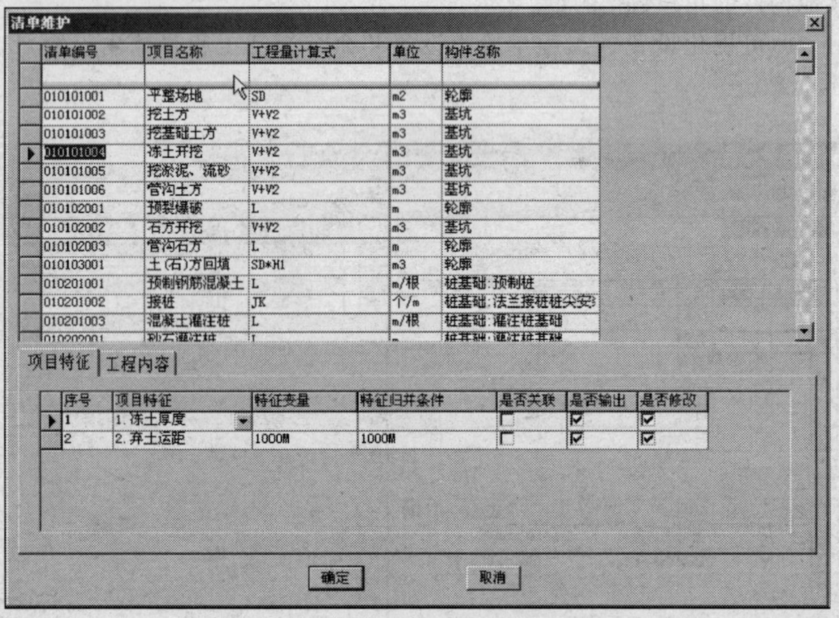

图 15-23　清单维护对话框

对话框选项说明:

(1)清单中只能修改工程量计算式,点击工程量计算式的按钮会出现选择构件和构件属性变量的对话框如下:

(2)项目特征可以修改项目特征名称、特征变量、归并条件(根据所有特征变量的值集合归并输出)、是否关联(是否与构件属性变量关联)、是否输出(是否把项目特征项输出到清单中)、是否修改(是否可以修改特征变量所对应的构件属性变量)。

(3)点击项目特征的按钮会出现下面的对话框:

（4）点击项目特征的特征变量的按钮会出现图 15-25 的对话框。

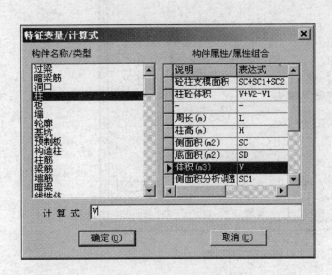

图 15-24 构件属性变量对话框

图 15-25 项目特征对话框

（5）在项目特征单击右键会出现菜单 增加 删除 。

（6）工程内容可以用 -> 和 <- 删除和添加。

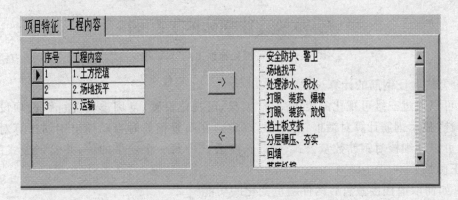

图 15-26 工程内容对话框

15.14 练习与指导

（1）如何设置三维可视化的工程数据存盘时间？

答：可以通过三维可视化的菜单命令"工具\可视化设置\CAD 系统配置"激活"系统配置"对话框，切换到"基本"属性页面（如图 15-27 所示），复选"自动保存"复选框，在"保存间隔分钟数"编辑框输入自动存盘的间隔时间（以分钟为单位），按"确定"按钮确认改变即可。

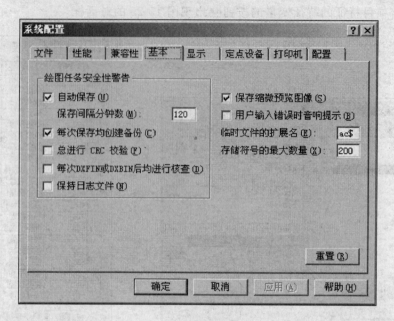

图 15-27 "系统配置"对话框

（2）怎样显示钢筋的名称？

答：用鼠标单击工具条上"属性显示/隐藏"按钮（如图 15-28 所示），激活"当前楼层构件编号及钢筋名称显示"对话框（如图 15-29 所示），复选欲显示的钢筋的名称，按确定按钮，根据提示输入钢筋名称文字的高度，或者直接回车，按照默认高度即可（效果如图 15-30 所示）。去掉显示的名称，只需要再次单击"属性显示/隐藏"按钮。

图 15-28 "可视化辅助工具"对话框

（3）怎样验证钢筋的计算过程？

答：可以通过三维可视化的菜单命令"工具\可视化设置\常用选项"激活"选项设置"对话框，复选"显示钢筋计算对话框"复选框，确定。在布置钢筋时自动弹出钢筋计算对话框，在此处，可以详细核对钢筋数量公式、钢筋长度公式中每一个变量的值，并验证公式的计算结果的正确性。

（4）如何取消挂接做法后构件颜色变化的功能？

答：可以通过菜单工具→可视化设置→配色方案打开对话框，取消"已指定做法构件"项"显示"列的复选框（如图 15-30 所示），按确定按钮即可按照设定的构件的原始颜色显示。

（5）如何恢复工程量计算规则到原始设置状态？

答：打开"工程量计算规则"设置对话框，按"缺省设置"按钮恢复缺省的数据设置，按"确定"按钮确认改变。

（6）如何增加一个柱矩形箍筋 M×N 的钢筋公式？

答：打开"钢筋公式维护库"对话框，在钢筋分类里选择"柱"，在柱筋列表的最后一栏分

图 15-29　"构件属性输出"设置对话框

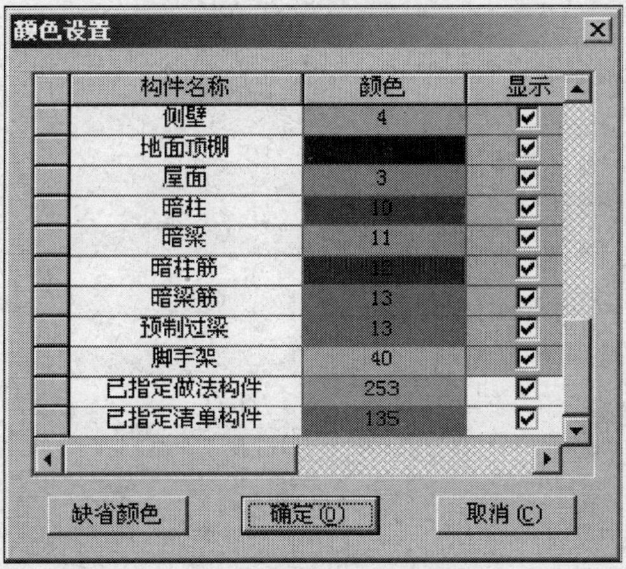

图 15-30　"颜色设置"对话框

别输入钢筋名称—"矩形箍筋 M×N"、幻灯片名称—"guj_M×N"、长度公式、数量公式、分类—"柱"、特征码—"ZJ"等。其中单击长度公式和数量公式栏右边的按钮,会弹出钢筋公式关键字变量表,可查看或双击进行选择输入钢筋公式。点击"确定"保存,返回完成操作。

（7）如何定做地面做法？

答：打开"定制做法"对话框,在标准做法里分别输入编号—"地 n(n 为整数)"、名称、类型—"地面"、用料做法、参考指标、附注、日期、构件类型—"板"等。在对应的做法描述里输入做法编号(同编号)—"地 n"、定额编号、计算式(需换算成定额用量)、基本换算、指定换算等。其中,定额编号可单击按钮进行选择,基本换算、指定换算可为空。

(8) 如何在不挂接定额的情况下输出轮廓的周长数据?

答:打开"工程量输出设置"对话框,在构件名称/类型里选择轮廓,在常用工程量组合里追加一栏,分别输入输出工程量—"√"、说明—"周长"、表达式—"L"等,点击"确定"完成。这样在不挂定额的情况下就可输出轮廓的周长数据。

第16章　三维算量2003版本新功能简介

本章重点：

三维算量2003软件的最大特点是基于最先进地 AutoCAD2000/2002 中文平台上使用，采用 Access2000 数据库技术，软件功能更加稳定、易用和高效；开放操作界面与 CAD 原始界面的随时互换，用户可以原汁原味地使用 CAD 所有功能，可以个性化地隐藏不常用的工具条；实现国标清单（GB 50500—2003）与图形构件地自动挂接，快速输出清单工程量，并直接导入计价软件；提供多人协同分工合作算量大型工程，最后按楼层、构件进行整体合并，统一输出；将原有的构件编辑、通用编辑和公共编辑命令三合一体组成构件编辑命令，支持批量修改构件，简单易用；重新设计装饰部分的房间功能，摒弃原来经常无法绘制成功和操作繁琐问题，使房间的布置及编辑更加方便和快速。

本章具体包括下列内容：

- 工程合并
- 自动套清单
- 房间布置
- 房间炸开
- 房间复制
- 构件编辑

16.1　工程合并

功能：适应对较大工程的多人协同合作，快速计算工程量的要求，将各人分工所做的工作进行合并，最后统一输出工程量。

操作菜单：分析→工程合并

工具条图标：无

命令行：GCHB

16.1.1　工程合并前提要求及操作流程

对同一工程的多人协同分工合作，应该遵循工程前期整体设置→分工计算工程量→工程汇总合并这样一个流程，如图 16-1 所示：

16.1.2 工程合并操作说明

执行"分析\工程合并"命令，弹出如下对话框：

点击选取工程文件按钮，选取想要合并的工程文件，该工程所包含的楼层将在楼层列表中列出，选取相应的楼层及构件即可进行合并（参数法构件和零星构件与楼层无关，所以另外列出）。清除当前工程相应构件是为避免多次合并造成工程构件的重复，清除当前工程中已有的所选楼层的相应构件。

对话框说明：

- 清除当前工程相应构件：清除当前工程中已有的所选楼层的相应构件。
- 合并参数法构件：合并源工程所录入的参数法构件信息。
- 合并零星构件：合并源工程所录入的零星量构件信息。

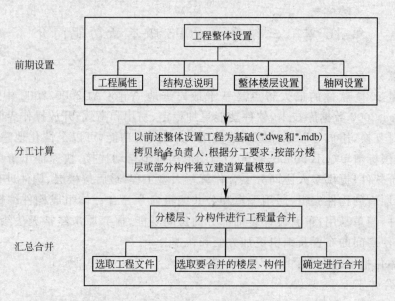

图 16-1 工程合并操作流程

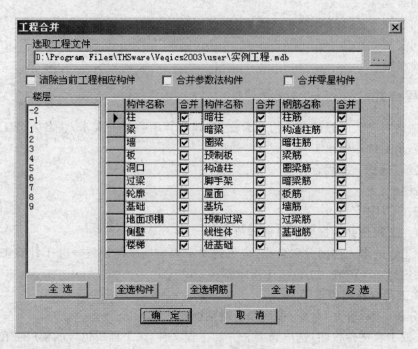

图 16-2 工程合并对话框

● 全选：全选所有楼层。
● 构件：选择所有构件。
● 钢筋：选择所有钢筋。
● 全清：清除所有已选构件和钢筋。
● 反选：对已选构件和钢筋进行反向选择。

● 确定：根据当前设定进行工程合并操作。

● 取消：不执行任何操作，直接退出对话框。

注意事项：

工程合并主要是对工程构件及其所关联的清单、定额的合并，为保证合并的准确性，分工之前务必按照前述要求进行工程的整体设置。轴网和楼层要在分工之前进行整体设定，所以不再对其进行合并，各人分工时必需在各人所负责的楼层内依据相同的轴网进行构件的布置，才能保证合并时构件位置的准确性。

清除当前工程相应构件是指当前工程所要合并的楼层中已有所要合并的构件时，是否清除掉当前工程中的相应构件。"参数法录入"构件及"零星量录入"数据与图形无关，无法判断其重复性，切忌进行多次重复合并。此类构件最好由一人专门负责，以便于合并；由多人分工时，各人所负责部分只能合并一次，多次合并将会造成工程量的重复，这也是将其专门列出的原因之一。

16.2　自动套清单

功能：根据图形构件的具体属性信息，结合工程量清单计价规范（GB　50500—2003）最新标准，给构件自动挂接上标准清单。

操作菜单：分析→自动套清单

工具条图标：

命令行：QDZG

操作说明：类似自动挂定额操作，详见第十二章第四节。

16.3　房间布置

功能：绘制房间（侧壁、地面顶棚）构件，并在绘制的同时指定做法。

绘制菜单：结构→房间

工具条图标：

命令行：FJBZ

执行出现以下对话框：

图 16-3　房间布置对话框

对话框说明:

(1) 生成构件部分,这里选择仅布置侧壁或仅布置地面顶棚,或两者皆布置。

(2) 房间编号部分,这里可以浏览已定义的房间编号,并可以增加和删除房间编号。按 >> 将展开(或缩小)对话框显示当前房间编号的定义。如图 16-4 所示:

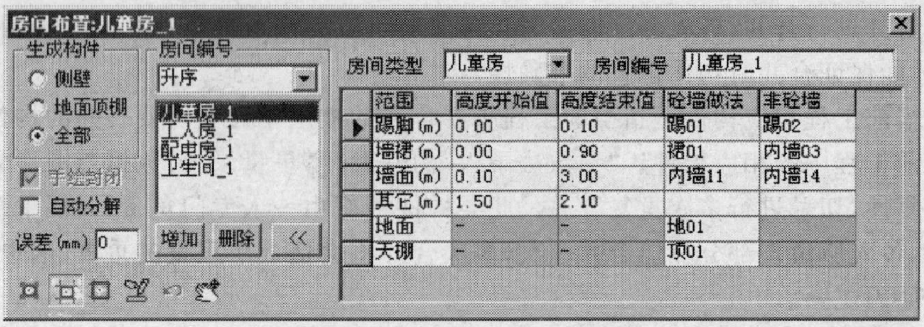

图 16-4　儿童房间布置对话框

(3) 绘制选项部分,"手绘封闭",指定在手绘且仅绘制侧壁方式下自动封闭手绘的轮廓线;"自动分解",指定在绘制侧壁时自动按所属墙体或柱的材料将轮廓线进行分解。

(4) 误差值,提供误差值输入。在图形文件很精确时,误差值设为"0"即可。若墙或柱绘制的位置不太精确,这时可能布置不成功,这时可以将误差值设为某一正值,具体误差值看构件缝隙距离,一般取 50mm,最大不超过 300mm,不成功再次尝试。

(5) 布置方法:提供四个布置方法。

▣ 选点绘制内边界(按误差值补缺口方式,仅墙、柱参与)。

用这种方式,程序在绘制房间构件会自动补齐宽度小于误差值的缺口。这种方式布置成功率不高,且在布置不成功时改大误差值不一定就能布置得上。但这种方式若能布置成功,一般就是准确的。

▣ 选点绘制内边界(按误差值延长墙方式,所有可见图元参与)。

用这种方式,程序在绘制房间构件时会自动将墙体延长一个误差值,然后再分析边界区域。这种方法在误差大于 0 的时候布置成功率很高,但在这种情况:墙的端头构成了侧壁的情况,这时绘制是不准确的。

▣ 选点绘制外边界(按误差值延长墙方式,所有可见图元参与)。

成功率与准确性同上。

▨ 手动画边界。另外同时提供 ↶ 恢复和 ↻ 平移缩放按钮。

(6) 房间定义部分:可以输入房间编号,选择房间类型,在格栅中可以设定侧壁的高度范围,点击格栅中的 ▼ 可以弹出做法选择对话框,如图 16-5 所示:

(7) 这样便可指定侧壁与地面顶棚的做法。对于侧壁,可以同时指定其混凝土墙做法和非混凝土墙做法,侧壁分解后将按照其所属墙体或柱的材料来分别挂混凝土墙做法或非混凝土墙做法。

对话框操作:

(1) 增加房间的定义(包括侧壁高度范围和做法,以及地面顶棚的做法),有两种操作方法：

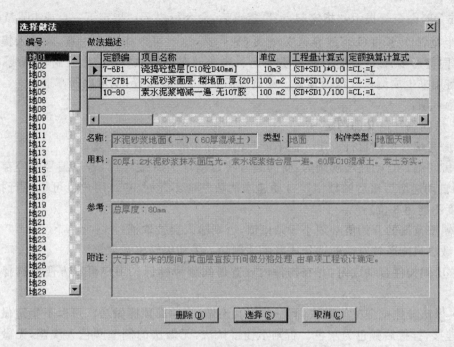

图 16-5　选择做法对话框

1）先修改房间编号以及侧壁范围和做法，再点击 增加 按钮。

2）直接点击 增加 按钮，新的房间编号将以当前房间编号递增。侧壁范围和做法与当前房间编号的定义相同。

（2）修改房间的定义

可以修改房间编号。可以在格栅控件上修改侧壁范围或做法。当前房间编号定义的变动在点击房间编号列表、或切换到 CAD 屏幕时提交。

（3）删除房间的定义

在列表框中选择一项后，点击 删除 按钮，即可对选中的房间编号进行删除。

布置方法：

（1）选点绘制内边界（按误差值补缺口方式，仅墙、柱参与）点击 ▢，命令行提示：选取封闭边界线内一点或者＜输入 H 隐藏部分实体＞，这时在屏幕上点取要布置的边界线内点，定点布置完成。可以继续布置，也可以回车退出。

（2）选点绘制内边界（按误差值延长墙方式，所有可见图元参与）点击 ▢，命令行提示：请输入内部点，这时在屏幕上点取要布置的边界线内点，定点布置完成。可以继续布置，也可以回车退出。

（3）选点绘制外边界（按误差值延长墙方式，所有可见图元参与）点击 ▢，命令行提示：请缩放图形以使所需绘制外轮廓的区域全部显示在屏幕中央，然后请点击绘图区域正在选择所有对象，按要求缩放屏幕后，在屏幕上房间内点击鼠标，定点布置完成。可以连续布置，也可以回车退出。

（4）手动画边界。

点击 ![icon]，命令行提示："指定起点："，定点后，命令行提示："指定下一点或［圆弧（A）/闭合（C）/半宽（H）/长度（L）/放弃（U）/宽度（W）]："，这时可以指定下一点，或输入提示中的关键字（同普通多义线绘制操作）。重复上一步或回车或输入"C"退出绘制轮廓线，该轮廓线随即将用来生成侧壁或地面顶棚。绘制完后，可以继续布置，也可以回车退出。

注意事项：

（1）房间编号定义的约定

1）房间编号可以自行设定。但不能与已经存在的房间编号重复；

2）房间编号自动递增规则为：新的编号将自动增加后缀"_1"，若原编号已经存在数字后缀，将自动递增后缀后的数字。自动递增的数字应不超过 999（用户也可以强行指定，但数字长度不能超 6 位）；

3）侧壁范围的开始值必须小于结束值，否则输入会被取消；

4）做法只能通过对话框选择或者手动删除。手动编辑将被取消。

（2）房间构件自动成组，并在构件内放置房间编号标识。用户可以方便地选择房间构件。

（3）做法分侧壁混凝土做法，侧壁非混凝土做法，地面顶棚做法。可以不指定做法。有做法就挂接，挂接后颜色为灰色。否则不挂接做法，无做法的侧壁颜色为浅蓝，无做法的地面顶棚颜色为深蓝。用户可以一目了然区别。

（4）房间布置与房间编辑均应在世界坐标顶视图下进行，在其他情况下将绘制不成功。

16.4　房间炸开

功能：分解侧壁构件，在分解时考虑侧壁所属的墙或柱的材料，若材料是混凝土的，侧挂接混凝土的做法，否则挂接非混凝土的做法。

操作菜单：编辑→房间炸开

工具条图标：![icon]

命令行：FJZK

操作方法：

（1）输入命令 FJZK。或点击 ![icon] 后，命令行提示：T 炸开当前层所有侧壁/A 炸开全楼层所有侧壁/＜选取炸开侧壁＞；

（2）输入 T，自动选取当层所有侧壁，炸开；

输入 A，自动选取全楼层所有侧壁，炸开；

输入回车或空格，则手动选择侧壁，炸开。

16.5　房间复制

功能：将侧壁做法及高度范围从参考侧壁复制到目的侧壁。将地面顶棚做法从参考地面顶棚复制到目的地面顶棚

操作菜单：编辑→房间复制

工具条图标：![icon]

命令行：FJFZ

操作说明：

（1）输入命令 FJFZ 或点击 图标 后，命令行提示：选取参考的房间构件；

（2）选取要复制的地面顶棚；

（3）选择参考侧壁或地面顶棚，单选。不成功则中止命令；

（4）若选择了侧壁，则出现命令行提示：您选取的参考房间构件是地面顶棚，请选择目标地面顶棚；

（5）继续选择目标侧壁或地面顶棚，回车结束选择并进行复制。

注意事项：

（1）在房间复制中可以对地面顶棚的进行做法复制，对侧壁可以进行范围复制和做法复制。但不可以同时对地面顶棚和侧壁进行复制。

（2）点击工具栏 图标 图标可以改变当前图形的成组选择状态，在快速选择房间构件或单独选择单段侧壁时可能会用到。

（3）在复制到目的侧壁的同时会将其炸开。不考虑目的侧壁的侧壁高度范围及做法指定，复制后所有侧壁的属性（包括高度范围及做法）都与参考侧壁相同。若参考房间构件与目标房间构件是同一实体，则效果等同与重新设定做法。

（4）在复制或炸开时，目标房间构件的做法将从数据库中提取，而不是从图形构件中提取。所以若在房间布置后，发现做法需要变动，这时不用删除重画，仅需使用复制自身或炸开自身的方法来改变图形对象中挂接的定额。

（5）在炸开侧壁时，程序将重新搜索侧壁所属柱或墙的材料及位置，不论其原来是否已经被炸开。因此若在布置房间后发现侧壁所属柱或墙需要发生改变（包括位置和材料），这时不用删除重画，仅需复制自身或炸开自身就可以使目标侧壁的分段与挂接定额产生相应修改。

（6）修改侧壁的高度范围可以用 图标 "属性编辑来实现"。

（7）在第一次执行房间布置或房间编辑功能时会较慢，但以后就快了。

（8）房间构件的标识文字自动与房间构件成组，在关闭成组选择时可以单独删除。删除标识文字对房间构件无任何影响。若想恢复已经丢失的了房间编号标识文字，可以使用房间炸开或房间复制，命令执行时会自动补上文字标识。

16.6　构件编辑

功能：提供批量修改、查询构件的标高、高度、颜色、材料、编号、截面信息和偏移功能。不支持修改板、轮廓和房间等构件的形状。

菜单：编辑→构件编辑

工具条图标：

命令行：GJBJ

操作方法：

（1）输入命令 GJBJ。或点击 图标 后，命令行提示："选取需要编辑构件："，用户可以选取多个或单个构件。具体开放修改的属性款项取决于选取的构件类型和属性。

（2）选取单个构件编辑：执行后出现以下对话框（以修改柱体构件为例）

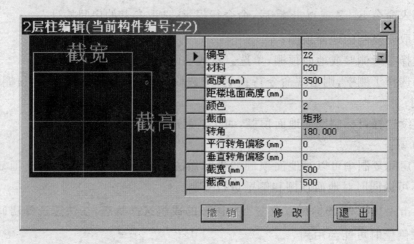

对话框说明：

1）转角：即构件整体轮廓与水平方向（＋X轴）形成的角度。当转角为零，对于柱构件则水平方向为截宽，垂直方向为截高；对于梁、墙构件，构件处于水平状态，并且起点在左边，终点在右边，具有方向性。本属性不开放用户修改。

2）水平转角偏移：作用于柱体构件，指以输入值为偏移距离，沿着柱体截宽方向进行移动构件操作，正值向右偏移，负值向左偏移。

3）垂直转角偏移：作用于柱体构件，指以输入值为偏移距离，沿着柱体截高方向进行移动构件操作，正值向上方偏移，负值向下方偏移。

4）偏心：作用于梁和墙构件，指以输入值为偏移距离，沿着垂直于构件本身的方向进行移动构件操作。偏心方向与其转角有关，当转角为零时，正值向上偏移，负值向下偏移。

除了深灰色背影的单元格属性外，如，转角、截面，其他属性均可以修改，所有修改立即反应到图形中，修改完成后可以撤销。

（3）选取多个构件编辑，执行出现以下对话框：

对话框说明：

1）选择"全部"，则会作用于所选全部构件，选择"单个"则作用于所有所选构件中的某一个构件，并且当前正在处理构件在屏幕中高亮显示。"下一个"按钮只作用于"单个"选项方式，主要用轮流切换处理。

2）对话框可以查询所选构件的物理属性值，当以"单个"方式修改构件时，会实时显示当前显亮构件的属性值，例如修改一个柱的截宽后会使截宽项的值变为"各不相同"。

3）对话框中如果属性值选择"各不相同"则不会修改，如果重新输入具体值，会把所有构件修改为相应的输入值。

4）当选择不同构件类型时只能查询构件标高。

（4） 《 按钮可以缩小和放大对话框。

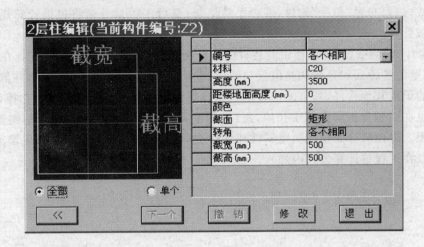

16.7   练习和指导

（1）有一栋三十层高的建筑，由于投标时间较紧，一个人来建模算量可能来不及。利用三维算量那个功能才能快速输出所有工程量？

答：利用"工程合并"功能，分配给多位预算人员分工合作同步建模，用最短时间，在投标截止时间前就轻轻松松算出整栋建筑的工程量。

（2）应用"工程合并"功能时，应该注意哪些事项？

答：首先根据工程具体情况，由总负责人设置好工程属性、楼层设置、结构总设置和公共轴网等内容；参数法和零星量录入构件最好各由一人统一负责，并且基于合成总图里录入，最后合成已分出去完成的其他工作内容；如果在分配出去的工程里由其他人录入参数法和零星量构件，合成时不能多次勾上参数法和零星量录入构件进行数据合并，否则造成数据重复合计。分配工作可以细分到某个楼层或某类型构件。

（3）图形构件自动挂接清单后，如何核查挂接结果？

答：利用"工具\清单挂接"功能，可以核对构件挂接了什么清单子目。

（4）一个房间内各墙面装饰不同，挂接定额也不同，房间构件如何体现？

答：在定义房间编号时，指定好各范围值的混凝土墙和非混凝土墙做法，布置房间时，勾上"自动分解"选项，程序将自动布置好房间，并根据所依靠的墙、柱面不同材料，自动分段炸开侧壁，并挂上相关定额做法。或者画好房间后使用"房间炸开"功能选取房间图形编号即完成侧壁分解过程。

（5）同时布置了两个编号不同房间，如，客厅 01 和客厅 02，其定额和各高度范围均各不相同，现在想把客厅 02 变成客厅 01 怎么实现？

答：使用"房间复制"功能，首先选取客厅 01 在图形上的标识编号作参考对象，再选取客厅 02 在图形上的标识编号，即可实现。当然也可以删除客厅 02，再利用房间布置把选取客厅 01 编号布置上去。

（6）外装饰可以用房间里的"侧壁"构件来实现吗？

答：可以。在房间布置功能中，生成构件中选择侧壁，利用工具条中第三种生成外边界的布置方式,进行布置"侧壁"构件,或者手动绘制;最后工程量分析将根据计算规则执行相关构件扣减计算。

（7）为什么"侧壁"构件属性中的各种面积分析调整值总比要扣减的实际存在洞口大?

答:侧壁的各种面积分析调整值仅与墙面、柱面、真实洞口发生扣减关系,在侧壁高度范围内存在的梁或其他构件,其空间位置将当作自然洞口在面积分析调整值中扣掉,建模中的自然洞口也在面积分析调整值中扣掉,所以:侧壁高度范围内面积－面积分析调整值 ＝ 墙面装饰面积。梁面装饰面积在侧壁属性独立存在,可以查看,分为有墙梁和无墙梁部分,需要的话可以在工程量计算公式内加入。

第三部分　三维算量7.0工程实例高级教程

本部分阅读说明

这套教学实例是某学院教学楼工程，建筑面积为1193m²。大家现在看见的模型就是利用《三维算量7.0》建立的算量模型。该教学楼共计四层，地下一层，层高为4.2m。地上三层，一层层高为4.2m，二、三层层高均为3.3m。

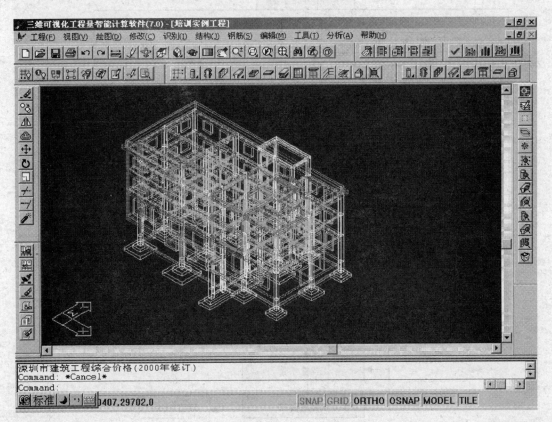

图0-1　工程模型

这套工程实例教学光盘共计6h,制作这套教学光盘的目的,是想通过对整个操作过程的讲解,系统的介绍《三维算量7.0》软件的主要功能和操作流程。使用这套光盘时,大家可以在浏览的同时,进入《三维算量7.0》进行实例操作的学习。如果在使用和学习的过程中,您有任何疑问请及时与当地的清华斯维尔分公司、代表处或代理商联系。我们将竭诚为您服务！

在此强调一点，《三维算量 7.0》是一个功能强大而灵活的工具。用活它，将会为大家的工作带来很大的便利。最后预祝大家能成为《三维算量 7.0》的使用高手！

三维算量标准工作流程

三维算量标准工作流程

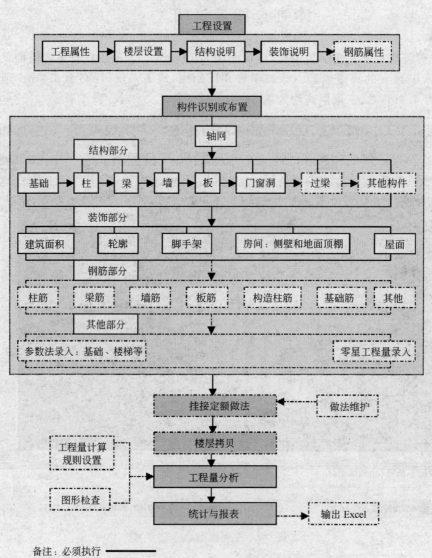

第1章 工程量计算的设置

1.1 《三维算量7.0》工程量计算概述

使用《三维算量7.0》完成工程量计算的工作流程:

第一步:新建工程项目。

第二步:工程设置。主要包括工程属性、楼层设置、结构说明、装饰说明、钢筋属性等设置。

第三步:建立算量模型。

可通过两种方式建立工程模型:第一种方式是通过识别CAD电子文档快速创建工程模型;第二种方式是在没有电子文档的情况下通过手动布置来完成算量模型的建立。

在《三维算量7.0》中进行工程模型的建立,主要是通过分层、分构件的形式来完成的。它主要包括下面几个方面:

首先进行轴网的建立,依次是结构部分、装饰部分、钢筋部分和其他部分构件的建立。

结构部分在《三维算量7.0》中是通过虚拟施工、以搭积木的方式来完成模型的建立。通过完成结构部分模型的建立,自动生成结构部分的工程量。在生成结构模型时,我们根据工程的习惯,抽象出基础、柱、梁、墙、板、门窗洞口、过梁和其他构件,通过搭建构件来完成模型的建立,模型完成以后我们就可以通过结构模型来完成装饰和钢筋部分的工程量。

装饰部分的工程量是通过建筑轮廓、房间的生成快速获得工程量。例如:可通过柱、墙、梁围成的区域来生成房间,通过这个房间来获得侧壁、地面和顶棚部分的工程量。装饰部分的工程量主要包括建筑面积、轮廓、脚手架、屋面、房间的侧壁和地面顶棚等。

钢筋部分的计算是从结构部分抽取构件的几何尺寸来完成钢筋部分的计算。钢筋部分包括柱筋、梁筋、墙筋、板筋、构造柱筋、基础钢筋及其他零星构件钢筋。

其他部分是一些零星构件。主要是通过参数法录入来完成工程量的计算,如楼梯、基础。

通过楼层拷贝和构件编辑从而快速完成其他楼层类似构件模型的建立。

第四步:报表输出与打印。

建立算量模型以后,工程量信息就基本录入到模型中,剩下的工作就是如何输出数据与打印报表。在输出报表之前要进行一些设置。

首先进行工程量统计条件设置,系统中有三种方式。方式一:按传统定额的方式,也就是按定额的方式来统计相关的工程量。方式二:按用户自定义的方式来设置工程量清单。方式三:按国标清单的方式关联定额。统计条件的设置主要是通过关联定额、关联构件做法命令来完成的。

其次进行工程量的分析。在进行工程量分析之前最好进行工程量计算规则的设置和图形检查。工程量计算规则的设置主要是设置自动分析与自动扣减的关系,例如柱和梁头是否要自动扣减,门窗侧壁是否增加。图形检查主要是检查一些绘图时的人为误差。从而尽量减少工程量计算的误差。

最后进行工程量的统计与报表的输出。用户可按构件分类输出工程量。

1.2　新建工程项目

双击桌面《三维算量7.0》图标，启动三维算量软件。在打开对话框（如图1-1）中输入工程名称"培训实例工程"，单击"打开"，进入《三维算量7.0》主界面。系统出现欢迎提示框，单击"确定"，完成工程项目的建立，同时在主界面下方的命令行中会显示所选用的定额的名称。

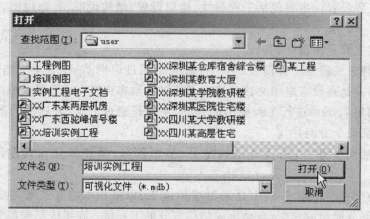

图1-1　"打开"对话框

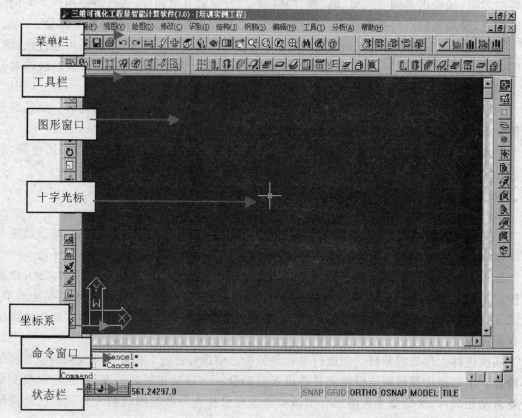

图1-2　系统主界面

1.3　系统主界面简介

首先简单介绍系统的操作界面。

顶部是标题栏:标题栏中包含使用软件的版本号及工程名称。

菜单栏:包含了系统各个菜单。

工具栏:包含的图标代表可用以启动命令的工具。当鼠标移动到某个工具上方时,工具栏提示该工具的名称。在工具栏中有部分带小黑三角的按钮,表示有子工具。单击右下角带小黑三角的工具图标,将弹出一系列包含相关命令的工具。

中间是图形窗口:是显示和绘制图形的地方。

移动的光标是十字光标,是定点鼠标,用来在图形中确定点的位置和选择对象。

绘图坐标系,横向为 X 坐标,纵向为 Y 坐标,中间 W 表示世界坐标系。

命令窗口:是用于输入命令的可固定窗口,AutoCAD 在该窗口中显示提示行和有关信息。

状态栏:显示当前楼层、光标坐标(光标移动时光标坐标在改变)、模式状态(如正交和对象捕捉)。

1.4　工程属性的设置

在"工程"下拉菜单中选择"工程属性"或单击"可视化工程楼层"工具栏中的"工程属性"按钮,打开"工程属性表"对话框如图 1-3。

图 1-3　工程属性表

在目录树中选择"工程属性"节点,并在编辑框中输入该工程相关的工程属性信息。其中"采用定额名称"的内容是必须注意的。单击"采用定额名称"后的功能按钮,在弹出的列表中选择您需要套用的定额,例如"深圳建筑 95 定额"或"深圳建筑 2000 定额"。

我们还可以对钢筋的相关属性进行设置,如保护层厚度、搭接长度、钢筋连接类型、钢筋的单根长度、抗震加密设置、弯钩调整、最小锚固长度等设置。单击确定,退出对话框。在命令窗口中就会显示所选择定额的名称。

以上就完成了工程属性的设置。

1.5　楼层的设置

可以通过调用"工程\楼层设置"命令或在工具栏中单击"楼层设置" 按钮,激活"楼层设置"对话框,如图1-4。在可视化系统中楼层设置主要是设置有关构件立面的数据信息。系统默认为一层,层高为3.9m。

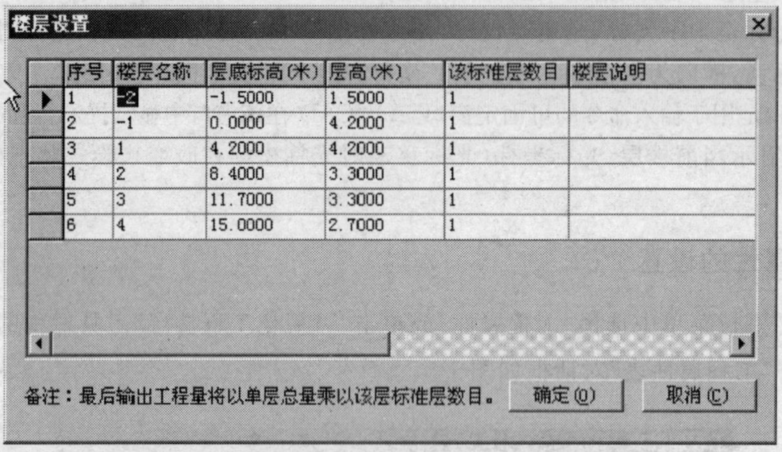

序号	楼层名称	层底标高(米)	层高(米)	该标准层数目	楼层说明
1	-2	-1.5000	1.5000	1	
2	-1	0.0000	4.2000	1	
3	1	4.2000	4.2000	1	
4	2	8.4000	3.3000	1	
5	3	11.7000	3.3000	1	
6	4	15.0000	2.7000	1	

备注:最后输出工程量将以单层总量乘以该层标准层数目。　确定(0)　取消(C)

图1-4　楼层设置

在这个例子工程中,地上为3层,地下为1层地下室。在可视化系统中,为了计算方便,还要为基础梁另外设置一层。

下面进行楼层的设置。基础梁为-2层,层底的标高是-1.500m。其中,"层底标高"栏的标高数据,只需要设置第一层的层底标高即可,其他各层的层底标高系统将自动计算出来。完成一层的设置后,用户只需要通过键盘中"↑↓"方向键移动光标,即可添加新的楼层。

-1层为地下室,输入层高4.2m。也可在"楼层设置"对话框中单鼠标右键,在弹出的菜单中选择"追加"。我们还可进行楼层的插入和删除的操作。当有标准层时,只需在相应楼层的"该标准层数目"处输入标准层的数量。

1.6　结构总说明设置

完成楼层设置以后进行结构总说明的设置。

在"工程"下拉菜单中选择"结构总说明"或单击"可视化工程楼层"工具栏中的"结构总说明" 按钮,打开"结构属性设置"对话框如图1-5。

在这个对话框中可以对构件的编号、材料等进行设置。在本例子中柱、梁、板、墙都是C30混凝土,按要求进行设置。

板有平板、地下室楼板,楼层选择中选中"全选",混凝土为C30混凝土,用户可根据实

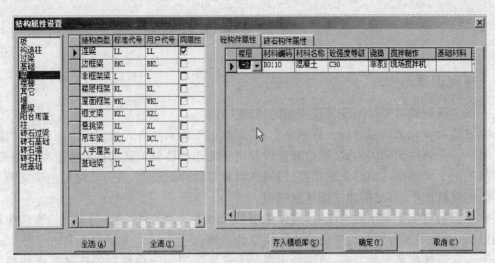

图 1-5　结构属性设置

际选择施工方法,例如选择泵送预拌商品混凝土。梁有屋面梁、框架梁、基础梁等,或者配合全清或全选来快速选择。同样完成墙、柱、砖石墙的设置。结构总说明设置是对工程进行最初的设置,为自动套定额和布置构件做准备。

单击"确定"退出对话框,完成结构总说明的设置。

第2章 首层结构工程量计算

2.1 轴网识别

完成工程设置后进行三维算量模型的搭建工作。

在三维可视化工程量智能计算系统中,可以通过下面两种方式来完成三维模型的搭建。

第一种是构件识别的方式:通过对设计院电子文档构件的识别来完成算量模型的建立。设计院的电子文档是二维的平面图形,通过三维算量软件的识别,将设计院的电子文档导入到三维算量软件中,自动搭建三维算量模型。

在无法利用电子文档的情况下,可以采用第二种方式:即布置构件的方式。直接按照现有的图纸,通过手工布置构件来完成算量模型的搭建。

下面我们先按第一种方式:即构件识别的方式来完成第一层模型的搭建工作和相关工程量的计算。插入电子文档的顺序应按柱、梁、板、墙的顺序来完成。

回到《三维算量 7.0》主界面,通过调用"识别\插入电子图档"命令或单击可视化电子文档工具栏中"插入电子图档" ![按钮] 按钮,打开"插入电子图档"对话框如图 2-1,"培训例图"电子文档放在三维算量软件默认的安装目录下,选择"结构",选择"G-12 一层柱平面结构图",单击"打开",完成一层柱电子图档的插入。

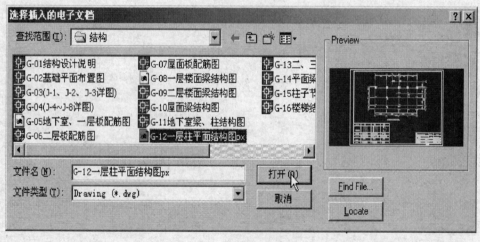

图 2-1 打开对话框

选择"识别\轴网识别"命令或单击"识别轴网" ![按钮] 按钮,弹出"轴网识别"对话框如图 2-2。

按命令行提示,选择带编号的轴网、选择标注,然后单击"从图面自动识别轴网"按钮,完成轴网的识别。图中轴网变成白色或黄色就是已经识别成功的轴网。黄色是轴号无法识别或没有轴号的轴网,须手工识别。选择黄色轴线后,按命令行提示输入对应编号。对于其他不能识别的轴网需要单个识别,如果不识别,统计时会忽略轴网信息。

一层的轴网就识别完了。

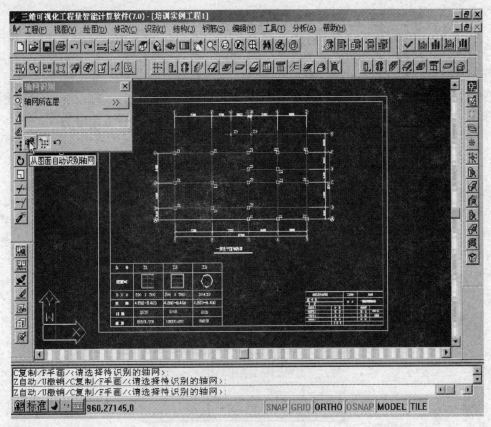

图 2-2　轴网识别对话框

2.2　自动识别生成首层柱

　　首先设置 1 层为当前层。调用"工具\楼层/构件显示"命令或在工具栏中单击"楼层/构件显示"按钮，打开"当前楼层和构件显示选择"对话框如图 2-3。选择"1 层"，单击"确定"。回到图形界面后部分图形会隐藏，单击"解冻所有层 "按钮，显示柱子及其他构件。

　　接下来进行柱子的识别。选择"识别\柱体识别"命令或单击"识别柱"按钮，弹出 1 层柱识别对话框如图 2-4。按命令行中提示选择需识别的柱，柱被选中后会自动从图面消失。在识别过程中如果有错误操作，可单击"撤消操作"按钮，取消上一步操作。系统选中柱后对话框中的工具会变为亮显，在这里有多种识别柱模式。系统默认为"点取内部生成柱"，在柱内点取一点，完成单根柱的识别。还有一种是"用户窗口选择识别柱"，进行多根柱的识别和"用户选择需要识别的柱"识别。最方便的是自动识别，单击"自动从图面识别柱"按钮，识别完成后，命令行提示共计生成 20 个柱。识别后的柱子变为黄色。

　　我们可以通过"系统轴测图"按钮从立面来查看识别的效果。识别后的柱子为三维立体柱。在这张图中，立体柱和平面柱之间有一定的距离。这是因为轴网层放在 ±0.000 的位置，而一层柱的底标高为 4.2m。可通过单击"构件属性查询"按钮在弹出的对话框

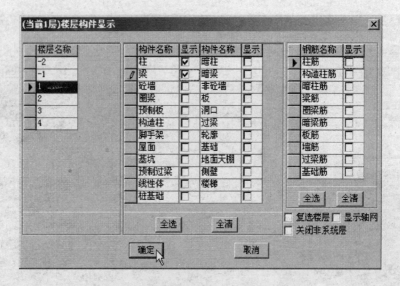

图 2-3　当前楼层和构件显示选择对话框

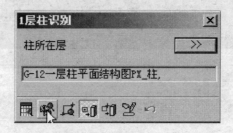

图 2-4　柱识别对话框

（如图 2-5）来查看柱的相关属性。识别后的构件属性显示在列表中，如周长、柱高、侧面积、底面积、体积等会自动计算出来。

再来查看圆柱的属性。柱子的识别就完成了。

接下来，就可以统计输出首层柱子的工程量了，工程量的输出方式有两种：清单工程量的输出和定额工程量的输出。首先，进行工程量的分析，单击"工程量分析"按钮，激活"工程量分析对话框"如图 2-6。选择"1 层"、"柱"，单击"确定"，退出对话框。分析完成后命令行会提示：可以进行工程量统计了。单击"工程量统计"按钮，系统会提示选择统计方式（如图 2-7）："直接统计"和"图形选取统计"。选择"直接统计"，单击"确定"，激活"工程量统计对话框"如图 2-8。在该对话框中有四种统计方式（工程量统计、构件统计、参数法预制构件统计、清单统计）；选中"构件统计"选项，单击"开始统计"按钮，得出统计结果。界面上部分是构件汇总量，有方柱支模面积、圆柱支模面积和混凝土的总体积。下部分是每根柱子的详细工程量。还可以按套定额的方式统计。

单击"确定"返回图形界面。单击"自动套定额"按钮，激活自动套定额对话框，如图 2-9。选择"1 层"、"柱"，单击"确定"完成一层柱的自动套定额。挂接上定额的构件颜色为灰色，以区别于未挂接定额的构件。

单击"工程量分析"按钮，激活"工程量分析对话框"。选择"1 层"、"柱"，单击"确定"，

属性名称	属性值	属性和
构件名称	柱	
类型 LX	图形类	
编号 BH	Z1	
材料 CL	C30	
特征 TZ	矩形	
周长(m) L	2.000	2.000
柱高(m) H	4.200	4.200
侧面积(m2) SC	8.400	8.400
底面积(m2) SD	0.250	0.250
体积(m3) V	1.050	1.050
侧面积分析调整(m2) SC1	-0.000[板头面积]-0.000[梁碰	0.000
侧面积指定调整(m2) SC2	0.000	0.000
体积指定调整(m3) V2	0.000	0.000
所在楼层高(m) HM	4.2000	4.2000
平板厚体积(m3) V1	0.000	0.000
相交最大砼墙宽(mm) W	0.000	0.000

图 2-5　构件属性对话框

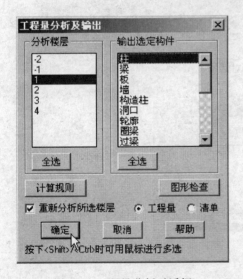

图 2-6　工程量分析对话框

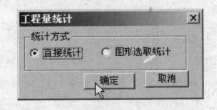

图 2-7　工程量统计方式对话框

退出对话框。进行工程量分析后,再单击"工程量统计" ⅢⅢ 按钮,在"工程量统计对话框"中就可以选择默认的"工程量统计"选项,单击"开始统计" 🖩 按钮,这样列表中会显示柱子所挂接的定额子目。下面就可以单击"返回报表" 🖨,进入可视化报表对话框,在可视化报表对话框中可单击"打印预览",也可直接单击"报表打印"。

返回图形界面,单出"轴网显示/隐藏" 🔳 开关,显示轴网。对于已挂上定额的构件的颜

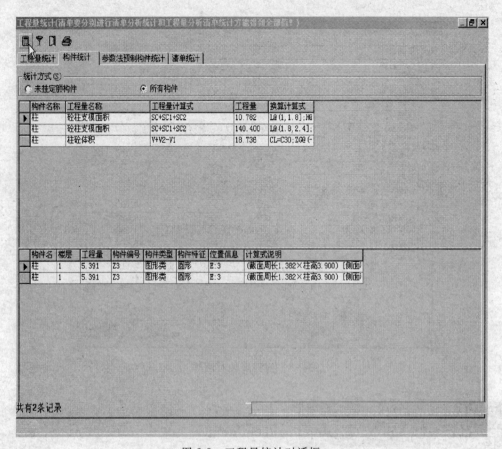

图 2-8　工程量统计对话框

图 2-9　自动套定额对话框

色可按以下步骤恢复：菜单栏"工具/可视化设置/配色方案"，打开"颜色设置"对话框如图 2-10。拖动右边滚动条至底部，将"已指定做法构件"后的对勾去掉，即可恢复已指定做法构件的颜色。

图 2-10　颜色设置对话框

以上就完成了一层柱的识别及工程量的输出统计。

2.3　自动识别计算首层柱钢筋

单击"顶视图" 按钮切换到平面图。单击"解冻所有层" 按钮,解冻所有的图层。单击"范围缩放" 按钮,查看全图。在这张图纸上有柱钢筋的数据,可以通过识别柱钢筋表来完成首层柱钢筋的计算。单击"缩放窗口" 按钮,放大柱钢筋表,柱表中柱纵筋和箍筋的描述带有问号,主要是因为在识别过程中有不能识别的字符。

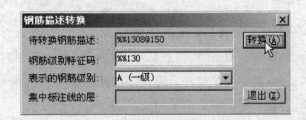

图 2-11　柱钢筋识别对话框　　　　　图 2-12　钢筋描述转换对话框

选择"识别\柱筋识别"命令或单击"柱钢筋识别" 按钮,激活"柱钢筋识别"对话框如图 2-11。单击"向下" 或"向右" 按钮,在弹出的选项中单击"标注处理",弹出"钢筋描述转换"对话框如图 2-12。按提示选择需识别的钢筋文字,选中柱纵筋文字后,钢筋描述转换对话框中会有相关的钢筋信息,单击"转换"。按同样步骤进行柱箍筋文字的转换。

在《三维算量 7.0》中是通过一种简化的方式来描述钢筋的级别,分别用 A 、B、C、D、E

来表示一、二、三、四级和冷轧带肋钢筋，以方便用户的录入和系统的识别。

完成钢筋文字的转换后就可以进行柱钢筋的识别了。系统提供了两种柱钢筋识别方式：第一，选择柱表；第二是通过点取柱外框识别柱钢筋。先按"选择柱表"方式来识别。按提示选择表格的相关直线，从右往左选，选中表格的所有直线。选中后的直线会变为虚线，选择完毕后单击鼠标右键（或直接回车）确认选择，回到柱钢筋识别对话框，单击向下 ⌄ 按钮，显示识别的内容如图 2-13。左下方是原始柱表信息，右下方是标题栏的转换，上方是识别后的结果，在表中有三根柱识别后的钢筋、标高、尺寸等信息。对于有些没有识别过来的信息，进行修改后，单击"识别结果"就可以更正过来。柱的拉筋这里没有识别，下一步再作处理。确认识别结果无误后单击"钢筋布置"，钢筋就布置到图中了，单击"保存"后退出对话框。

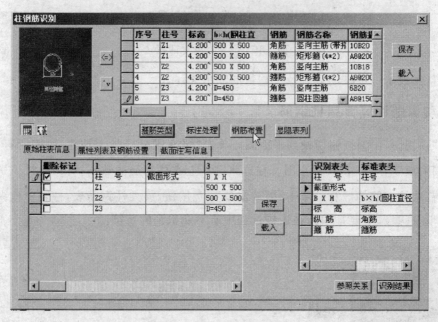

图 2-13　柱钢筋识别对话框

回到图面查看识别后的结果，在 Z1、Z2、Z3 旁分别注有相应的钢筋描述。如果钢筋描述有误，可再次单击"柱钢筋识别" 按钮，进入识别对话框，单击"载入"，将刚保存的数据导入进来，进行相关修改后再进行布置。也可选择"编辑\钢筋描述"命令，直接在"修改钢筋描述"对话框中修改如图 2-14。

对于 Z1 还有一根拉筋没有识别过来，选择"钢筋\柱筋"命令或单击"柱筋布置" 按钮，按提示输入钢筋文字高度 300，选择要布置钢筋的 Z1，弹出"柱钢筋录入"对话框如图 2-15。在柱钢筋列表中选择"柱截高方向拉筋"，录入钢筋描述"A8@200：100"，单击"确认"后将拉筋布置在适合的位置。在《三维算量 7.0》中，钢筋计算有一个原则，同编号的构件，钢筋只布置一次，系统会自动乘以构件的数量来统计钢筋的总量。

钢筋布置完成后就可以进行钢筋的统计分析了。先进行钢筋的分析，单击"钢筋分析" 按钮，进入"钢筋的分析"对话框如图 2-16。

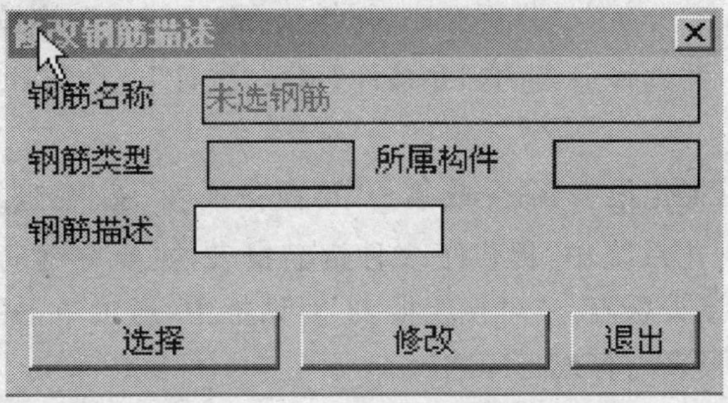

图 2-14 修改钢筋描述对话框

图 2-15 钢筋录入对话框

图 2-16 钢筋分析对话框

选择1层柱筋,单击"分析"。分析完成后,单击"钢筋统计" 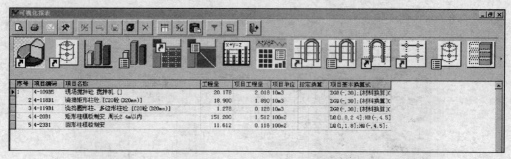按钮,弹出"钢筋统计"对话框,选择1层柱筋,并选择适当的归并条件,单击"统计"。柱统计完成后,单击"确定"退出对话框。

通过调用"工程\可视化报表"命令或单击"可视化报表"按钮,进入"可视化报表"对话框如图2-17。在可视化系统中,提供了多种钢筋报表,主要有钢筋汇总表、钢筋明细表、预制钢筋汇总表、钢筋接头总表。"可视化报表"对话框中,通过单击图标,直接打开相应的报表,然后可直接预览报表内容或打印输出。

图2-17   可视化报表对话框

以上就是一层柱钢筋的识别。

2.4   自动识别生成首层梁

在识别完柱子及钢筋以后,就可以通过识别设计院的电子文档来生成同层的梁。单击"顶视图"按钮切换到平面图,单击"解冻所有层"按钮,解冻所有的图层。单击"范围缩放"按钮,查看全图。单击"清理底图"按钮,清理识别柱后无用的文档。

然后单击"插入电子文档"按钮,插入"G-08一层楼面梁平面图"。插入的图形要与原有的图形对位,通过"move"移动命令,选择柱的角点或轴线的交点将梁平面图与柱平面图精确对位。

单击"识别梁"按钮命令,激活"梁识别"对话框如图2-18。按提示选择要识别的梁,梁选中后会从图面消失,然后回车确认选择,单击"自动识别"按钮,识别后的梁变为红色。单击"楼层/构件显示"按钮,只显示1层柱和梁。单击"轴网显示与隐藏"按,隐去轴网。切换至三维视角,单击"着色效果"命令,看看着色后的立体效果。切换到平面图,查看识别后的图形,发现圆弧挑梁处未封闭。选择"修改\倒角"命令,进行封闭。除此之外,还可以选择"工具\图形检查"命令或单击"图形检查"按钮,激活"图形检查对话框"如图2-19。选择"1层柱、梁"、"尚需相接构件、尚需切断构件",单击"执行检查",检查完成后单击"报告结果"查看结果,有17个构件需要相接,有2个构件需要切断,既可以逐个单击"应用"进行恢复,也可以选中"应用所有已检查构件"一次完成所有检查。检查完毕后颜色为灰色,可通过单击"全部重画"命令来恢复颜色。

单击"自动套定额"按钮,弹出"自动套定额选项"对话框如图2-20。选择"一层梁",

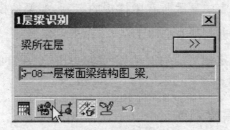

图 2-18 梁识别对话框

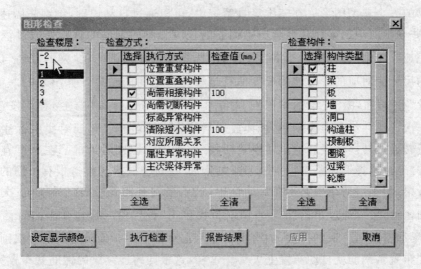

图 2-19 图形检查对话框

图 2-20 自动套定额对话框

给一层的梁自动套定额。单击"工程量分析" 按钮，在弹出的对话框中选择 1 层的梁，单击"确定"。单击"工程量统计" 按钮，选择"直接统计"模式，在工程量统计对话框中单击

"开始统计" 按钮,统计表中显示所有梁挂接的定额,如梁的模板、梁的混凝土等。单击"返回报表" 按钮就可以进入报表打印了。

切换到三维视图,挂过定额后的构件是灰色的,单击"全部重画" 按钮就可以恢复了。1层梁的工程量就计算完了。

2.5　自动识别计算首层梁钢筋

单击"解冻所有层" 按钮,解冻所有图层,单击"顶视图" 按钮切换到平面。这是用平法标注梁的一个典型图形。在三维算量系统中,可以通过自动识别,将钢筋描述与相应的梁相关联,并获取对应的梁尺寸计算出梁钢筋的长度。梁的钢筋的识别是通过识别梁的集中标注来完成。单击"构件属性查询" 按钮,选择一根要查询的梁,梁的截高与截宽都是与标注里的尺寸相对应的。而他的长度信息是根据两点间的距离计算出来的。单击"梁钢筋识别布置" 按钮,激活"梁钢筋识别"对话框如图2-21。选择" 标注处理 "按钮,转换钢筋描述。依次选择一级和二级钢筋,转换成功后描述变为红色。还要对集中标注线和吊筋标注线进行转换。转换完成后退出转换对话框,回到钢筋识别对话框。在这里有多种识别方式。先按"通过选择一段梁来识别一条梁的钢筋"这种方式来识别这根有吊筋的梁。按提示选择一段梁,识别后的结果显示在对话框中,这条梁共有四处吊筋。另外,在次梁与主梁相接处的加密箍,可以通过单击" >> "按钮,再单击"设置"按钮,在弹出的对话框中选上"布置主次梁加密箍",再识别一次,加密箍就显示在对话框中。确认对话框中识别的钢筋无误后,单击"布置",钢筋就自动布置上去了。这样,这根四跨连续梁的钢筋就布置完成了。

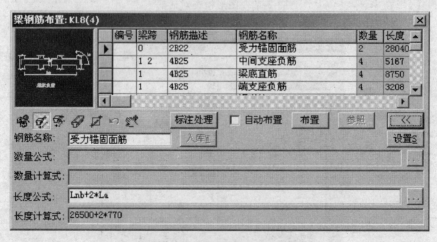

图2-21　梁钢筋识别"对话框

对于大多数梁可以通过单击"自动识别"来自动识别梁钢筋,识别完成后,查看识别后的全图,识别后的钢筋为红色。这里有根弧形梁的钢筋描述的颜色没有变,这是没有识别成功的钢筋。对于这根弧形梁可以通过手动方式,即通过选取一段梁和钢筋描述来识别梁钢筋。按提示选择梁和钢筋描述,识别后的钢筋便显示在对话框,单击"布置"后退出,完成这根弧形梁钢筋的布置。查看识别后的钢筋描述发现图纸有错误,应为二级钢筋。我们可以通过执行菜单"编辑/钢筋描述"或单击"钢筋描述修改" ![按钮]按钮来修改钢筋描述。选择需要修改的钢筋,将 A 改为 B 后,单击"修改"后就修改过来了。

识别后可以查询钢筋的属性,单击"构件属性查询" ![按钮]按钮,选择一根主筋,这里显示了钢筋的长度和数量等。再按同样的方法来查询某根箍筋。单击"解冻所有层" ![按钮]按钮,解冻所有图层。单击"清理底图" ![按钮]按钮清理识别梁筋后无用的文档。单击"轴网显示与隐藏" ![按钮]按钮,隐藏轴网。单击"钢筋分析" ![按钮]按钮,选择"1 层梁钢筋",单击"分析"。单击"钢筋统计" ![按钮]按钮,弹出"钢筋统计"对话框,选择"1 层梁筋",并选择适当的归并条件,单击"统计"。统计完成后,单击"确定"退出对话框。

单击"可视化报表" ![按钮]按钮,进入"可视化报表"对话框,其操作步骤与柱筋相同。

2.6　首层梁钢筋修改与核查

梁钢筋识别完成后,大家会很关心梁钢筋的工程量是否准确。首先按照平法的原则,根据梁钢筋的布置位置可以大致判断梁钢筋的属性。单击"构件属性查询" ![按钮]按钮,激活构件属性对话框如图 2-22。选择要查询的钢筋,例如 2B20,它的名称是"端支座负筋",钢筋长度、计算公式都可以查询。这是第一种方式,单根钢筋的查询。还可以通过另外一种方式,单击菜单"工具/显示开关/属性图形显示开关",弹出"构件属性输出"对话框如图 2-23,选择"属性名称"、"梁筋"后单击"确定",退出对话框。

属性名称	属性值	属性和
构件名称	梁筋	
所属构件编号 SSGJMC	KL7(4)	
钢筋描述 GJMS	2B20	2B20
钢筋名称 LX	端支座负筋	
钢筋级别 GJJB	B	
钢筋直径 (mm) GJZJ	20	20
重计算标识 GJCS	1	1
单根钢筋长度 (mm) GJCD	3033	3033
钢筋数量 (根) GJSL	2	2
接头类型 JTLX	绑扎	
接头数量 (个) JTSL	0	0
箍筋分布长度 (mm) FBCD	4400	4400
箍筋分布间距 (mm) FBJJ	200	200
长度公式 CDJSS	Ln/3+La	
数量公式 SLJSS		
箍筋加密间距 (mm) JMJJ	100	100
箍筋加密区长度 (mm) JMCD	1300	1300
箍筋加密区长度公式 JMGS	min(max(2*Ljg,500),ln/2)	
支座宽度 (吊筋) (mm) ZZK		

确定(O)　　取消(C)

图 2-22　构件属性对话框

回到图形界面选择需要显示名称的钢筋,可以多选。这样相应的钢筋名称就显示在钢筋附近的位置。应用这个工具还可以按用户需要显示钢筋的其他内容,比如:钢筋长度公式、数量公式等。但这种方式显示的名称比较复杂,可以再次单击"工具/显示开关/属性图形显示开关"来清除已显示的名称。

图 2-23　构件属性输出

也可以在命令行键入"DISP_D"(隐藏构件编号和钢筋名称)命令只显示名称,选中"梁筋",单击"确定"后就可以只显示梁钢筋名称。

另外还有一种方式可以显示钢筋名称,单击"梁钢筋识别布置" 按钮,进入梁钢筋布置对话框,选择系统第二种识别方式"通过选择一段梁来识别一条梁的钢筋"来识别整根梁的钢筋。选择一段梁后,梁所有的钢筋会显示在对话框的上部,单击" << "符号可以查看每根钢筋的长度计算公式,对于公式内符号的含义,可以单击有三个小黑点的按钮进行查看,也可对计算公式按需要进行编辑。还可以增加梁钢筋,录入增加钢筋的相关描述就可以了。对于不需要的钢筋,选中后右击,在快捷菜单里选择"删除"即可。

单击梁钢筋布置对话框中的"设置"按钮,进入梁钢筋设置对话框,在这里可以对梁的构造钢筋进行布置,如是否自动布置架立筋,腰筋的自动布置、附加筋的设置、井字梁加密箍的设置、是否保留原图等等。

对于个别有误的钢筋描述,执行菜单"编辑/钢筋描述"或单击"钢筋描述修改" 按钮进行修改。

利用键盘上的"↑↓"方向键可以调出上次使用过的"DISP_D"关闭钢筋名称,这是一个开关命令。

以上就是对梁钢筋描述的编辑与修改,这些命令同样适用于其他构件的钢筋的编辑与修改。

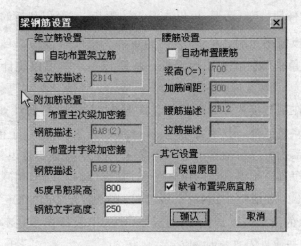

图 2-24　梁钢筋设置对话框

2.7　布置首层板

在布置生成完柱、梁后这栋建筑物的基本骨架就生成了,下面就可以进行板、墙和门窗洞口的生成了,从而形成一个整体的构件。

先布置板。单击"顶视图" 按钮,切换到平面。单击"楼层/构件显示" 按钮,只显示 1 层的柱、梁、板,单击"确定"后退出。进行板布置之前要定义板,执行菜单"结构\板体"或单击"板布置" 按钮,激活"板绘制"对话框如图 2-25。

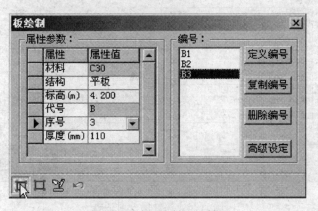

图 2-25　"板绘制"对话框

按照实例工程中板的不同板厚来定义不同板的编号。例如:B1 为 150mm 厚,B2 为 120mm 厚,B3 为 110mm 厚。完成板的定义后进行板的布置了,系统提供了三种布置方式:"选点绘制内边界"、"选构件绘制内边界"、"手动绘制边界"。板是由梁和柱这两类构件所围成的区域形成的区域型构件,先按"选点绘制内边界"的方式来生成板,按提示选取封闭边界线内一点,选 B1 后,在需要布置 B1 的所有封闭区域内分别点取一点,然后分别布置 B2、B3。板生成后单击"楼层/构件显示" 按钮只显示板,单击"顶部视图" 按钮,从平面来查看板或单击"系统轴测图" 按钮从立面来观察生成后板的效果。还可单击"构件属性查询"⬚按钮,进入"构件属性"对话框,可以查看板的周长、底面积和板的体积等。

板生成之后,为板挂接定额。单击"自动套定额"⬚按钮,进入"自动套定额选项"对话框,选择"1 层""板",单击"确定"退出对话框。挂完定额后就可以统计输出相关的工程量,这里就不演示了。

值得注意的是,在梁与板相接处有部分混凝土量,单击"构件属性查询"⬚按钮,选择一根梁,进入"构件属性"对话框。其中有"平板厚体积 V1"属性值,这个值表示平板这个量是按板算还是按梁算,系统可以自动算出来。在梁这里值为 0,主要是因为系统是采取一种后分析的方式,在构件布置后根据构件的位置关系,分析他们之间的扣减关系。单击"工程量分析"⬚按钮,在弹出的对话框中选择"1 层""柱、梁、板",单击"确定"进行工程量的重分析。分析完成后理想的结果应该是:不同的板厚,梁的平板厚体积是不同的。再单击"构件属性查询"⬚按钮激活属性对话框如图 2-26。

属性名称	属性值	属性和
构件名称	梁	
异型梁描述 YXMS	无	
类型 LX	图形类	
编号 BH	KL1 (2A)	
材料 CL	C30	
特征 TZ	矩形	
净跨长 (m) L	4.000	4.000
梁高 (m) H	0.65	0.65
梁宽 (m) W	0.30	0.30
单侧面积 (m2) SC	2.600	2.600
底面积 (m2) SD	1.200	1.200
截面积 (m2) SJ	0.195	0.195
体积 (m3) V	0.780	0.780
平板厚体积 (m3) V1	0.180	0.180
侧面积分析调整 (m2) SC1	−0.600[板头面积]−0.390[柱]	−0.600
底面积分析调整 (m2) SD1	0.000	0.000
体积分析调整 (m3) V3	0.000	0.000
侧面积指定调整 (m2) SC2	0.000	0.000
体积指定调整 (m3) V2	0.000	0.000

图 2-26　构件属性对话框

选择刚才那根梁,这里梁的平板厚体积就出现了。

单击"工程量统计"⬚按钮,激活"工程量统计"对话框,单击"开始统计"⬚按钮,就可以获得柱、梁、板这三类构件的工程量及相关的定额了。

2.8　自动识别计算首层板钢筋

生成板后就可以进行板钢筋的识别了。单击"顶部视图"⬚按钮切换到平面,单击"插入电子文档"⬚按钮,在弹出的对话框中选择"G-05 一层板配筋图",单击"打开",就可以插入一层板配筋图。图形插入进来以后还是要进行位置的对齐,选择柱角点为图形的插入点。在这张图纸中,一层和地下室的图纸在一张图,这不会影响我们的识别。只利用一层平面图就可以了。

　　首先要对钢筋的描述进行处理,单击菜单中的"识别/钢筋描述转换"命令,弹出"钢筋描述转换"对话框,按照提示选择需要转换的钢筋文字,转换成功的文字为红色。另外,由于板配筋图构件较多,可以通过单击"冻结实体图层" ✳ 按钮来冻结不需要的信息。

　　单击"板钢筋" 按钮,激活"板钢筋布置"对话框如图 2-27。

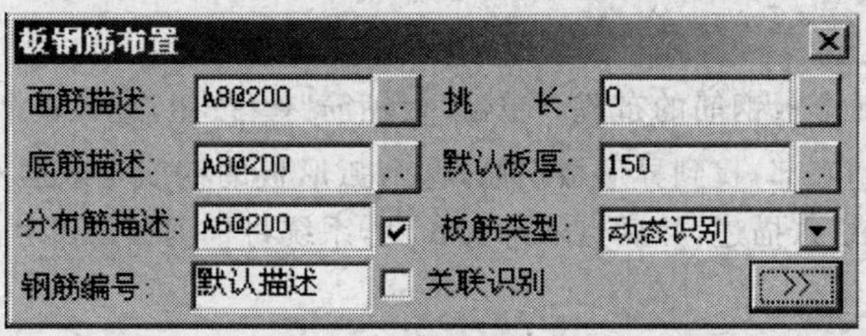

图 2-27　板钢筋布置对话框

　　"分布筋描述"后面的选择框,勾上则表示自动给钢筋添加分布筋,反之则不添加。一般来说,板配筋图上都会有一部分钢筋没有标明,而只是在说明中注明未标注的钢筋采用何种钢筋及布置方式,这是无法自动识别的,但可以通过默认描述来记录它。在面筋描述和底筋描述中输入这一部分钢筋,单击右下角的放大按钮 >> ,"板钢筋布置"窗口将发生改变,如图 2-28。

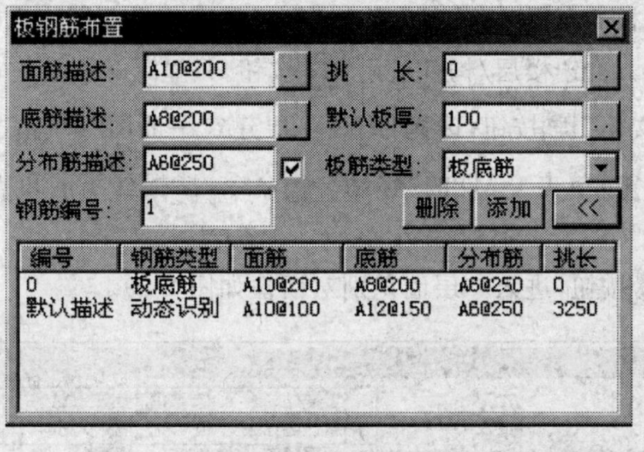

图 2-28　板钢筋布置对话框

　　单击"添加",将默认描述添加到列表中,当钢筋既无描述也无编号时,系统将采用默认描述。如果选择了"关联识别",则识别时需选择钢筋及其描述和标注,然后点取分布长度,才能识别成功;而不选择的时候,选择钢筋和分布长度就可以识别了。这项功能主要是在板钢筋描述比较密集,系统无法正常关联钢筋和描述时采用。依次选择钢筋进行识别,如果板面筋的分布长度一致,可以一次选择多根钢筋进行识别。识别后图中的蓝线代表分布筋,如果将分布筋描述后面的勾取消,再识别时,就没有蓝线了。识别完成后,执行"删除" ✐ 和

"清理底图" ⚙ 命令将无用的图形删除。

此外,还可以换一种方式来布置板钢筋,为了计算方便,我们将弧形雨篷板作为一块整板来布置钢筋。单击"楼层/构件显示" 🔲 按钮,只显示1层的柱、梁、板和板筋,单击"确定"后退出对话框。重新布置弧形雨篷板,单击"板布置" ⬛ 按钮,选择"手动绘制边界"方式,选择已定义好的B2,如果捕捉不到弧形梁的角点,可以单击"捕捉边线" ⬛ 按钮,打开"捕捉边线"开关,按照状态栏提示,输入"A"表示绘制曲线,输入"S"表示曲线的第二点(捕捉圆弧的中点),在界面上捕捉圆弧终点,三点绘一条弧线,然后输入"L"绘制直线,弧形板就布置完了。

板生成后进行弧形板钢筋的布置。单击"板钢筋" ⬛ 按钮,进入板钢筋录入对话框。拖动钢筋名称滚动条到底部,找到异形板钢筋,这个弧形板的钢筋是双层双向的钢筋网片,找到对应的钢筋名称,录入描述,然后点取外包长度,系统将根据板的尺寸的平均值,自动计算钢筋的长度和数量。

现在就可以进行板钢筋工程量的输出了,单击"钢筋分析" 🔳 按钮进入"钢筋分析"对话框,选择"1层""板筋",单击"分析",就完成了一层板钢筋的分析,单击"钢筋统计" 📊 按钮进入钢筋统计对话框,选择1层板,单击"统计"并选择适合深圳的钢筋归并条件,统计完成后就可以看到钢筋统计结果,单击"确定"退出对话框。

这样一层板钢筋就计算完了。

2.9　自动识别计算首层砌体墙

完成一层柱、梁、板的布置后就可以通过识别一层建筑平面图来自动生成一层的砌体墙了。首先切换至平面,单击"楼层/构件显示" 🔲 按钮,只显示1层的柱,单击"确定"后退出。然后单击"插入电子文档" 🔳 按钮,选择"J-03 一层建筑平面图",单击"打开"。将一层建筑平面图插入到系统中来,单击CAD的"移动" ✛ 命令,捕捉柱子的角点进行图纸的精确定位。

单击"识别墙" 🔳 按钮,进入一层墙识别对话框如图2-29。

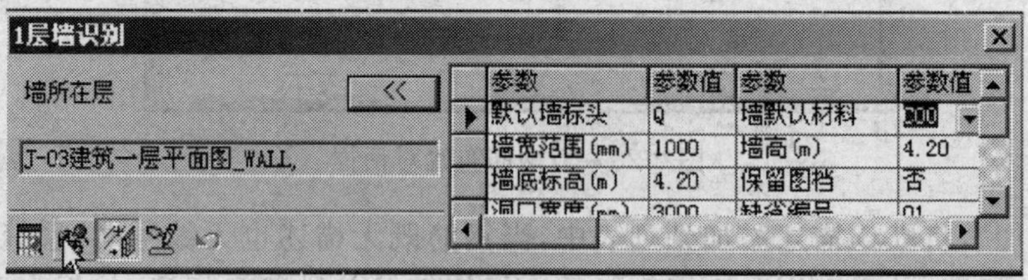

图 2-29　一层墙识别对话框

单击" 🔳 "按钮,显示识别墙的参数,可以在这里将"墙默认材料"改为"C00",也可以识别完成后再修改。按照提示选择墙,右击确认选择,选中的墙层会从图面消失,这时对话框中的工具会变为亮显,单击"从图面自动识别墙"按钮或输入"Z",系统自动识别所有墙。如果墙的材料前面没有修改,可以通过以下步骤来修改。单击"楼层/构件显示"按钮,只显示 1 层的混凝土墙,单击"确定"退出对话框。单击"构件属性查询"按钮,将构件属性中材料属性值"C20"改为"C00"即可。单击"全部重画"命令,原黄色的剪力墙就会恢复为绿色的砌体墙。

对砌体墙的高度进行修改。系统默认是按楼层层高来生成砌体墙。而计算时应算至梁底。单击"楼层/构件显示"按钮,只显示 1 层的梁和非混凝土墙,单击"确定"退出对话框。单击"构件属性查询"按钮,选择任一外墙,该墙高同梁顶高度。单击"通用编辑"按钮,进入"墙几何属性修改"对话框如图 2-30。

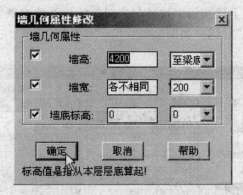

图 2-30 墙几何属性修改对话框

墙高度选项中选择"至梁底",这样墙高就自动到梁底了。而对于顶部无梁的墙,其高度应至板底,只需在墙高高度选项中输入一个层高减板厚的值即可(实例工程中应为 4050mm)。

单击"楼层/构件显示"按钮,只显示 1 层的柱和非混凝土墙,单击"确定"退出对话框。图形中有个别墙没有封闭,利用 CAD 中的"延伸"命令,将非混凝土墙延伸至相应的柱边。单击"楼层/构件显示"按钮,只显示 1 层的柱、梁和非混凝土墙,单击"确定"退出对话框。

这样一层墙就识别完了。

2.10 统计首层砌体墙工程量

在砌体墙的工程量计算出来以后就可以挂接相关的定额了。可以通过"定额挂接"命令给砌体墙套接相关定额。墙体套定额要依不同厚度分为外墙、内墙,系统提供了查询筛选工具。单击"楼层/构件显示",只显示出 1 层的墙。执行"工具/查找/替换"命令或单击"查找/替换"按钮,进入"查找替换"对话框如图 2-31。

例如先查找 300mm 厚的墙,查找模式为"当前楼层、全部构件",在"构件类型"中选择"墙",在属性名称中选择"墙宽",在属性值里选择"等于 0.3",再勾上"隐藏其它",单击"查找",查找完成后在对话框的底部显示"找到 12 个实体,查找完毕!",单击"确定"退出对话框。这样墙厚为 300mm 的墙就显示出来了。

单击"定额挂接"按钮,按照提示选择查找出的墙体,回车确认选择后弹出"定额关

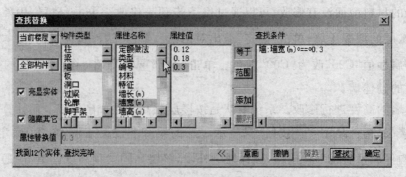

图 2-31　查找替换对话框

联"对话框,在"定额编号"下拉按钮中选择与之对应的砖外墙定额"3-13"。单击"确定"后会自动弹出"换算式/计算式"对话框如图 2-32。

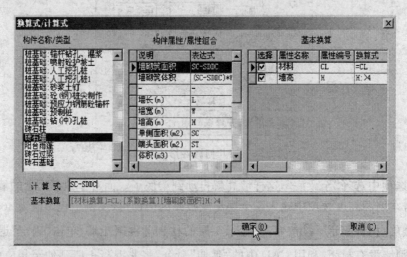

图 2-32　换算式/计算式对话框

按上述步骤,选择"砖石墙""墙砌筑面积",在"基本换算"中选择"墙宽"和"墙高"。调入定额后再将"选择"下面的勾选上,为墙关联上定额。关联上定额以后,这条定额会变为绿色,且对话框底部会提示当前关联做法编号如图 2-33。单击"确定"退出对话框,回到图形界面。挂上定额的构件颜色为灰色,单击"全部重画"命令恢复颜色。

对于内墙,也可以按上述方法挂接定额。单击"楼层/构件显示"按钮,只显示出 1 层的墙,依次选择"工具/查找/替换",进入"查找替换"对话框,在"构件类型"中选择"墙",在属性名称中选择"墙宽",单击"范围"按钮,在最小值属性值里选择"大于等于 0.12",在最大值属性值里选择"小于等于 0.18"再勾上"隐藏其他",单击"查找",最后单击"确定"。

单击"定额挂接"按钮,按照提示选择全部要挂接定额的内墙,回车确认选择后弹出"定额关联"对话框,在"定额编号"下拉按钮中选择与之对应的砖内墙定额"3-24",单击"确定"后会自动弹出"换算式/计算式"对话框,选择"砖石墙""墙砌筑面积",在"基本换算"中选择"墙宽"和"墙高"。调入定额后再将"选择"下面的勾选上,为墙关联上定额。回到图形界面,挂上定额的构件颜色为灰色,单击"全部重画"命令进行恢复。

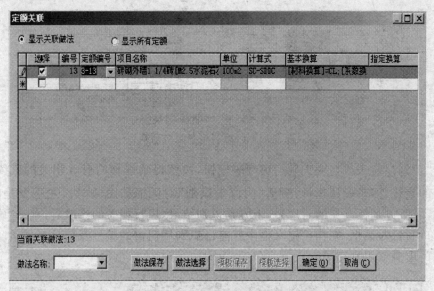

图 2-33　定额关联对话框

下面就可以进行工程量的分析与输出了。单击"工程量分析" 按钮,在弹出的对话框中选择"1 层"、"墙",单击"确定"进行砌体墙工程量的分析。单击"工程量统计" 按钮,选择"直接统计"模式,激活"工程量统计"对话框,单击"开始统计" 按钮,砌体墙的工程量就按不同墙厚统计出来了。在对话框中,同样是"3-24"子目没有归并,是因为下面一条定额的材料属性值丢失。直接双击工程量名称,会亮显其工程量所对应的图形,单击"构件属性查询" 按钮,选择亮显的图形,在属性对话框中将材料属性值改为"C00",单击"确定"退出对话框。单击"返回浏览"按钮,回到图形界面。

再来对一层的墙的工程量重新进行分析与统计。

值得注意的是,现在统计的工程量是未扣除门窗洞口的总墙体的工程量。

单击"构件属性查询" 按钮,进入"构件属性"对话框,查看墙的属性,在墙的属性中"洞口单侧面积"和"洞口侧壁面积"值均为 0,是因为门窗表还没有插入进来,等门窗表插入进来以后系统会自动分析"洞口单侧面积"和"洞口侧壁面积"的值。

一层砌体墙的工程量就计算完了。

2.11　自动识别门窗表

在墙生成后就可以生成寄生在墙上的门窗了,我们也可利用设计院的电子文档来快速生成门窗。单击"插入电子文档" 按钮,选择"J-09 门窗详图及门窗表",单击"打开",就可以将门窗表插入进来了。只需利用 CAD 的"移动" 命令将插入进来的门窗表从现有的图形上移开就可以了。单击"门窗洞口布置" 按钮,激活"门窗洞口布置"对话框如图2-34。

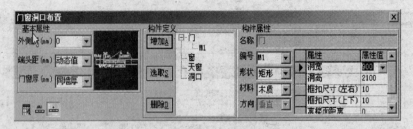

图 2-34　门窗洞口布置对话框

单击"识别门窗表或自动识别门窗" ![按钮] 按钮,按照提示选择门窗表相关的直线,框选门窗表所有的直线,回车确认选择,激活"门窗表识别"对话框如图 2-35。左下方是门窗表原始的信息,右下方是标题栏的对应号,上方是识别结果,进行相关的修改后,单击"确定"返回到门窗洞口布置对话框,在构件定义框中就有已识别后门窗的编号及信息。

一层门窗表就识别完了。

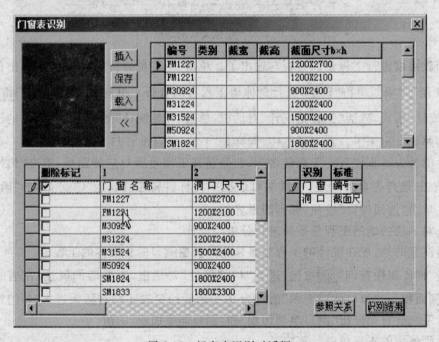

图 2-35　门窗表识别对话框

2.12　手动布置首层门窗

在自动识别完门窗后,门窗表的相关信息就已经识别进来了,下一步就可以通过手动布置来布置首层门窗。单击"删除" ![按钮] 按钮,将识别后无用的门窗表信息删除。单击"门窗洞口布置" ![按钮] 按钮,弹出"门窗洞口布置"对话框如图 2-36。

系统提供了两种方式布置门窗洞口:一种是"根据文字识别门窗",另一种是"选墙布置门窗"。我们先按"根据文字识别门窗"的方式来快速自动布置门窗。单击"根据文字识别门窗"按钮,按照提示选择需识别的洞口的文字,系统将从门窗表中找到与标注对应的门窗,然

图 2-36　门窗洞口布置

后将门窗布置在墙体上。可以逐个选择洞口文字进行识别,也可在命令行键入"Z"执行快速自动识别。门窗布置时,可能与原来电子图档上的门窗位置略有偏差,这对工程量的计算是没有影响的,如果对位置不满意,可以通过"移动"命令,将门窗移到合适的位置。

　　单击"楼层/构件显示" 按钮,只显示"1 层"的"柱和洞口",单击"确定"后退出对话框。单击"轴测视图" 按钮,切换至三维视图。单击"门窗洞口布置" 按钮,弹出"门窗洞口布置"对话框,选择窗 SC-1524,查询识别结果是否正确。窗 SC-1524 洞宽为 1500mm,洞高为 2400mm,离楼面距离为 1000mm,单击"关闭"退出对话框。

　　单击"查询" 按钮,按照提示选择窗 SC-1524 的顶点查询它的宽度和高度及离楼面距离,在命令栏会显示查询后的结果。单击"门窗洞口布置" 按钮,弹出"门窗洞口布置"对话框,按系统默认的布置方式"选墙布置门窗"来布置窗 SC-1524。在洞口列表中选择 SC-1524,在端头距中输入 500(端头距是洞口离墙端头的距离),用鼠标点选需要布置窗 SC-1524 的墙。按上述步骤依次布置一层所有的门窗。在端头距中还可以选择"动态值"的布置方式,即按光标所点击的位置来布置门窗。

　　实例工程中窗的"离楼面距离"应是 900mm,按下列步骤执行修改:执行"编辑\通用编辑"命令,激活"洞口几何属性修改"对话框如图 2-37。

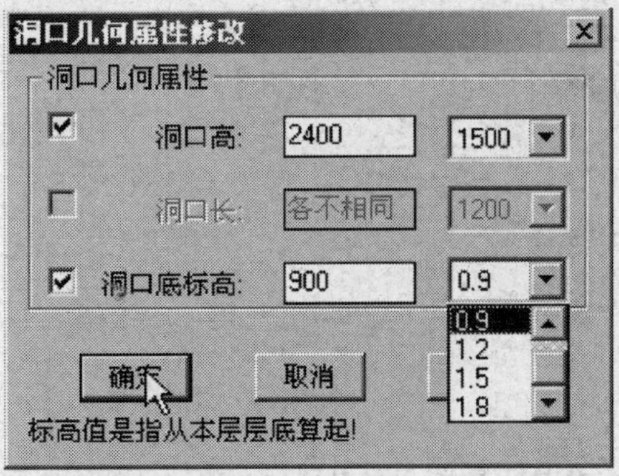

图 2-37　洞口几何属性修改对话框

　　在对话框中将洞口底标高改为 900。

　　单击"工程量分析" 按钮,激活"工程量分析对话框"。选择"1 层"、"柱、梁、板、墙和洞口",单击"确定",退出对话框。单击"楼层/构件显示" 按钮,只显示"1 层"的"柱、非混凝土墙和洞口",单击"确定"后退出对话框。单击"全部重画" ☑ 按钮恢复构件颜色。单击"构件属性查询" 图 按钮,选择任一非混凝土墙,进入"构件属性"对话框,分析完成后在"体积分析调整值"中就有扣减洞口的体积了。

以上就是通过手动布置方式来生成门窗。

第3章　首层建筑工程量计算

3.1　首层房间的生成

结构构件生成以后就可以通过"房间生成"来完成建筑装饰工程量的计算。单击"房间生成" 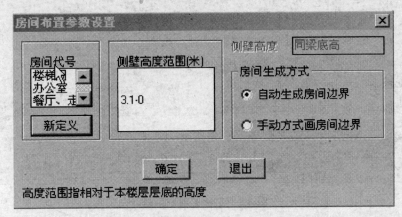 按钮,弹出"房间布置参数设置"对话框如图3-1。

图 3-1　房间布置参数设置对话框

根据建筑设计来定义房间的代号。先定义楼梯间,单击"新定义"按钮,在房间代号中录入"楼梯间",踢脚线高度为"0.15～0",墙面高度为"3.1～1.5",没有墙裙。单击"确定"楼梯间就定义好了。再单击"新定义",按钮,在房间代号中录入"办公室",踢脚线高度为"0.15～0",墙面高度为"3.1～1.5",没有墙裙。按同样的方法布置其他的房间。在房间代号中录入"餐厅、走道",踢脚线高度为"0.15～0",墙裙高度为"1.5～0.15",墙面高度为"3.1～1.5"。在房间代号中录入"厨房",只有墙面,墙面高度为"3.1～0"。在房间代号中录入"卫生间",只有墙面,墙面高度为"3.1～0"。

在"房间布置参数设置"对话框中提供了两种房间生成方式:自动生成房间边界和手动方式画房间边界。选择"自动生成房间边界",单击"确定"退出对话框回到图形界面,按照提示在要构造的边界内点取一点,如果房间没有封闭会提示打开轴网或作辅助线。房间全部生成后单击"退出"结束房间布置命令。

单击"轴网显示与隐藏" 按钮,隐藏轴网。单击"楼层/构件显示" 按钮,只显示1层的地面顶棚,单击"确定"后退出对话框。单击"轴测视图" 按钮,单击"构件属性查询" 按钮,选择已生成的某一地面顶棚,进入"构件属性"对话框,地面顶棚的的相关属性如边界周长、面积及高度都显示在列表中了。

3.2　首层地面、顶棚装饰工程量计算

房间生成后为房间的构件挂接相应的定额,从而计算装饰方面的工程量。单击"楼层/构件显示" 按钮,只显示1层的地面顶棚,单击"确定"后退出对话框。单击"定额挂接"

命令,按照提示选要关联做法的餐厅、走道、地面、顶棚,回车确认选择后,弹出"定额关联"对话框如图 3-2。

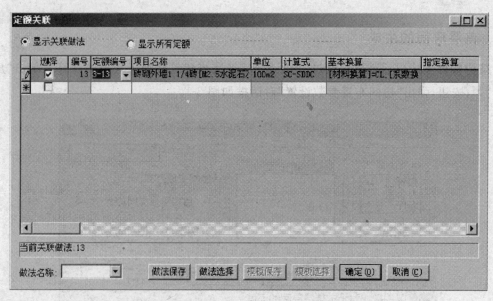

图 3-2 定额关联对话框

将光标移动到"定额编号"栏中,在栏中会出现一个功能按钮,点击该功能按钮就能激活"定额选择"对话框,选择定额"1-16 原土打夯",单击"确定"后自动弹出"换算式/计算式"对话框,在构件属性中选择"地面面积",再选择定额"7-6B1,C10 混凝土垫层",单击"确定"后自动弹出"换算式/计算式"对话框,在计算式中录入"(SD+SD1+SD2)×0.08",单击"确定"。单击"定额编号"框,按住功能键,选择定额"7-27B1",在构件属性中选择"地面面积",单击"确定"后退出"定额选择"对话框,在定额关联对话框中点击"选择"栏,在这三条定额前

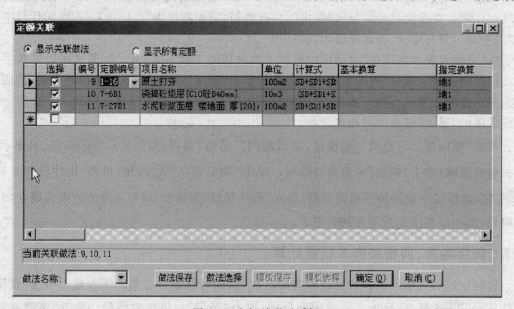

图 3-3 定额关联对话框

打上"√"，为餐厅、走道地面关联上定额。在指定换算中录入"地 1"。

对于常用的多个定额编号，单击"做法保存"按钮供下次调用。在"保存做法"对话框中输入做法名称"地 1"，单击"保存"后退出对话框。再选择定额"7-56"，在构件属性中选择"地面面积"，单击"确定"后退出"定额选择"对话框。调入定额后打上"选择"栏前的"√"，即表示将所选定额子目关联到所选构件上了。在指定换算中录入"地 1"。关联上定额以后，这条定额会变为绿色，且对话框底部就会提示当前关联做法编号。单击"确定"，退出对话框，回到图形界面，挂上定额的构件颜色变为灰色。

再按上述步骤完成其它地面顶棚的定额挂接。单击"定额挂接" 命令，按照提示选择要关联做法的地面顶棚，回车确认选择后，弹出定额关联对话框。在"做法名称"中选择已保存过的做法"地 1"后相应的定额后自动录入到对话框中。将光标移动到"定额编号"栏中，点击功能按钮就能激活"定额选择"对话框，选择定额"7-55"，构件属性中选择"地面面积"，单击"确定"后退出"定额选择"对话框。调入定额后打上"选择"栏前的"√"，在指定换算中录入"地 1"。

单击"定额挂接" 命令，按照提示选要关联做法的厨房、卫生间、餐厅走道顶棚。选择定额"10-282"，构件属性中选择"顶棚面积"，在指定换算中录入"顶 2"，单击"确定"后退出"定额选择"对话框。单击"定额挂接" 命令，按照提示选要关联做法的楼梯间顶棚，选择定额"10-236"，构件属性中选择"顶棚抹灰面积"，单击"确定"后退出"定额选择"对话框，在指定换算中录入"顶 1"。将光标移动到"定额编号"栏中，点击功能按钮就能激活"定额选择"对话框选择定额"10-500"，构件属性中选择"顶棚抹灰面积"，单击"确定"退出"定额选择"对话框。选择定额"10-532"，构件属性中选择"顶棚抹灰面积"，单击"确定"后退出"定额选择"对话框。调入定额后打上"选择"栏前的"√"，在指定换算中录入"顶 1"。

单击"工程量分析" 按钮，激活"工程量分析对话框"。选择"1 层"、"地面顶棚"，单击"确定"，退出对话框。单击"工程量统计" 按钮，选择"直接统计"模式，激活"工程量统计"对话框，单击"开始统计" 按钮，地面顶棚的工程量就按统计出来了。

3.3　首层内墙面装饰工程量计算

单击"楼层/构件显示" 按钮，只显示 1 层的侧壁，单击"确定"后退出对话框。单击"构件属性查询" 按钮，选择已生成的某一侧壁，进入"构件属性"对话框，在这里可以查看侧壁的的相关高度值。首先介绍一层内墙面装饰的作法：餐厅的内墙面分三个部分，最下面 $0\sim0.15m$ 内是踢脚线，踢脚线以上 $0.15\sim1.5m$ 是墙裙，墙裙至吊顶之间是墙面。通过侧壁能统计出周长的值，然后用周长乘以相应的高度，扣除门窗洞口所应扣减的面积，就可以得到相应的装饰面积。

首先为餐厅、走道侧壁的踢脚线挂接定额。单击"定额挂接" 命令，按照提示选要关联做法的餐厅、走道侧壁，弹出"定额关联"对话框。将光标移动到"定额编号"栏中，栏中会出现一个功能按钮，点击该功能按钮就能激活"定额选择"对话框，选择定额"10-127"，单击"确定"后自动弹出"换算式/计算式"对话框，在构件属性中选择"踢脚面积"，单击"确定"后回到"定额关联"对话框。按上述步骤选择定额"10-26"，构件属性中选择"踢脚面积"，单击

"确定"回到"定额关联"对话框。打上这两条定额"选择"栏前的"√"关联上定额,在指定换算中录入"踢1"。单击"做法保存"按钮,在"保存做法"对话框(如图3-4)中输入做法名称"踢1",单击"保存"后退出对话框。

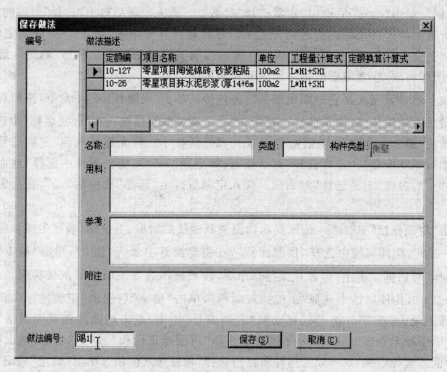

图3-4　定额保存对话框

再来为餐厅、走道侧壁的墙面挂接定额。在"定额选择"对话框中选择定额"10-500",构件属性中选择"墙面面积"。在"定额选择"对话框中选择定额"10-21",构件属性中选择"墙面面积",打上这两条定额"选择"栏前的"√"关联上定额。

给餐厅、走道侧壁的墙裙挂接定额。在"定额选择"对话框中选择定额"10-21",构件属性中选择"墙裙面积"。在"定额选择"对话框中选择定额"10-128",构件属性中选择"墙裙面积",打上这两条定额"选择"栏前的"√"关联上定额。这两条定额的名称虽然相同,但计算高度不同,换算条件也不同。在定额"10-500"和"10-21"的指定换算中录入"墙1",在定额"10-21"和"10-128"的指定换算中录入"裙1",单击"确定"退出定额关联对话框。

给厨房、卫生间的侧壁挂接定额。单击"定额挂接" 按钮,按照提示选要关联做法的厨房、卫生间侧壁。在"定额选择"对话框中选择定额"10-21",构件属性中选择"墙面面积"。在"定额选择"对话框中选择定额"10-128",构件属性中选择"墙面面积",指定换算中录入"墙2",打上这两条定额"选择"栏前的"√"关联上定额。

给楼梯间的侧壁挂接定额。单击"定额挂接" 按钮,按照提示选要关联做法的楼梯间侧壁。在"定额关联"对话框中的"做法名称"中选择已保存的做法"踢1",就会调入做法"踢1"的相关定额,在"定额选择"对话框中选择定额"10-500",构件属性中选择"墙面面积"。在"定额选择"对话框中选择定额"10-21",构件属性中选择"墙面面积",打上这两条定额"选择"栏前的"√"关联上定额,在指定换算中录入"墙1"。

首层的内墙面装饰定额就挂接完了。

下面进行工程量的统计与输出。单击"工程量分析" 按钮，激活"工程量分析对话框"。选择"1 层"、"地面顶棚和侧壁"，单击"确定"，退出对话框。单击"工程量统计" 按钮，选择"直接统计"，单击"确定"，激活"工程量统计对话框"。单击"开始统计" 按钮，得出统计结果。在这里可以查看其工程量及扣减关系。例如"10-500"，在下框的计算式中就有相应的门窗洞口扣减面积，如果想反查工程量，直接双击构件名称，就会返回图形界面，其中亮显的就是工程量所对应的范围。单击"返回浏览"，回到"工程量统计结果"显示框。切换到平面，单击"全部重画" 按钮恢复视图颜色。

一层内墙面装饰工程量就统计出来了。

3.4　首层外墙装饰工程量计算

单击"楼层/构件显示" 按钮，只显示 1 层的"柱、非混凝土墙和洞口"，单击"确定"退出对话框。对于外墙装饰工程量可以先生成外轮廓，再来计算其工程量。单击"轮廓布置" 按钮，弹出"轮廓绘制"对话框如图 3-5。

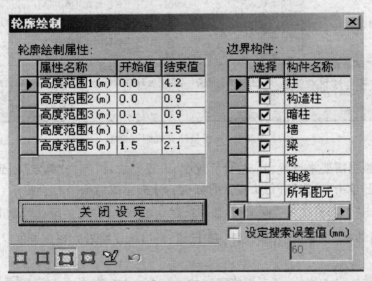

图 3-5　轮廓绘制对话框

轮廓的绘制和房间的生成有许多相似的地方。先进行轮廓绘制属性的设置，高度范围 1 的开始值为 0，结束值为 4.200。这里有多种绘制方式，选择"选构件绘制外边界"方式来生成，按照提示选择构成封闭边界的实体，回车确认选择，轮廓就生成了。单击"构件属性查询" 按钮，选择刚生成的轮廓，进入"构件属性"对话框，轮廓是一个地面顶棚和侧壁的集合体，它有底面积、周长、高度范围和相应的分析调整值。这里只有一个高度范围。

单击"定额挂接" 按钮，按照提示选要关联做法的轮廓，回车确认选择后，弹出"定额关联"对话框，将光标移动到"定额编号"栏中，栏中会出现一个功能按钮，点击该功能按钮就能激活"定额选择"对话框，选择定额"10-146B1（墙面墙裙彩釉砖）"，单击"确定"后自动弹出

"换算式/计算式"对话框,构件名称选择"轮廓",在构件属性中选择"高度范围1面积",单击"确定"后回到"定额关联"对话框。在指定换算中录入"外墙面砖",打上这条定额"选择"栏前的"√"关联上定额。

接下来就可以分析统计工程量了。单击"工程量分析" 按钮,激活"工程量分析对话框"。在弹出的对话框中选择"1层""轮廓",分析之前还要进行工程量计算规则的设置。单击"计算规则"按钮,激活"工程量计算规则"对话框如图3-6。

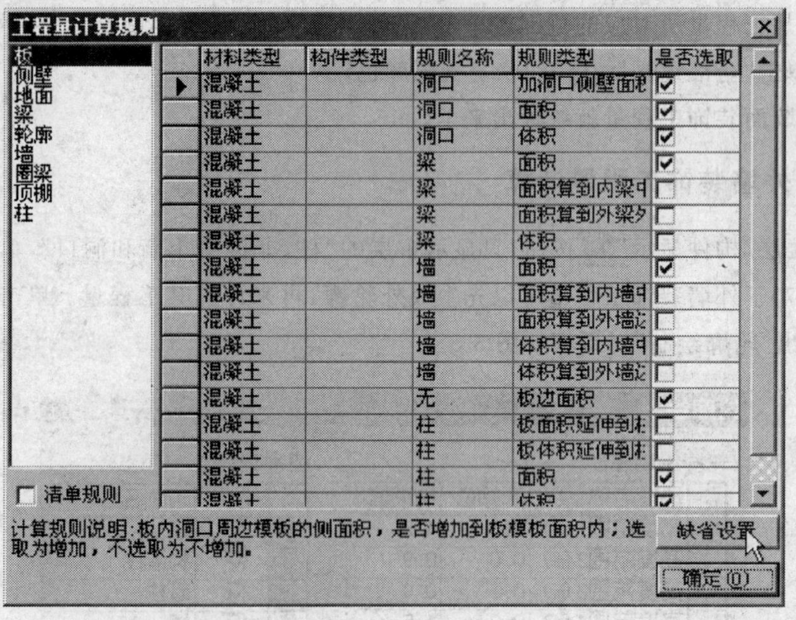

图3-6 工程量计算规则对话框

用户可以根据需要来设置相应的计算规则,设置完成后,点击"确定"回到"工程量分析对话框"对话框,单击"确定"进行工程量的分析。分析完成后命令行会提示:可以进行工程量统计了。单击"工程量统计" 按钮,按系统默认统计模式"直接统计",单击"确定",激活"工程量统计对话框"。单击"开始统计" 按钮,得出统计结果。在这里可以查看其工程量及扣减关系。

一层外墙装饰除主体外,还有雨篷梁和柱子。单击"楼层/构件显示" 按钮,只显示1层的"柱、梁和板",单击"确定"退出对话框。先为弧形梁关联定额。单击"定额挂接" 按钮,按照提示选要关联做法的弧形梁,回车确认选择后,弹出定额关联对话框,选择定额编号"10-148B5",构件名称选择"梁",计算式为"单侧面积 $SC+(0.06+0.2)\times$净跨长 L"(参见建施-10),在"基本换算"中录入"雨篷梁装饰",单击"确定"回到定额关联对话框,打上这条定额"选择"栏前的"√"关联上定额。

为雨篷直形梁挂接定额。单击"定额挂接" 按钮,选择定额编号"10-148B5",构件名称选择"梁",构件属性中选择"混凝土梁模板面积",单击"确定"回到定额关联对话框,打上这条定额"选择"栏前的"√"关联上定额。

再按同样步骤为柱面挂接定额,单击"定额挂接" 按钮,挂接定额编号为"10-148B5",

构件属性为"混凝土柱支模面积"。打上这条定额"选择"栏前的"√"关联上定额。

再来为弧形顶棚挂接定额,单击"定额挂接"按钮,选择要挂接定额的弧形板,在弹出的"定额关联"对话框选择定额挂接编号"10-236",构件属性为"板底面积",面层为乳胶漆,定额编号为"10-500",构件属性为"板底面积",打上这两条定额"选择"栏前的"√"关联上定额。在"指定换算"中录入"雨篷,"单击"确定"。

如果有构件挂接定额挂错了,可以重新回到定额关联对话框进行编辑。比如,现在雨篷直梁的定额挂错了。单击"定额挂接"按钮,选择雨篷直梁后回到定额关联对话框,选中"10-148B5"这条定额,右击后选择"删除"命令。再来重新为直形梁挂接定额,定额挂接编号应为"10-500",计算式为"单侧面积 SC×2",在"基本换算"中录入"雨篷梁装饰"。

为弧形梁内侧面挂接定额。单击"定额挂接"按钮,选择弧形梁,在定额选择对话框中选择定额"10-500",计算式为"单侧面积 SC",打上这条定额"选择"栏前的"√"关联上定额。在"基本换算"中录入"雨篷梁装饰"。

最后对一层所有的构件进行分析与统计。

单击"工程量分析"按钮,激活"工程量分析对话框",在弹出的对话框中选择"1层所有构件"。单击"工程量统计"按钮,按系统默认统计模式"直接统计",单击"确定",激活"工程量统计对话框"。单击"开始统计"按钮,得出统计结果。在这里可以查看其工程量及扣减关系。

3.5　首层脚手架工程量计算

单击"楼层/构件显示"按钮,只显示 1 层的"柱、梁、非混凝土墙和洞口",单击"确定"退出对话框。单击"轴测视图"按钮,单击"着色效果"命令看看着色后的立体效果。在三维算量系统中,脚手架工程量的计算是利用脚手架构件来计算的。单击"顶视图"按钮,切换至平面。单击"楼层/构件显示"按钮,只显示 1 层的"柱和梁",单击"确定"退出

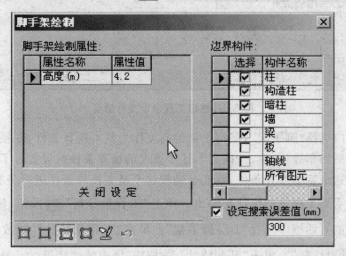

图 3-7　脚手架绘制对话框

对话框。首先来生成脚手架构件。执行"结构/脚手架"命令,弹出"脚手架绘制"对话框如图3-7,脚手架高度属性值为4.2m,系统提供了多种脚手架绘制方式,选择"选构件生成外边界"方式,按照提示选择构件,命令行提示"绘制封闭边界线失败,需加大边界误差值。再次执行"结构/脚手架"命令,单击"高级设定 高级设定 按钮,在弹出的对话框中选定"设定搜索误差值",在数字框内输入300。按照提示选择构成封闭边界的实体,回车确认选择,脚手架就生成了。单击"构件属性查询"按钮,选择刚生成的轮廓,进入"构件属性"对话框,查询轮廓的属性。

单击"定额挂接"按钮,按照提示选要关联做法的脚手架,回车确认选择后弹出"定额关联"对话框,将光标移动到"定额编号"栏中,栏中会出现一个功能按钮,点击该功能按钮就能激活"定额选择"对话框,在定额选择对话框中选择定额"12-1B1(综合脚手架)",在构件属性中选择"脚手架面积"。选择定额"12-31(里脚手架)",在构件属性中选择"底面积"。"基本换算"中没有设置,可以自己进行设置。打上这两条定额"选择"栏前的"√"关联上定额,单击"确定"先退出对话框。

执行"工具/可视化设置/工程量输出设置"命令,弹出"输出工程量设置"对话框如图3-8。

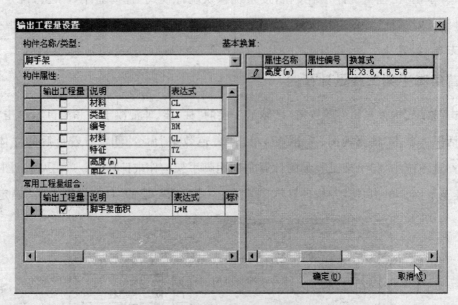

图3-8 输出工程量设置对话框

在构件名称内选择"脚手架",把脚手架的高度作为基本换算条件,在换算式中输入"H:＞3.6,4.6,5.6"后回车确认,单击"确定",这个高度的换算条件就设置好了。再回到定额关联对话框中选中这个基本换算条件,就能自动按这个基本换算条件进行分类了。

最后进行脚手架工程量的统计与输出。单击"工程量分析"按钮,激活"工程量分析对话框",在弹出的对话框中选择"1层脚手架"。单击"工程量统计"按钮,单击"确定",激活"工程量统计对话框"。单击"开始统计"按钮,得出统计结果。

单击"楼层/构件显示"⊞按钮,只显示 1 层的"柱、梁、轮廓和脚手架",单击"确定"退出对话框。看看生成后的效果。

3.6　首层零星工程量计算

一层还有一些零星的工程量也可以直接挂接相关的定额。单击"楼层/构件显示"⊞按钮,只显示 1 层的"柱、非混凝土墙和轮廓",单击"确定"退出对话框。为独立柱挂接定额。单击"定额挂接"按钮,柱的踢脚线挂定额编号为"10-138",计算式为"周长 L×0.15",指定换算为"独立柱踢脚"。柱上部为墙裙,挂接定额编号为"10-148B2",计算式为"周长 L×(1.5−0.15)",指定换算为"独立柱墙裙"。墙裙上面为水泥砂浆一般抹灰,挂接的定额编号为"10-500",计算式为"周长 L×(3.1−1.5)",指定换算为"独立柱装饰",单击"确定"。

一层外墙面还有 300mm 高的花岗岩的零星工程,从立面上看虽然分上、下两层,但整体还是一圈,为了计算方便对他作简化处理。单击"楼层/构件显示"⊞按钮,只显示 1 层的"柱、非混凝土墙和轮廓",单击"确定"退出对话框。单击"定额挂接"按钮,选择定额编号"10-97",计算式为"周长 L×0.3",打上这两条定额"选择"栏前的"√"关联上定额,指定换算为"外墙花岗岩"。

接下来就可以作工程量的统计与输出了。单击"工程量分析"按钮,激活"工程量分析对话框",在弹出的对话框中选择"1 层所有构件"。单击"工程量统计"按钮,按系统默认统计模式"直接统计",单击"确定",激活"工程量统计对话框"。单击"开始统计"按钮,得出统计结果。

第 4 章　地下室工程量计算

4.1　拷贝生成地下室柱、柱钢筋

下面通过"楼层拷贝"命令来生成地下室。单击"楼层/构件显示",只显示 1 层的柱、梁和柱钢筋、梁钢筋。单击"楼层拷贝"命令 ![icon],弹出"楼层复制"对话框,在复制选项中选择"当前楼层显示构件",复制方式为"覆盖",同时选择"复制做法",目标楼层为"−1"层,单击"复制"。拷贝完成后,查看立体效果。

切换至−1 层,查看复制过来的构件。由于−1 层不存在弧型雨篷,所以删除弧型雨篷的柱、梁及其钢筋。此外,地下室部分只在①～③轴之间,③～⑤轴之间只存在独立柱,所以要把③～⑤轴之间多余的梁和梁钢筋删除掉。独立柱的标高与层底标高不同,根据施工图,用层高减去基础高度,得到独立柱的标高和柱高度。通过公共编辑器,修改独立柱的标高和柱高。修改完后,从立面上查看修改后的效果。

地下室柱和柱钢筋的修改完成后,单击"钢筋分析",在"分析钢筋"对话框中选择"−1"层的"柱筋",单击"分析"。分析完毕,单击"钢筋统计",在钢筋统计对话框中选择"−1"层的"柱筋",单击"统计",统计完毕后,可以在钢筋列表中双击钢筋,返回布置界面中检查钢筋。

这样,−1 层的柱和柱钢筋就通过楼层拷贝计算完了。

4.2　编辑生成地下室梁、梁钢筋

在前面进行楼层拷贝时已经把梁及梁钢筋一起复制到地下室,只需要进行局部的修改就可以直接生成地下室的梁及梁钢筋了。

与 1 层相比,地下室有三根梁的编号发生了变化,只要对这三根编号发生了变化的梁进行修改就可以了。点击"编辑/构件编辑",在梁编辑对话框中将 KL7(4 跨)改为 KL4(2跨),然后单击"整梁修改",并按同样的步骤将 KL5(2)改为 KL4(2),将 KL8(4)改为 KL5(2)。修改完后,可以查询梁的属性,检查修改结果。

梁的尺寸编辑完后,再对梁的钢筋进行编辑。对于刚编辑过的梁,它的钢筋就要删除重新布置。删除有三种方式,第一种是利用删除命令按钮;第二种是在命令栏录入快捷命令"E",第三种是执行过删除命令后,直接回车或右击鼠标重复上次命令,选择钢筋进行删除。

梁钢筋删除后即可以重新布置钢筋,单击"梁钢筋"按钮,按照提示输入钢筋文字高度,在命令栏录入"A",选择整梁布置钢筋。首先选择梁 KL4,按照施工图录入梁的箍筋、受力锚固面筋和梁底直筋,然后分别选择梁的左右跨,布置端支座负筋,最后选择梁的两跨,布置中间支座负筋。布置完这条梁的钢筋后,就可以通过梁钢筋复制功能,快速的将这条梁的钢筋复制到 KL5。可以在钢筋布置命令提示下输入 C 进行复制,复制时,根据施工图要求,将梁底直筋的直径改为 22。另外,也可以通过 CAD 的复制命令来复制钢筋。复制时,还要注意,采用相同布置方式的钢筋才能一起进行复制,比如中间支座负筋,它在布置时是选择两跨梁来布置的,复制时,同样需要选择两跨梁来复制。根据同编号原则,另一根梁 KL4 就不需要布置钢筋了。

因为修改了梁的编号,所以在计算钢筋之前,需要先进行工程量分析。分析完毕后,就可以进行钢筋分析和统计了。

地下室的梁及梁钢筋就统计完了。

4.3 布置地下室板、识别板钢筋

地下室的板可以通过手动布置来完成。单击"楼层/构件显示",只显示－1层的柱、梁和板,切换至平面。单击"板布置",弹出"板绘制"对话框,先定义板,然后按"选点绘制内边界"的方式来布置板。

板生成后就可以把地下室的板的电子文档插入进来。单击"插入电子文档"按钮,选择《G-05 地下室、一层板配筋图》,单击"打开",就可以把电子文档插入进来。利用 CAD 的"移动"命令,捕捉柱子的角点进行图纸的精确定位。

识别钢筋前,首先要对钢筋的描述进行处理,可按下列步骤进行:单击"识别/钢筋描述转换",弹出"钢筋描述转换"对话框,按照提示选择需要转换的钢筋文字,转换成功的文字显示为红色。

单击"板钢筋识别"按钮,激活板钢筋识别对话框,依次选择钢筋进行识别,如果板筋的分布长度一致,可以一次选择多根钢筋进行识别。

当板钢筋识别完后就可以清除图中无用的图形了。点击"清理底图"命令,清理识别后无用的图形。然后单击"自动套定额"命令,为一层的板自动套定额。

单击"工程量分析"按钮,在弹出的对话框中选择"－1层"的"板"进行分析。分析完毕后,单击"工程量统计"按钮,激活"工程量统计"对话框,单击"计算"按钮进行板工程量的统计。工程量计算完毕,单击"钢筋分析"进入"钢筋分析"对话框,选择"－1层"的"板筋"进行分析。分析完毕后,单击"钢筋统计"进入钢筋统计对话框,选择－1层的板,单击统计,统计完成后就可以直接看到钢筋统计结果了。

这样,地下室的板和板钢筋就计算完了。

4.4 手动布置地下室剪力墙、墙钢筋

单击"楼层/构件显示",只显示－1层的柱和梁。在地下室的③轴处有一道剪力墙,现在用选梁画墙的方式生成它。单击"墙布置"按钮,弹出"墙布置"对话框,首先对墙进行定义。Q1 的厚度为 240mm,顶高为"至梁底",选择"选梁画墙"的方式,按照提示选择需要布置墙的梁,单击右键,墙布置完成。

单击"墙钢筋"按钮,按照提示输入钢筋文字高度。剪力墙内为双层双向钢筋网片。在钢筋录入对话框内录入墙的水平分布筋、垂直分布筋和双向拉筋。同编号的墙筋只需布置一次就可以了。

单击"自动套定额"命令,为墙自动套定额,在弹出的"自动套定额选项"中选择－1层的墙,点击"确定",系统将自动为墙挂接模板、混凝土的定额。定额套完后,就可以统计输出－1层墙的工程量和钢筋了。

单击"工程量分析"按钮,在弹出的对话框中选择"－1层"的"墙"进行分析。分析完毕后,单击"工程量统计"按钮,激活"工程量统计"对话框,点击"计算"按钮开始统计。统计完成后,点击"钢筋分析"进入"钢筋分析"对话框,选择"－1层"的"墙筋",点击"分析",开始进行地下室墙钢筋的分析。分析完毕后,点击"钢筋统计"进入钢筋统计对话框,选择－1层的

墙,点击统计。统计完成后就可以直接看到钢筋统计结果了。

这样,地下室墙钢筋就计算完毕了。

4.5 手动布置生成地下室砌体墙、门窗

地下室的柱梁生成以后,就可以通过手动布置的方式来生成地下室的砌体墙和门窗。单击"墙布置"命令,弹出"墙布置"对话框,先定义墙的编号,然后定义墙厚为300mm,顶高为"至梁底",选择"选梁画墙"的方式,按照提示选择需要布置墙的梁,单击右键,墙就布置完成了。

应注意的是,墙与柱的外边是平齐的,对没有平齐的墙进行位置的编辑。单击"构件编辑",选择墙,在弹出的"墙编辑"对话框中,输入偏心值"-100",单击修改,墙的位置就正确了。也可以通过CAD的"移动"命令来移动墙,如果不能捕捉到墙的角点,可以打开"捕捉边线"功能,然后把墙移动到正确的位置。

单击"定额挂接"命令,按照提示选择要关联做法的外墙,回车确认选择后,在定额关联对话框中选择"显示所有定额",在已有的定额列表中选择定额"3-13",单击"确定"。刚挂完定额的构件是灰色的,这时单击"重画",颜色就恢复过来了。

下面来布置门窗,单击"门窗洞口布置",弹出"门窗洞口布置"对话框,先布置门SM1833,已有的列表中如果没有此编号,可选择"门"然后单击"增加",定义门的编号、洞宽、洞高,在布置前,可以定义洞口的端头距,即洞口距墙端头的距离,再按照提示选择需布置门窗的墙。按同样的方法,继续布置其他门窗。有时在布置的时候会忘记选择门窗编号,此时删除错误的门窗,重新布置就可以了。门窗布置完后,可以通过"公共编辑"对话框中的"构件底标高"来修改门窗在立面上的位置。这里把窗的底标高改为0.9m。

单击"工程量分析"按钮,在弹出的对话框中选择"-1层"的"墙"进行分析。分析完毕后进行工程量统计。可以查询墙和门窗洞口的属性,选择某墙,查看墙的洞口单侧面积、洞口体积等属性值,然后再查询墙上窗户的属性,可以看到,墙的扣减面积正好等于窗户的面积。

第 5 章　基础层结构工程量计算

5.1　手动布置生成标高 3.1m 处基础梁、基础梁钢筋

　　在地下室的③～⑤轴有一些地梁,我们可以利用轴网和柱快速地生成它。单击"楼层/构件显示",显示－1层的柱、梁,显示轴网。单击"梁布置"按钮,弹出梁布置对话框,定义地梁1,尺寸为 370mm×500mm,单击"网格布置"方式,选择要布置地梁的轴网,回车确认选择,这时系统会提示选择梁的支座,如果不选择,系统将会默认轴线上所有的柱、墙等构件为支座。此外,还可以用其他方式布置梁。系统提供了多种布置方式,用户可以灵活的运用。

　　已生成的地梁标高需要作一些调整。单击"轴网显示与隐藏",隐去轴网。单击"通用编辑",选择地梁,在弹出的"通用编辑"对话框中,将构件顶标高改为 3.100m,单击"修改"。切换至三维视角,单击"着色"命令,看看着色后的立体效果。放大局部,可以看到地梁的底标高应该是和柱底标高一样的。

　　布置地梁的钢筋。单击"梁钢筋"按钮,按照提示输入钢筋文字高度,在命令栏录入"A",选择整梁布置钢筋,按照施工图录入梁的箍筋、受力锚固面筋、梁底直筋,单击"确定",然后选择钢筋描述摆放的位置。记住,根据同编号原则,本实例工程的地梁钢筋只需布置一次。

　　布置完钢筋,给地梁挂接定额。单击"自动套定额"命令,选择－1层的梁 ,单击"确定"。定额挂接完成后,同时显示1层和－1层的柱、梁、墙,可以看到,我们的工程已经初具规模了。

　　单击"工程量分析"按钮,在弹出的对话框中选择"－1层"的"梁",单击"确定"进行工程量分析。分析完毕后进行工程量统计。

　　工程量统计完毕,开始进行钢筋的分析统计,单击"钢筋重计算"进入"钢筋分析"对话框,选择"－1层"的"梁筋"进行分析。钢筋分析完毕,单击"钢筋统计"进入钢筋统计对话框,选择－1层的梁,单击"统计",统计完成后就可以直接看到地梁的钢筋统计结果了。

　　这样,3.1m 标高处的地梁和地梁钢筋就统计完了。

5.2　计算基础层柱、墙和柱、墙钢筋

　　地下室的计算完了以后就可以通过"楼层拷贝"命令来生成基础层。单击"楼层/构件显示",显示－1层的柱、梁、墙和柱梁墙的钢筋。单击"楼层拷贝"命令,弹出"楼层复制"对话框,在复制选项中选择"当前楼层显示构件",复制方式为"覆盖",同时选择"复制做法",目标楼层为"－2"层,单击"复制"。拷贝完成后单击"楼层/构件显示",将当前层切换至－2层,柱和梁拷贝过来以后,尺寸会根据层高作相应变化,而墙的高度没有发生变化,可以暂时不理会它。只显示－2层的柱和柱钢筋。根据施工图,删除④轴和⑤轴上的柱和柱钢筋,－2层柱子及柱钢筋就编辑完了。

　　然后显示－2层的梁和梁筋,由于－1.0m 处是 JL1,所以把拷贝过来的梁及梁钢筋全部删除,只保留基础梁钢筋,然后重新布置梁。单击"梁布置"按钮,选择 JL1,梁顶高为0.5m,单击"网格布置"方式,选择要布置地梁的轴网,回车确认选择,系统自动选择支座布

置梁。从立面上检查位置关系,柱底标高和梁底标高应该是一样的。还要移动梁的位置,使柱和梁的外边平齐。

梁编辑完成,再来生成梁的钢筋。由于在三维算量系统中,钢筋保留了它所属构件的信息,只要构件编号相同,构件和钢筋之间就建立了联系,所以虽然复制到−2层的基础梁删除了,但新布置的基础梁编号没有改变,它的钢筋就还可以利用。用CAD的"移动"命令,把刚才保留下来的基础梁钢筋移动到基础梁边。另外,由于复制下来的基础梁箍筋只计算了两跨,而在3轴,梁一共有4跨,所以还要复制箍筋到第3、第4跨上。

这时,再来编辑3轴上的墙,它的高度是1m,底标高为0.5m。修改完后,显示−2层至1层的柱、梁、墙和门窗洞口,在立面上看着色后的显示效果。

接下来作工程量的统计与输出,这里就不演示了。

5.3　地面以下的砌体墙计算

在本实例工程中,外墙需要延伸到基础梁的顶面。先来修改−1层。单击"楼层/构件显示",显示−1层和1层的梁和墙。单击"公共编辑",选择部分高度相同的墙进行编辑,将墙底标高改为−1.1m,则墙高增加1.1m,即由3550改为4650,单击"修改"。再选择另一部分高度相同的墙,它们的底标高为−1.1m,高度为4550mm。注意,这里由于要考虑到标高要保持一致,所以只有当墙高相同时才能统一修改。

再显示−1层和−2层的梁和墙,用相同的方法进行编辑。再从立面上看修改后的显示效果。

这样,外墙的工程量就正确了。

5.4　地下室装饰工程量计算

单击"楼层/构件显示",只显示−1层的柱、墙、洞口,开始进行地下室的装饰工程量计算。

地下室由于只有一个房间,其装饰工程量相对就比较简单。首先生成房间,单击"房间生成"按钮,弹出"房间布置参数设置"对话框,定义"地下室",踢脚线高度为0.15~0m,墙面高度为3.0~0.15m,布置时,直接在要生成房间的封闭区域内点击一点即可。

为生成的地面顶棚挂接定额。单击"楼层/构件显示",只显示−1层的地面顶棚。单击"定额挂接"命令,按照提示选要关联做法的地面顶棚,回车确认选择后,在定额关联对话框中选择"显示所有定额",根据建筑总说明,地下室的地面顶棚采用的做法编号分别为"地1"和"顶1",在指定换算中找到"地1"和"顶1",勾选对应的定额,然后单击"确定",地面顶棚的定额就挂接好了。

然后为侧壁挂接定额。单击"楼层/构件显示",只显示−1层的侧壁。单击"定额挂接"命令,按照提示选要关联做法的侧壁,回车确认选择后,弹出定额关联对话框,同样的,根据建筑总说明,找到地下室的装饰做法"踢1"和"墙1",勾选定额,然后单击"确定"。

单击"楼层/构件显示",只显示−1层的柱、墙和洞口,切换至平面。为地下室外墙面挂接装饰做法之前,需要在地下室外墙面布置轮廓。单击"轮廓布置"按钮,弹出"轮廓绘制"对话框。由于地下室只有3面需要做装饰,所以用手动布置的方式,沿着柱和墙围成的外边线布置轮廓。轮廓布置完后,利用轮廓计算外装饰工程量。单击"定额挂接"命令,按照提示选要关联做法的轮廓,回车确认选择后,在定额关联对话框中选择"显示所有定额"。在指定换算中找到已经挂接过的"外墙面砖",勾选对应的定额就可以了。

此外,还可以利用轮廓计算脚手架工程量。在定额关联对话框中录入定额编号"12-1B1",计算式用高度范围 1 面积,由于脚手架和轮廓不同,它是不需要扣减门窗洞口面积的,所以删除计算式中的分析扣减部分 SH1 ,脚手架工程量就计算出来了。

接下来的工作就是工程量的统计与输出,这里就不演示了。

第6章 二层工程量计算

6.1 拷贝编辑二层结构构件

当一层的构件生成以后，就可以利用已生成的构件，通过"楼层拷贝命令"快速地生成二层的构件。单击"楼层/构件显示"，显示一层的柱、梁、板和柱筋、梁筋、板筋。单击"楼层拷贝"命令，在"楼层复制"对话框中选择"当前楼层显示构件"，复制方式为"覆盖"，选上"复制做法"，目标楼层为"二"层，单击"复制"。

复制完成后，显示二层的柱、梁、板及其钢筋。只需对拷贝过来的构件作局部的修改就可以了。例如，删除圆弧雨篷处的柱、梁、板及其钢筋，以及圆弧梁与框梁7相交而产生的一些吊筋。

接下来就可以作工程量的统计与输出了，这里就不演示了。

6.2 识别二层砌体墙以及门窗

单击"楼层/构件显示"，显示二层的柱。单击"轴网显示与隐藏"，隐去轴网。然后单击"插入电子文档"按钮，选择《J-04 二、三层建筑平面图》，单击"打开"，就可以把电子文档插入进来。单击"移动"命令，捕捉柱子的角点进行图纸的精确定位。

单击"识别墙"，在电子图档中选择墙所在的图层，然后采用自动识别的方式，识别二层的墙。墙识别后，再识别门窗洞口。单击"门窗洞口布置"按钮，激活门窗洞口布置对话框，选择"根据文字识别门窗"的方式，按照提示选择洞口的文字，在命令栏录入"Z"，进入自动识别，回车确认。识别完成后，可以用实时平移功能，检查墙和门窗洞口的识别结果。然后单击"清理底图"，将识别后无用的文档清除掉，然后删除一些识别过的多余的构件。墙识别时，默认的材料是混凝土，此时可以选择所有的墙查询属性，将材料改为C00，就可以把所有的墙改为非混凝土墙。在这里，一部分墙没有识别完全，可以用"延伸"和"修剪"命令进行修改，再把一些缺漏的洞口布置上去，并且把洞口移动到恰当的位置。卫生间的120mm隔墙没有自动识别成功，用手动方式进行布置。布置墙之前，先在隔墙的位置布置轴线，可以用复制的方法生成轴线，单击"辅助轴线"，根据命令行提示，在命令行中输入C复制轴线，选择任意一条平行轴线，输入距离，选择复制方向后单击鼠标左键，轴线复制完毕。切换到二层平面，单击"墙布置"按钮，注意它的高度应该是层高减去板厚，也就是3.15m，按照提示绘制出120mm墙。

给外墙挂接定额。单击"定额挂接"命令，按照提示选择外墙，回车确认选择后，在定额关联对话框中选择显示所有定额，直接勾上"3-13 砖砌外墙"，单击"确定"。然后给内墙挂接定额。单击"定额挂接"命令，按照提示选择内墙，回车确认选择后，在定额关联对话框中选择显示所有定额，直接勾上"3-24 砖砌内墙"，单击"确定"。

在进行工程量分析统计之前，执行"工具/图形文件检查"命令，选择二层柱、墙，清除短小构件和位置重复构件，单击"执行检查"，检查完成后，单击"报告结果"查看图形文件检查结果，有1个位置重复构件，单击"应用"进行删除。检查完毕后颜色为灰色，可通过"全部重画"命令来恢复颜色。

接下来就可以作工程量的统计与输出了。单击"工程量分析"按钮,在弹出的对话框中选择"二层"和所有构件进行分析。分析完毕后,单击"工程量统计"按钮,激活"工程量统计"对话框,进行工程量统计。

6.3　计算二层地面、顶棚、内墙面装饰工程量

先生成房间。单击"楼层/构件显示",显示二层的柱、非混凝土墙和洞口。单击"房间生成"命令,弹出"房间布置参数设置"对话框,由于二、三层的层高有所变化,房间的定义也需修改,可以先按原高度生成后再对房间进行编辑。先生成"办公室",按"在要构造的边界点取"的方式,直接在要生成房间的封闭区域内单击一点即可。当输入的点无效而导致无法生成边界时,系统会提示是否打开网格作辅助线,输入 Y 表示显示轴网,然后输入 A,隐藏房间中间的轴线,再在要生成房间的封闭区域内单击即可生成房间。然后按同样的方式来生成卫生间和走道。

给地面定义做法。单击"楼层/构件显示",显示二层的地面顶棚。单击"定额挂接"按钮,按照提示选择办公室地面,回车确认选择后,弹出定额关联对话框。我们可以充分利用一层已经挂接的定额,选择显示所有定额,找到已经定义过的做法,直接勾上对应的定额,就完成了地面的定额挂接。而对于没有定义过的做法,则需要在定额库中一条一条的选取,并且选择恰当的计算式,其中,卫生间的防水除了地面面积外,还要加上周长乘以 0.15,碎石混凝土垫层则是地面面积乘以厚度 0.25。定义完毕,在指定换算中输入"楼 2"。

再给侧壁挂接定额。单击"楼层/构件显示",显示二层的侧壁。先根据层高修改侧壁的高度。单击"定额挂接"命令,同样可以显示所有定额,找到已经定义过的做法,直接勾上对应的定额,就完成了侧壁的定额挂接。

用同样的方法给顶棚挂接定额。

此外,这里有两根柱在一层中单独做了独立柱装饰,在二层中,这些装饰定额就多余了,所以还要将这两根柱的多余定额删除。

这样,二层地面、顶棚、内墙面装饰工程量就完成了。

6.4　计算二层外墙装饰,脚手架工程量

对于外墙装饰可以先生成外轮廓,再来计算其工程量。切换至平面,单击"轮廓布置"按钮,弹出"轮廓绘制"对话框,先进行轮廓绘制属性的设置。高度范围 1 的开始值为 0,结束值为 3.3m。选择"选构件绘制外边界"方式来生成,按照提示选择构成封闭边界的实体,回车确认选择,轮廓就生成了。

为外轮廓挂接定额。单击"定额挂接"命令,按照提示选要关联做法的轮廓,回车确认选择后,在定额关联对话框中选择显示所有定额,在已有的列表中直接勾上"10-146B1(墙面墙裙彩釉砖)"。

外脚手架的计算。依次选择"结构/脚手架布置",弹出"脚手架绘制"对话框,脚手架高度属性值为 3.3m,按"选构件绘制外边界"来生成脚手架,按照提示选择构成封闭边界的实体,回车确认选择,脚手架就生成了。

接下来就可以为脚手架挂接定额了。单击"定额挂接"命令,按照提示选要关联做法的脚手架,回车确认选择后,在定额关联对话框中选择显示所有定额,在已有的列表中直接勾

上定额编号为"12-1B1（综合外脚手架）"、"12-31（层高 3.6m 以内）"。

这样二层所有的构件就布置完了。对二层作一个整体的分析与统计。单击"工程量分析"按钮，在弹出的对话框中选择二层和所有构件进行分析输出。分析输出完毕后，单击"工程量统计"按钮，激活"工程量统计"对话框，单击"计算"按钮，进行工程量统计。

最后作二层钢筋的整体统计与输出。单击"钢筋分析"进入"钢筋分析"对话框，选择二层和所有钢筋，单击"分析"。分析完毕，单击"钢筋统计"进入钢筋统计对话框，选择二层和所有构件，并选择适合的钢筋归并条件，单击统计，统计完成后就可以直接看到钢筋统计结果了。

这样，二层的工程量就计算完了。

第7章　三层、顶层工程量计算

7.1　拷贝编辑三层构件

　　二层构件生成完毕后，就可以利用二层构件拷贝生成三层的构件。首先通过"当前楼层构件显示" 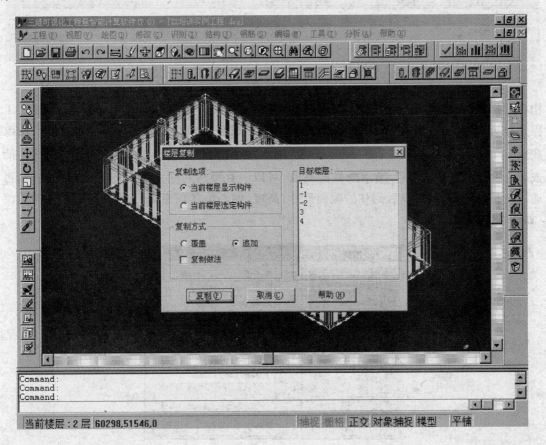，显示出要拷贝的相关构件，然后激活"楼层拷贝" 命令，系统弹出以下窗口：

　　选择"当前楼层显示构件"，选择目标楼层为三层，再选择"复制做法"，单击"确定"，这样，通过"楼层拷贝"命令，生成了三层的构件。在本实例工程中，二层与三层的构件是基本相似的，只是三层在屋面板处有挑檐。在基本相似的情况下，我们重点介绍构件编辑，包括柱编辑、梁编辑、墙编辑（如图 7-2）。

　　通过"当前楼层构件显示" 命令，只显示柱、梁，隐藏所有钢筋，按照工程的习惯，通过标准层拷贝上来的构件，构件截面尺寸会变小，这时候，相关的改变就可以通过"编辑"命令来进行修改。首先介绍柱编辑，比如柱子的截面尺寸、偏心值有变化，单击"构件编辑"，选择要编辑的柱，在柱编辑对话框中修改截宽截高均为 400mm，单击"修改"。单击"修改"后，大家可以注意到梁的变化，在三维算量系统中，梁会随着柱截面的变化而自动变化，从而完成

图 7-1　楼层复制对话框

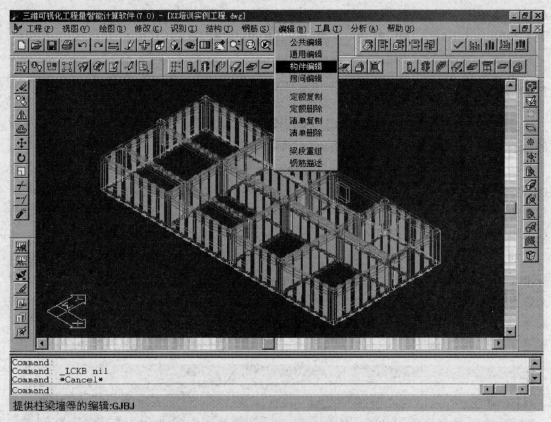

图7-2 "构件编辑"菜单

构件的修改。查询柱和梁的属性,发现它们的周长、跨长并没有发生变化,此时需要通过工程量分析,分析完毕后,再选择柱和梁来查询属性,发现梁的跨长已经由原来的7m自动改变成7.1m,而柱的周长也已经变为1.6m。对于刚才所作的变化,可以通过"回退" ↶ 功能或者在命令行中输入"U",撤消所做的修改,可以一直撤消到刚才所做的截面修改之前,再通过柱编辑选择柱,可以看到柱的截面尺寸、高度、偏心值等信息都已经恢复到原来的数值(如图7-3)。

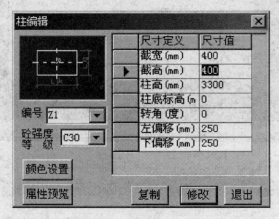

图7-3 柱编辑对话框

　　除了柱的编辑，还可以进行梁的编辑，单击"构件编辑"，如果某跨梁的截面小一些，就可以直接选择该跨，修改它的截面尺寸如截高，改为450。在梁编辑中，有两种编辑选择，单段修改或是整梁修改。单段修改，就是只修改选择的梁跨，在这里我们选择"单段修改"，修改后，从立面上观察，或是查询梁的属性，就可以看到它的截面已经修改了。这样的功能可以应用于悬挑跨或某些梁跨的截面尺寸与整个梁不同时，可以先通过整梁的方式生成整个梁跨，再编辑某一梁跨，生成变截面梁。现在再来看看整梁修改的效果。通过梁编辑我们还可以修改其它许多梁的信息，可以修改梁的编号、混凝土等级或梁的偏心值等信息，这里就不一一修改了。

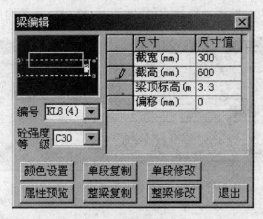

图 7-4　梁编辑对话框

　　在修改了构件的尺寸后，对钢筋有没有影响呢？钢筋需不需要重新布置呢？在三维算量系统中，是不需要重新布置的。因为在三维算量系统中，钢筋记录了它所属构件的一些属

属性名称	属性值	属性和
构件名称	梁筋	
所属构件编号 SSGJMC	KL6（4）	
钢筋描述 GJMS	2B20	2B20
钢筋名称 LX	端支座负筋	
钢筋级别 GJJB	B	
钢筋直径(mm) GJZJ	20	20
重计算标识 GJCS	1	1
单根钢筋长度(mm) GJCD	3133	3133
钢筋数量(根) GJSL	2	2
接头类型 JTLX	绑扎	
接头数量(个) JTSL	0	0
箍筋分布长度(mm) FBCD	4900	4900
箍筋分布间距(mm) FBJJ	200	200
长度公式 CDJSS	Ln/3+La	
数量公式 SLJSS		
箍筋加密间距(mm) JMJJ	100	100
箍筋加密区长度(mm) JMCD	1200	1200
箍筋加密区长度公式 JMGS	min(max(2*Ljg,500),ln/2)	
支座宽度(吊筋)(mm) ZZK		

图 7-5　钢筋属性查询窗口

性值,比如我们现在查询的钢筋,它是梁的端支座负筋,属于 KL6 的第一跨(如图 7-5),计算钢筋时,它会自动从第一跨中提取截面尺寸和跨长信息进行计算。

同样,柱钢筋也是如此,查询柱钢筋,它属于 Z2,它的长度从柱的截面信息中计算得来,如果修改了柱的截面尺寸,然后进行工程量分析和钢筋分析,就可以看到它的长度发生了变化。所以说,构件发生了变化,钢筋也是可以自动完成相应的变化的。同样可以通过"回退" 功能撤消所作的修改。

现在介绍钢筋描述的修改,此功能主要应用于钢筋描述变化后,不需要重新布置钢筋,只需选择需要修改的钢筋描述,然后对钢筋描描述中的钢筋数量、钢筋直径、箍筋间距等进行修改,就可以很方便的对钢筋进行修改(如图 7-6)。这样,相关构件的编辑就完成了。

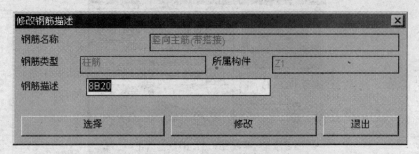

图 7-6   修改钢筋描述

7.2   布置顶层构件

在进行顶层布置之前,还需要对三层的墙进行一些说明。从立面图上可以看到,一些墙高升到了梁顶,这是在楼层拷贝过程中,把墙自动升到了层高。只显示墙,通过通用编辑功能,将所有的墙高设为"自动到梁底"(如图 7-7),单击确定,此时再看墙,就可以发现墙高已经正常了,它是用楼层层高减去梁高,得到了墙正确的高度,这样,三层的工程量就准确了。对于 4 层,我们用布置的方式生成。切换到第 4 层,打开轴网,开始对第 4 层的布置。在本实例工程中,第 4 层比较简单,主要是一个楼梯间,女儿墙,和楼梯间上面有一个反檐。首先进行柱布置,定义 4 层的柱 KZ4,截面尺寸 400mm×400mm,布置时,可以先放大局部轴网,方便布置,选择布置的方式,在这里,柱存在偏心的情况,通过双击图片,放大观察偏心的方向

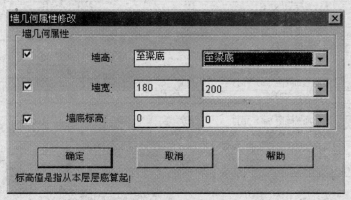

图 7-7   通用编辑对话框

（如图 7-8），然后输入偏心的距离 Y 等于 150mm，就可以布置柱了。对于其他没有偏心的柱，可以选择"1/2 基宽"和"1/2 基高"，然后布置。

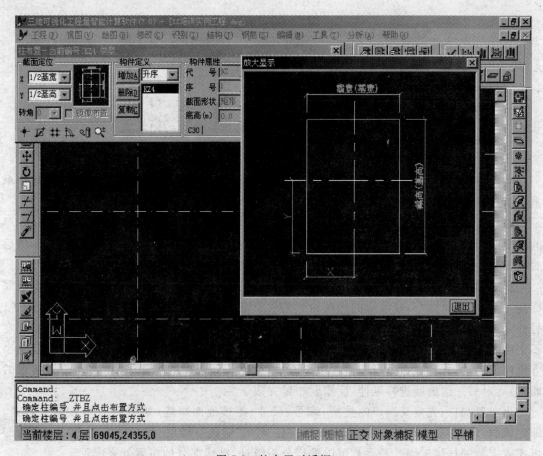

图 7-8　柱布置对话框

　　布置梁时，添加屋面梁，屋面梁 1 的截面尺寸是 250mm×500mm，梁边与柱外边平齐，设定好偏心的距离（如图 7-9），通过选轴段布置梁，梁就布置完成了。布置过程中如果出现布置错误或偏心值错误的情况，可以暂时不理会它，布置完后再用编辑的方式修改。

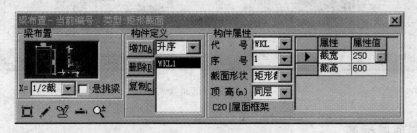

图 7-9　梁布置对话框

　　梁生成后，就可以利用梁来生成梁下墙。定义墙编号、类型、墙宽、墙高（如图 7-10），定义完后，可以通过多种方式布置墙，如选轴段布置墙。楼梯间布置完成后，可以查看一下它的渲染效果。此外，还要布置外围的女儿墙，先设置墙的宽度和高度，由于女儿墙是与三层的梁外边平齐的,所以偏心值为250mm,在这里,我们用手动布置的方法布置女儿墙,然后通过CAD提供的倒角命令来完成对墙的编辑。

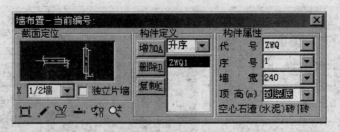

图7-10　墙布置对话框

生成女儿墙后就可以生成屋面。只显示柱梁,然后定义板,在柱梁生成的闭合区域中单击,就可以生成板。

楼梯间布置后,在楼梯间顶还有一个反檐。反檐有多种布置方式,可以采用120mm厚的混凝土墙来代替。同样定义好墙的宽度、顶高和偏心值,用手动画墙的方式布置墙,然后对墙相交处进行倒角。

从立面上观察,发现墙并没有布置在梁上,这是因为系统默认墙的底标高是本层的层底标高,用通用编辑命令,修改墙的标高为2.7m,单击"确定"。可以看到,墙的标高就正确了。另外,Y方向上,墙的长度不正确,并且导致另两面与它相交的墙位置错误,首先要延长长度不正确的墙,先用"距离"命令测量一下需要延长的长度,然后选中墙,单击墙端头的蓝色小方框向上拖动,并且在命令行中输入距离值,墙就延长到正确的位置了,再移动位置错误的墙,最后对另一边的墙进行延伸,反檐就布置完成了。

再布置洞口,先定义洞口的类型、编号、尺寸、距楼地面距离(如图7-11),在墙上单击,即完成洞口的布置。单击"自动套定额",按住"Ctrl"键选择楼层、和多个构件,单击确定,即可完成定额的挂接工作。最后就可以进行分析统计,结构部分的布置就完成了。

图7-11　门窗洞口布置对话框

7.3　布置顶层钢筋

布置构件后,就可以布置相应的钢筋。首先显示柱,为方便布置,先将柱编号显示在图上。通过"工具"菜单中的"属性图形显示开关",在"构件属性输出"对话框中单击"显示设置"(如图7-12),选择需要显示的属性,如构件编号,做法定义等(如图7-13),还可以选择是

图 7-12　构件属性输出对话框

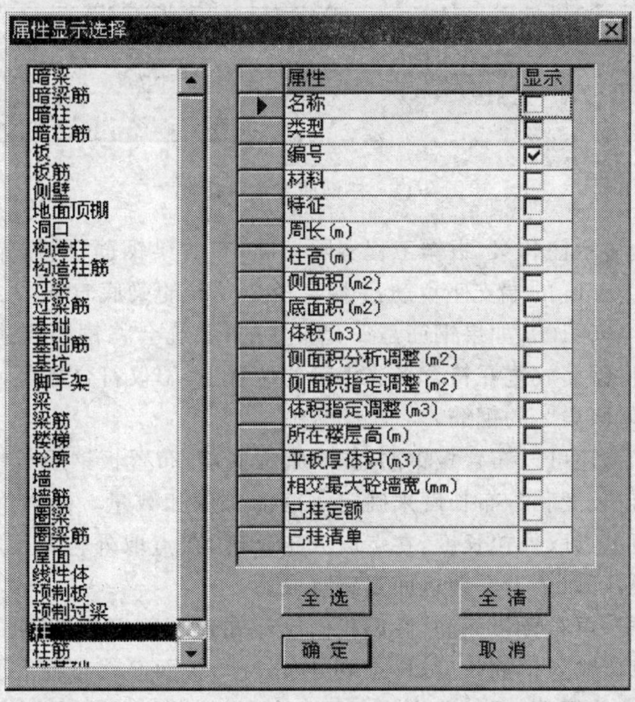

图 7-13　属性显示选择对话框

否显示属性名称。激活柱钢筋布置命令,选择柱,在柱钢筋布置对话框中选择2支箍A8@200:100,竖向主筋(带塔接)4B20,单击确定就完成了柱钢筋布置(如图7-14)。在三维算量系统中,遵循一个同编号原则,即相同编号的构件,钢筋只用布置一次,其他同编号的构件,不论截面尺寸是否一样,钢筋都会自动计算。

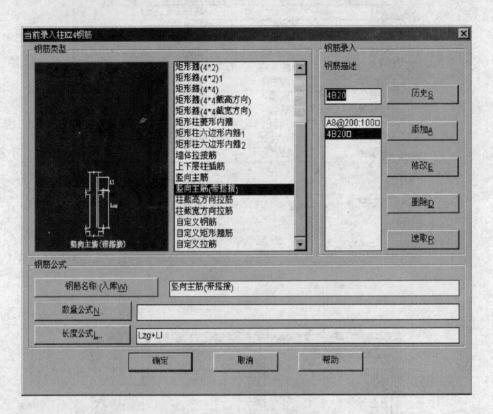

图7-14   柱钢筋布置对话框

再介绍梁钢筋,显示柱和梁,根据工程实际情况,布置梁钢筋,同样先选择梁跨,然后添加左右各2根直径20mm的端支座负筋,4根直径20mm的梁底直筋,2根20mm的锚固面筋以及2支箍A8@200:100,如果钢筋是一起布置的,系统会将钢筋描述放在一起,这时可以利用"移动"命令将钢筋放置在符合平法表示的位置上,不仅符合规范,也更直观一些。再用同样的方法布置屋面梁2的钢筋。

梁钢筋布置完后,还可以布置板钢筋,先布置板底筋,布置板钢筋与柱梁钢筋不同,需要通过点取钢筋的外包长度和分布长度来确定钢筋的长度和数量。输入钢筋描述后,根据命令行的提示,在界面上点取外包长度,在点取分布长度,在点取外包长度和分布长度的过程中,如果选择点错误,可以单击右键返回重新点取。

板底筋布置完毕,再布置板面筋,假设我们已经知道了面筋长度,就可以在点取外包长度第二点的时候,直接输入钢筋长度,再点取分布长度,板面筋就布置上了。

在反檐处还有一些钢筋,通过墙钢筋布置命令,将这些钢筋布置上去,这个布置的过程与柱梁钢筋的布置操作是一样的。布置完毕后,显示所有钢筋及其所属的构件,就可以开始分析统计构件工程量和钢筋了。

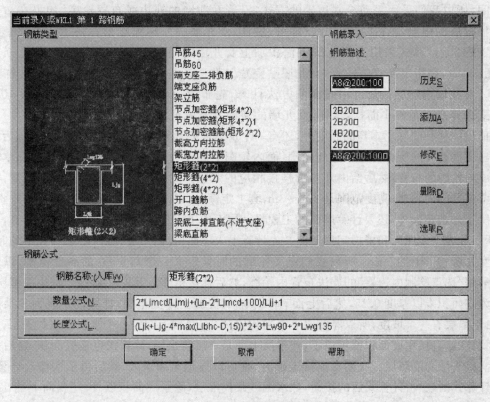

图 7-15　梁钢筋布置对话框

7.4　屋面工程量计算

　　首先计算女儿墙外侧的装饰,在这里可以使用轮廓来完成这项工作,首先布置轮廓,高度范围定义为 1.2m,由于出屋楼梯间与女儿墙的装饰不同,这个轮廓的边界应该避开出屋

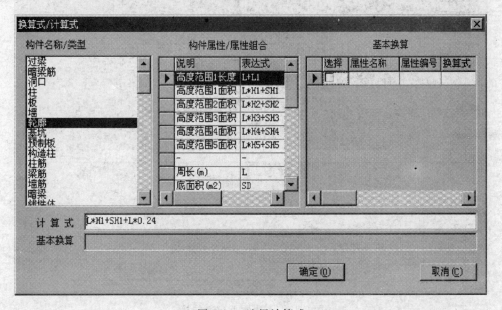

图 7-16　选择计算式

楼梯间,所以我们采用手动绘制边界的方式,沿着女儿墙的外边线布置轮廓,如果在布置时无法捕捉墙的角点,单击"捕捉边线"即可,这样,女儿墙的外轮廓就布置完了。给它套挂上定额10-125,计算式采用高度范围1面积加上女儿墙的墙顶面积,即周长 L×墙宽0.24m(如图7-16),在指定换算中输入"女儿墙贴瓷片",在选择中打上钩,女儿墙外侧的装饰就完成了。女儿墙内侧的抹灰也用同样的方法计算,先布置一个内轮廓,然后挂接定额10-21,计算式选择高度范围1面积,这样,女儿墙的装饰就完成了。

而出屋楼梯间除了本身的高度外,还有一个反檐需要计算,所以它的轮廓高度应该为3m,选择出屋楼梯间的所有构件布置外轮廓,而内轮廓的高度为2.7m,只需在楼梯间内部单击即可完成内轮廓的布置,然后给内外轮廓挂接相应的定额。此外,反檐的内侧还需要抹灰,再布置一个反檐的内轮廓,高度范围是2.7~3m,套上定额,这样,外墙的定额就挂完了。

除了外墙定额外,还要计算屋面的工程量。屋面的工程量还可以通过内轮廓来计算,在这里,屋面分为上人屋面和楼梯间顶屋面。先计算上人屋面,我们知道,屋面防水和找平的时候,会在女儿墙脚下上翻50cm,所以我们定义轮廓的时候定义一个0.5~0的高度范围,以便利用。采用"选点绘制内边界"的方法布置内轮廓,然后挂接定额。首先它有一个砌块保温层,计算式为底面积乘以厚度0.15,然后上面有一个加气混凝土碎渣垫层,计算式是底面积乘以厚度,由于垫层有一个坡度,所以厚度取一个平均值0.04,垫层上面是一个水泥砂浆找平层,它是按面积算的,直接用底面积就可以了,找平层上面是一层防水层,计算式也是底面积,最后是一个二次找平层和隔热层。我们在挂接定额时,也可以先把定额录入,然后再依次修改计算式。修改计算式时,单击计算式后的按钮,如水泥砂浆找平层,除了底面积以外,还要向上翻50cm,这样,计算式除了底面积以外,还要加上刚才定义的高度范围1的面积,才能正确计算水泥砂浆找平层,同理,涂膜防水层,二层找平层都要做相同的修改,这样,屋1的定额就完成了。需要说明的是,在三维算量系统中,重点是工程量的计算,如果定额不符,在工程量输出后,还可以在计价软件中进行相应修改。单击确定,上人屋面的工程量就计算完毕了(如图7-17)。

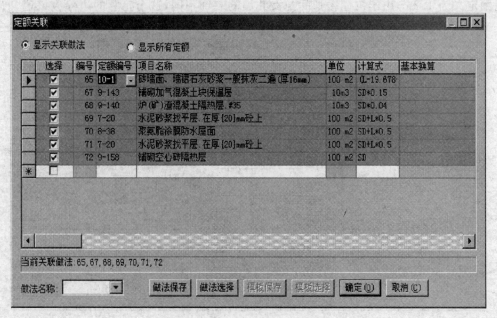

图7-17   上人屋面定额挂接

再计算非上人屋面，它的定额与上人屋面基本相似，所以可以采用"定额复制"的做法，根据系统提示，先选择参考的定额构件，然后选择需要复制定额的构件，选择追加，定额复制成功。查看定额，由于需要计算的高度范围不同，所以这里不能采用复制定额的方式，选择"定额删除"命令，删除不上人屋面内轮廓的定额，重新挂接定额。首先是保温层，计算式是底面积乘以 0.15，上面是垫层，计算式用底面积乘以厚度 0.02，然后是水泥砂浆找平层，计算式是底面积，再是涂膜和二次找平，计算式与水泥砂浆找平层一样，这样就完成了不上人屋面的定额挂接，在指定换算中输入屋 2 以做区别。

最后，对 4 层的轮廓进行工程量分析和统计，就可以获得相关的数据了。这样，屋面工程量的计算工作就完毕了。

7.5　屋面清单工程量计算

软件还可以根据 GB 50500—2003 规范要求，挂接工程量清单项目。清单项目前九位项目编码根据构件所属项目名称自动生成，第十位至十二位编码由系统根据项目特征自动生成（如图 7-18）。

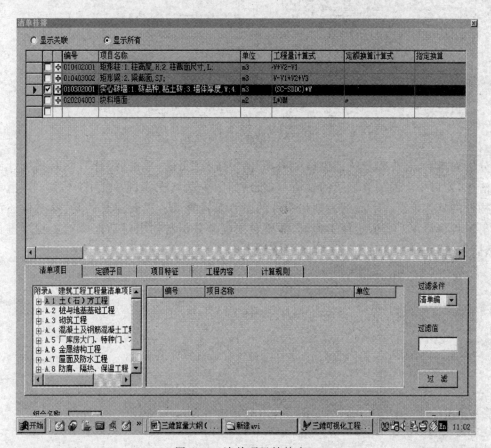

图 7-18　清单项目挂接窗口

单击"清单挂接"，选择要挂接清单的构件，在清单挂接中，只有挂接了清单后，才能挂接定额，所以需先选择清单，在清单列表中双击清单即可。然后到"定额子目"页面中选择定额,双击定额,该条定额就会以子定额的形式显示在清单下,此时项目特征只含有特征名称,还没有具体的特征内容,此外,还可以自定义工程内容,查看计算规则。然后单击工程量计算式中的按钮,选择定额的计算公式。这样依次给各个构件挂接工程量清单项目,在这里就不一一演示了。清单挂接完毕,就可以进行清单分析了。在工程量分析与输出对话框中选择楼层和构件,然后选择"清单"分析(如图7-19)。

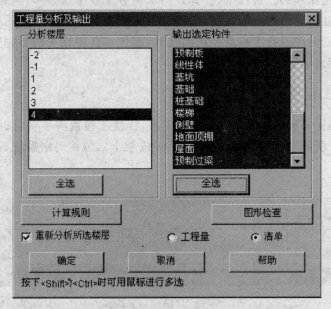

图7-19　清单工程量分析

分析完毕后,在工程量统计窗口中选择"清单统计"页面,单击"统计",此时只统计出工程量清单,窗口中上面的表显示的是清单项目(如图7-20),在项目特征中,添加了该清单对应的构件的具体信息。下面的表则是构件的工程量计算表。需要注意的是,这时候还没有计算出工程量清单对应的定额工程量,需要在工程量分析与输出对话框中对工程量进行分析,然后再统计一次,这时定额工程量就统计出来了。

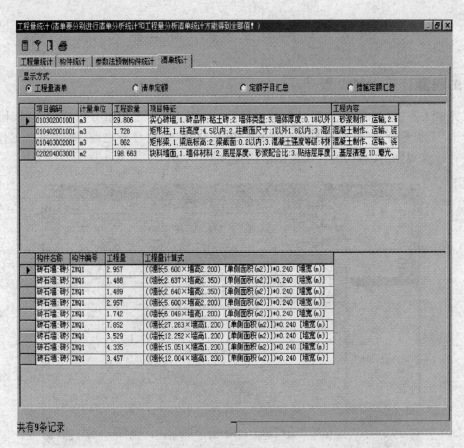

图 7-20　清单工程量统计结果

第8章 工程量分析、输出和统计

8.1 工程量计算规则设置

在完成工程模型和工程定额挂接的工作后,就可以进行工程量分析输出与统计的工作了。单击"工程量分析"就可以直接对工程量进行分析,但在分析之前,要做两项工作,其中一项是对计算规则的设置,另一项是图形检查。

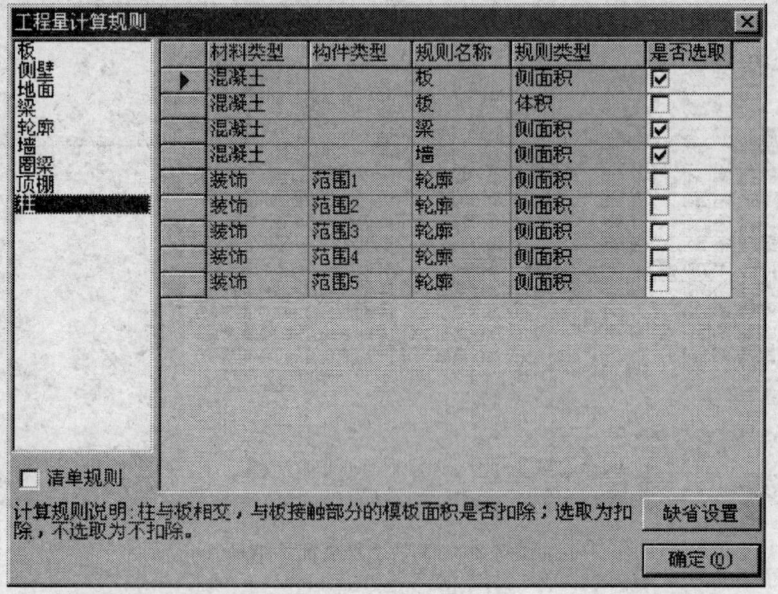

图 8-1 计算规则

首先介绍计算规则(如图 8-1),计算规则的设置,实质是对构件之间分析扣减关系的设置,如柱,在进行柱的工程量计算时,要考虑柱和梁、板相交部分的计算,根据全国统一计算规则,在计算模板时,要按照接触面积计算,就要求对梁、板、混凝土墙与柱相交的部分进行扣减,而有些地方,这些部分是不扣减的,这时,就要对计算规则进行相关的设置,分析完成后,这些扣减量就计算出来了。如柱,有一个属性"侧面积分析调整值",它的值是三维算量自动计算获得的,这个值包括了板头面积、梁头面积等,而这些值是否参与扣减,正是在计算规则中设置的。可以简单核对一下,发现与柱相交的 2 根梁的端头面积之和正是柱"侧面积分析调整值"中所扣除的梁端头面积。在计算规则中,将柱与梁相交的规则的勾去掉,然后对柱梁进行工程量分析,再查询柱的属性,发现梁的扣减面积已经不存在了。也就是说,可以通过计算规则,可以任意调整相关的值,任何构件,需要扣减什么量,都可以在计算规则中设置。同时,根据不同地方的情况,我们都根据当地的地方定额,设置好默认的规则供用户使用。

8.2 图形文件检查

在工程量分析输出之前,除了对计算规则进行设置以外,还可以对图形文件进行检查。

激活图形检查(如图 8-2),大家知道,在三维算量系统中进行建模的时候,是大量的图形操作工作,图形的正确与否,关系到工程量计算是否正确。而在图形建立过程中,由于各种原因,会出现一些错漏、重复和其他一些异常的情况发生,影响了工程量计算的精度。此时,我们就可以通过图形文件检查工具完成对图形误差的检查,消除误差,保证计算的准确性。而图形检查,可以对位置重复构件、重叠构件、尚需相接构件、尚需切断构件、标高异常构件等异常情况进行检查并修正。

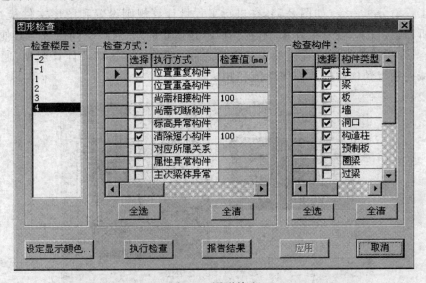

图 8-2　图形检查

比如,可以检查 2 层的柱、墙中位置重复的构件和对应所属关系异常的构件,单击执行检查,然后就可以查看检查结果,检查结果以清单的方式列出了位置重复构件和对应所属关系异常构件的数量(如图 8-3),在应用窗口中单击应用(如图 8-4),系统会删除重复的构件,并修复对应所属关系异常的构件。应用之后,再进行检查,可以看到,已经没有重复的构件了。

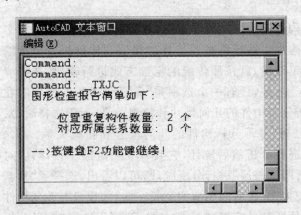

图 8-3　图形检查结果

图 8-4　图形检查应用窗口

还有一种情况,比如两个构件交叉需要切断,或是两个脱离的构件需要相连,在图形文件检查中选择尚需切断构件和尚需相接构件,同时尚需相接构件还需输入一个检查值,表示两个构件相隔多远时进行连接,然后执行检查并应用就可以了。在三维算量系统中,对于重复构件,如操作过程中重复布置了柱,一般很难观察到有重复的柱子,此时用位置重复构件就能检查出来并删除了。通过图形检查,就能有效的避免人为因素造成工程量的误差,保证工程量的准确性。

8.3 工程量分析、输出

激活工程量分析命令(如图8-5),在进行工程量计算规则设置和图形文件检查后,就可以进行分析和输出了。在三维算量中,各构件不是孤立的,它通过空间位置与其他构件建立联系,工程量分析就是根据工程模型中各构件之间的空间关系,结合计算规则,通过分析各构件的扣减关系得到构件的几何属性值和扣减量。

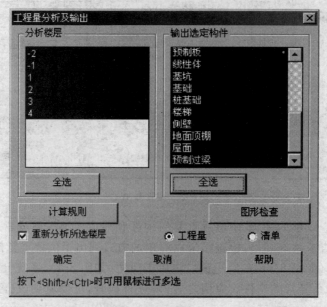

图8-5 工程量分析窗口

在工程量分析对话框中,选择楼层和构件,选择时,可以按住 ctrl 键或 shift 键来进行多选,也可以单击"全选"来选择全部楼层和构件。系统将按照选择的楼层和构件进行分析输出。在工程量和清单的单项选择中,选择工程量,就按照传统的定额方式进行输出,选择清单,就按照清单计价模式进行工程量输出。另外,还有一个选项是"重新分析所选楼层",在选择的情况下,系统将按照所选楼层,重新分析构件的几何尺寸和位置关系,而不选择时,系统只是对构件所挂定额的输出方式进行分析,并不分析构件的几何尺寸和扣减关系。以4层的柱为例,先选择"重新分析所选楼层"进行分析然后统计,它共有3条定额子目,然后对柱的定额进行一些修改,不选择"重新分析所选楼层"进行分析统计,可以看出,选择了"重新分析所选楼层",系统所要做的工作就比较多,分析时间相应的就长一些,如果没有改变构件的几何尺寸和扣减关系,而只是改变了构件所挂的定额或换算方式,就不用选择"重新分析所选楼层"了。在这里,我们选择所有楼层和构件,并选择"重新分析所选楼层",系统将依次对各楼层各构件进行分析。分析完毕后,系统提示"可以进行工程量统计了"。

8.4　工程量统计

　　工程量分析输出完毕后,就可以进行工程量的统计。单击工程量统计,系统将显示统计方式选择对话框(如图 8-6),选择直接统计,系统将统计所有的分析输出结果,选择图形选取统计,系统将提示选择要统计的构件,选择构件后,系统将只统计这些构件的工程量。在这里,我们先选择直接统计,进入工程量统计窗口,窗口默认显示上一次的统计结果,单击计算,系统将根据前面分析输出的结果进行统计(如图 8-7)。在统计的同时,系统还生成了与我们公司计价软件的接口。

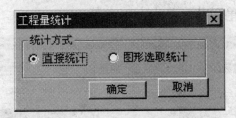

图 8-6　统计方式选择对话框

图 8-7　工程量统计窗口

　　在三维算量 7.0 中,分 4 种方式进行统计,一是按照套挂的定额进行统计,窗口中显示的两张表是从属关系,上面显示的是构件按照定额的汇总数据,下面则是所有挂接了该定额的构件的具体信息。统计完成后,可以在下面的构件表中双击构件,返回图形布置窗口,系统将把该构件亮显,这时就可以反查该构件计算是否正确,单击返回浏览,可以返回统计窗口。在统计窗口中,有一个筛选按钮 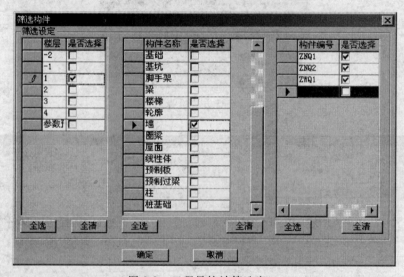,此功能主要是为了方便分层、分构件、分构件编号进行打印输出,比如只输出1层的砖外墙,或输出3层的柱和梁,都可以在这里实现(如图8-8)。第二种统计方式是按照构件进行统计,只统计构件的几何属性值,可以统计所有未挂定额的构件或所有构件,统计结果按照构件计算式和换算条件分类显示,统计结果同样可以利用筛选功能进行筛选。在这里,输出的内容是在工程量输出设置中确定的。在工程量输出设置中,可以选择构件,在常用工程量组合中显示的工程量名称和计算式就是在构件统计中输出的内容。第三种是参数预制构件的统计,这里不再详细介绍。第四种是清单统计,包括了工程量清单、清单定额、定额子目汇总、措施子目汇总,在工程量分析与输出对话框中选择楼层和构件,然后选择"清单"分析。

图 8-8   工程量统计筛选窗口

分析完毕后,在工程量统计窗口中选择"清单统计"页面,单击"统计",此时只统计出工程量清单,窗口中,上面的表显示的是清单项目,下面的表则是构件的工程量计算表。需要注意的是,这时候还没有计算出工程量清单对应的定额工程量,需要在工程量分析与输出对话框中对工程量进行分析,然后再统计一次,这时定额工程量就统计出来了。

现在介绍图形选取统计,系统将提示选择要统计的构件,选择构件后,系统只统计这些构件的工程量。比如只统计出屋楼梯间的构件,选择出屋楼梯间后,单击右键,统计后,只显示出出屋楼梯间构件的工程量。

8.5   钢筋工程量分析、统计

在钢筋统计之前,需要对钢筋进行重新分析。在钢筋分析时,可以分楼层分钢筋类型进行分析,选择楼层和构件时,可以按住 ctrl 键或 shift 键来进行多选(如图8-9)。分析时,系统会按照钢筋布置的同编号原则,自动根据同编号构件的尺寸对钢筋进行分别计算并最终进行汇总。例如对本实例工程中4层的柱1,先改变其中一根的柱高和截面尺寸,然后对4层的柱筋进行分析。分析完毕后,单击钢筋统计按钮,开始钢筋统计。从统计结果中可以看出,其中一根柱的钢筋长度比其他柱筋都要长,这就是我们修改过柱高和截面尺寸的柱,而

没有布置钢筋的柱,根据同编号原则,也统计出了钢筋的数量、长度、重量等值。现在对所有楼层和构件钢筋进行分析统计。在统计之前,先设置统计模式,系统提供了 3 种方式,一是按全部构件统计,即按照选定的楼层和构件进行统计(如图 8-10)。

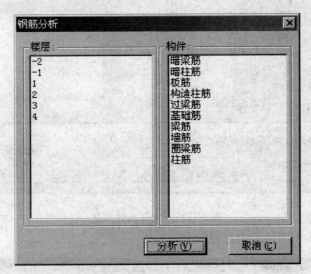

图 8-9　钢筋分析对话框

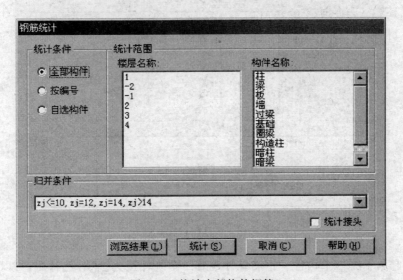

图 8-10　统计全部构件钢筋

　　第二种方式是按构件编号统计,即按照选定的楼层和具体的构件编号进行统计(如图 8-11);第三种方式是按自选构件统计,即直接到图形界面中选择要统计的钢筋(如图 8-12)。

　　选定统计方式后,还可以设置归并条件,即设置钢筋按照什么样的直径范围进行归并(如图 8-13)。钢筋统计结果窗口有两张从属关系的表,主表中是钢筋统计结果,从表是每一类钢筋的具体列表(如图 8-14)。在归并条件中修改钢筋直径的归并范围,可以看到统计结果发生了变化。在最终的统计结果中双击钢筋名称,可以回到图形界面,反查钢筋计算是

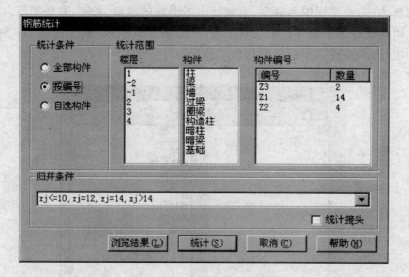

图 8-11　按编号统计钢筋

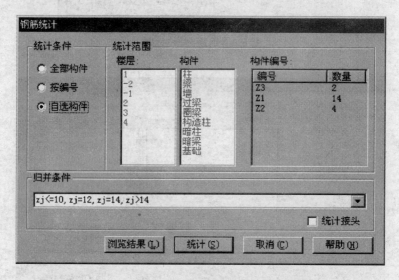

图 8-12　自选构件统计钢筋

否正确以及它属于哪一个构件。钢筋统计还有一个统计接头选项,选择后,可以根据工程属性设置中的设置,自动统计接头数量和类型。统计完毕,就可以打印相关报表了。

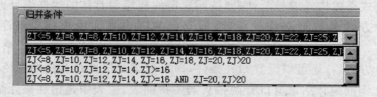

图 8-13　钢筋统计归并条件

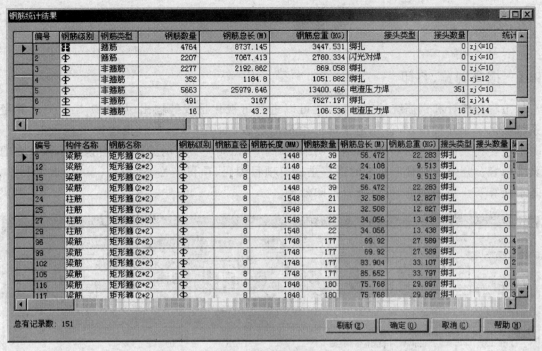

图 8-14　钢筋统计窗口

第9章 报 表

9.1 报表浏览、打印

工程量统计和钢筋统计完成后,就可以进行可视化报表的输出(如图 9-1)。三维算量系统提供了十几种报表,首先是建筑工程量汇总表(如图 9-2),然后是构件工程量汇总表,其他主要的表还有钢筋汇总表,钢筋明细表等。单击相应报表的图标,就可以显示该报表的具体内容。建筑工程量汇总表的内容主要有项目编码、项目名称、工程量、单位、指定换算、基本换算等。单击浏览,可以查看打印效果。

序号	项目编码	项目名称	工程量	项目工程量	项目单位	指定换算	项目基本换算式
1	10-127	零星项目陶瓷锦砖.砂浆粘贴	25.971	0.260	100 m2	踢1	
2	10-128	墙面墙裙陶瓷锦砖.干粉型粘结剂粘贴	51.671	0.517	100 m2	墙2	
3	10-128	墙面墙裙陶瓷锦砖.干粉型粘结剂粘贴	47.961	0.480	100 m2	裙1	
4	10-146B1	墙面墙裙彩釉砖(干粉型粘结剂粘贴).面砖密缝	84.254	0.843	100 m2		
5	10-146B1	墙面墙裙彩釉砖(干粉型粘结剂粘贴).面砖密缝	84.254	0.843	100 m2	变通计算	
6	10-146B1	墙面墙裙彩釉砖(干粉型粘结剂粘贴).面砖密缝	212.250	2.123	100 m2	外墙贴面砖	
7	10-21	砖墙面、墙裙抹水泥砂浆(厚14+6mm).二遍	354.927	3.549	100 m2	墙1	
8	10-236	现浇混凝土顶棚抹灰.水泥砂浆	230.170	2.302	100 m2	顶1	
9	10-284	天棚T型轻钢一级龙骨.不上人型.@600×600以上	58.921	0.589	100 m2	顶2	
10	10-322	石膏板面层 安在T型铝合金龙骨上	58.921	0.589	100 m2	顶2	
11	10-500	墙、柱、顶棚抹灰面刷乳胶漆二遍	230.170	2.302	100m2	顶1	
12	10-500	墙、柱、顶棚抹灰面刷乳胶漆二遍	354.927	3.549	100m2	墙1	
13	3-13	砖墙外墙? 1/4砖[M2.5水泥石灰砂浆]	143.990	1.440	100 m2		W@(0.24,0.3];H@(-, 4
14	3-24	砖砌内墙?/4砖[M2.5水泥石灰砂浆]	162.748	1.627	100 m2		W@(0.12,0.18];H@(-,
15	3-24	砖砌内墙?/4砖[M2.5水泥石灰砂浆]	9.438	0.094	100 m2		W@(0.06,0.12];H@(-,
16	4-109B5	现场搅拌砼.搅拌机.[]	84.132	8.413	10m3		ZG@(-, 30];[材料换算
17	4-118B1	浇捣矩形柱砼.[C20砼 (D20mm)]	15.675	1.567	10m3		ZG@(-, 30];[材料换算
18	4-122B1	浇捣单、连、框架、悬、肋梁砼.[C20砼 (D20mm)]	21.643	2.164	10m3		ZG@(-, 30];[材料换算
19	4-132B1	浇捣平板、肋筋、井式板砼.[C20砼 (D20mm)]	40.744	4.074	10m3		ZG@(-, 30];[材料换算
20	4-138B1	浇捣天沟挑檐砼.[C20砼 (D20mm)]	7.812	0.781	10m3		
21	4-138B1	浇捣天沟挑檐砼.[C20砼 (D20mm)]	7.812	0.781	10m3	变通计算	
22	4-20B1	矩形柱模板制安.周长2.4m以内	112.735	1.127	100 m2		L@(1.8,2.4];H@(-, 4.
23	4-26B1	单梁、连系梁(框架梁、悬臂梁、肋形梁).梁宽25cm以	14.300	0.143	100 m2		W@(-,0.25];
24	4-26B1	单梁、连系梁(框架梁、悬臂梁、肋形梁).梁宽25cm以	192.286	1.923	100 m2		W@(0.25,+);

图 9-1 报表浏览窗口

而钢筋汇总表,则显示了不同直径,不同类型的钢筋列表以及各类型钢筋重量的合计和所有钢筋重量的总计。钢筋的明细表是具体每一个构件的钢筋明细,包括构件名称和编号,同编号构件的数量,该构件的各种钢筋名称、钢筋简图、直径、长度、数量、计算式、总根数、总长、总重等信息。此外,还有工程量明细表,显示了每一个定额子目所关联的构件的明细;构件工程量明细表显示的则是每一个构件的几何属性计算式和结果。需要打印时,先进行浏览,有 3 种浏览视图可以切换,还可以直接输入浏览的百分比,方便浏览整张报表。最后单击报表打印,就可以打印三维算量报表了。

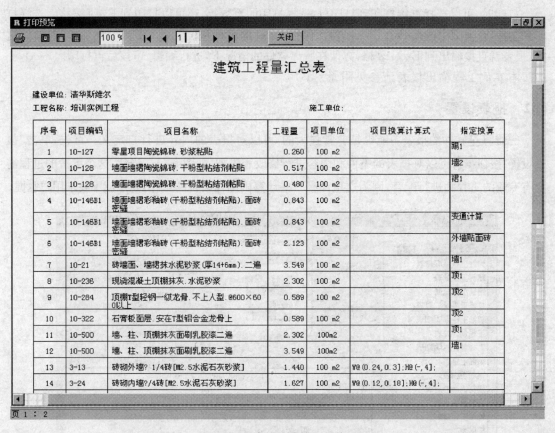

图 9-2　建筑工程量汇总表

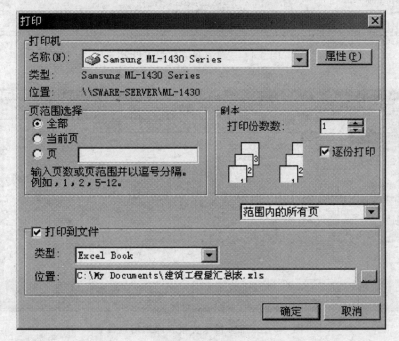

图 9-3　打印设置

打印时,可以选择直接打印到打印机,选择打印的页数等,还可以打印到 Excel 表格。选择打印到文件,在类型中选择 Excel book,输入保存 Excel 的名称和位置(如图 9-3),然后单击确认,这样,报表就直接输出到 Excel 表格,方便在脱离软件的情况下,进行编辑、审核后再打印。

本实例工程输出报表请参见附录一。

9.2 报表设置

三维算量软件的报表功能也是非常强大的,可以对报表的内容进行自定义。首先,单击"报表设置"按钮 ✗ ,可以对报表的条件和内容进行修改和添加(如图 9-4)。当然,这个维护的过程需要有专业的工程师进行配合,因为这里面有一些计算机编程语言的工作,这个就不要求用户掌握。

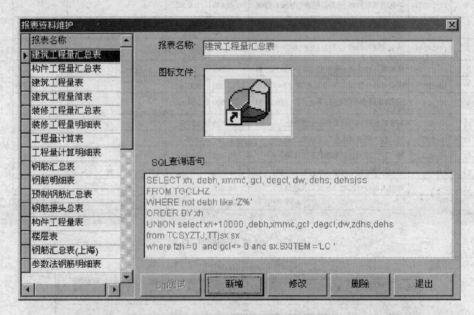

图 9-4   三维算量系统报表设置

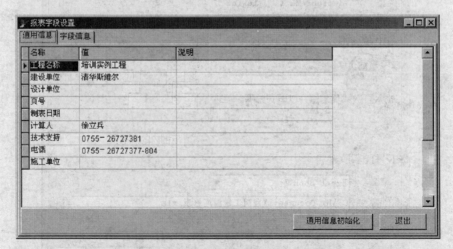

图 9-5   三维算量系统报表通用信息设置

另外,可以对报表的通用信息进行设置,如工程名称、建设单位、设计单位等信息(如图 9-5),录入这些信息后,这些信息将显示在报表的标题下面。在字段信息里,还可以修改每个报表的字段名称(如图 9-6),如将项目名称改为定额名称,改完后,切换成用户报表 ％ 即可。

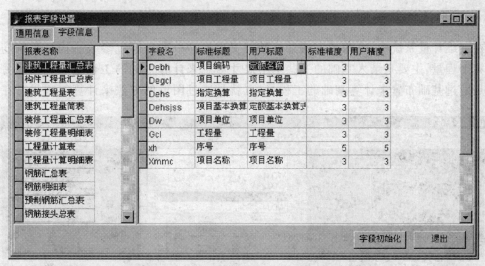

图 9-6 三维算量系统报表字段信息设置

9.3 报表数据保存

对于统计出来的数据信息,可以单击保存按钮进行保存。保存的信息还可以进行编辑,添加说明信息和保存者(如图 9-7),然后保存修改并退出。可以保存多个不同的统计信息,必要时可以进行切换,浏览打印不同统计条件下不同的统计结果而无需每次打印报表之前都要进行分析统计了。

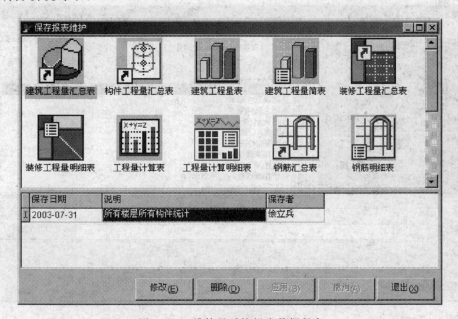

图 9-7 三维算量系统报表数据保存

第 10 章　其他工程量计算

10.1　图形法计算基础工程量

在三维算量系统中,有两种方法计算基础工程量。一种是通过参数法构件和钢筋录入来计算工程量,主要是录入基础的一些基本尺寸信息来计算基础的工程量和钢筋。另一种方法是通过基础布置来计算基础的工程量,也就是通过图形的方法来计算工程量。在本例

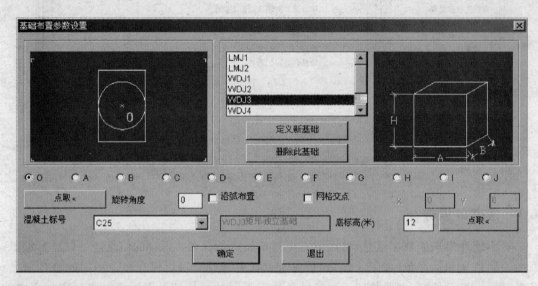

图 10-1　基础布置参数设置

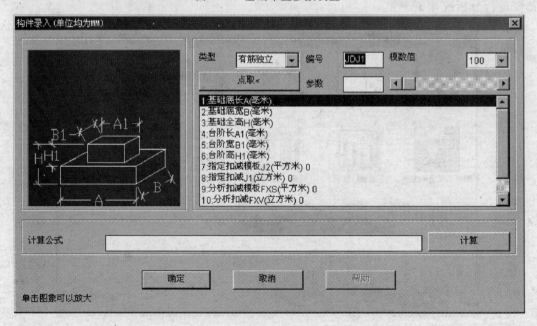

图 10-2　基础定义对话框

子工程中,基础分为两个部分,一类是地下室以下的独立柱基础,另一类是③～⑤轴 1 层以下的独立柱基础,所以布置的时候也需要分别布置。首先介绍图形法基础布置,打开轴网,激活基础布置命令(如图 10-1),布置之前,根据系统给出的示意图和代号定义基础的相关尺寸(如图 10-2),尺寸输入完毕后基础模板和体积都会自动计算出来。依次将基础定义完毕,就可以开始布置了,布置时,先选择要布置的基础,然后指定基础的偏心方向和偏心距,还可以指定旋转角度、混凝土强度、基础底标高,最后根据施工图,找到基础位置,单击确定,将基础布置在图形界面。在布置过程中,有时因为选择插入点时出现误差,会造成基础位置错误,此时可以将基础删除,重新布置即可。如果布置完基础后,发现基础标高不对,可以利用"通用编辑"修改基础标高。基础布置完毕,就可以对基础套挂定额,套挂定额的方法与其它构件是一样的,但有一点不同的是,基础垫层也可以利用基础的尺寸进行计算,假如垫层在基础底两边各延伸 100mm,就可以用基础长加上 200mm,再乘以基础宽加上 200mm,最后乘以垫层高,进行单位换算即可得到垫层的混凝土体积,垫层的模板面积也可以通过同样的方法得到。对基础进行分析输出和统计,就可以得到基础的工程量了。基础钢筋可以通过系统提供的基础钢筋布置功能获得。

10.2　参数法计算楼梯工程量

在三维算量系统中,可以通过参数法构件和钢筋录入来完成一些图形法实现较困难的

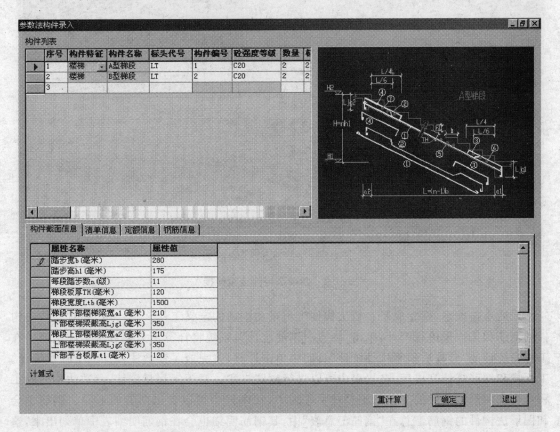

图 10-3　参数法构件定义窗口

构件的工程量和钢筋计算。激活参数法构件和钢筋录入命令,在参数法构件录入窗口中,有两张从属关系的表格(如图10-3),上面用于输入构件类型和数量,下面则是每一个构件的几何属性信息。现在以楼梯为例说明。首先在主表中选择构件类型、构件名称、构件代号、数量、标准层数等信息,在从表中输入构件的几何尺寸信息,构件模板和混凝土工程量会自动计算,然后在定额信息页面中挂接定额(如图10-4),在这里,挂接定额的方法和图形法是一样的。完成工程量计算的工作后,可以进行钢筋的录入,在参数法中,只需要输入钢筋的描述,钢筋的数量和长度就可以自动计算(如图10-5),这样,就完成了钢筋录入。在参数录入过程中,可以示意图中单击右键,在右键菜单中选择缩放、平移等命令,方便的观察构件的尺寸代号和钢筋示意图。

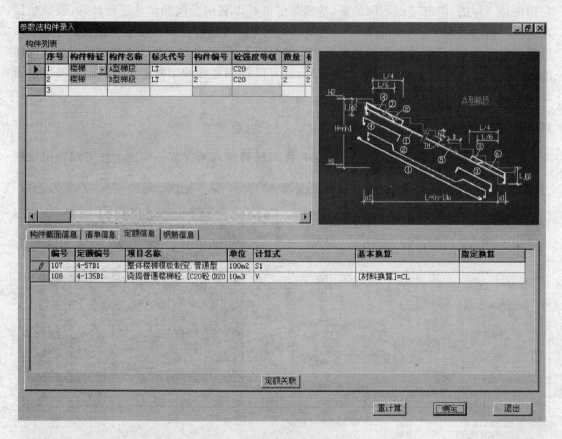

图 10-4　参数法构件定额挂接

最后单击确定,就完成了参数法构件工程量和钢筋的定义工作。下一步,要对参数法构件的钢筋和工程量进行统计,单击"参数法钢筋统计",系统将计算汇总参数法构件钢筋。在工程量统计的"参数法预制构件统计"页面中单击计算,就完成了参数法构件的工程量统计。工程量和钢筋统计完成后,在报表中可以进行浏览打印。对于工程量统计,参数法构件的工程量会和图形法构件的工程量汇总在一张表中,从序号中可以看出两者的不同。钢筋也会和图形法构件的钢筋汇总在"钢筋汇总表"中,其钢筋明细也会在钢筋明细表中单列出来,这样,参数法构件的工程量和钢筋计算就完成了。

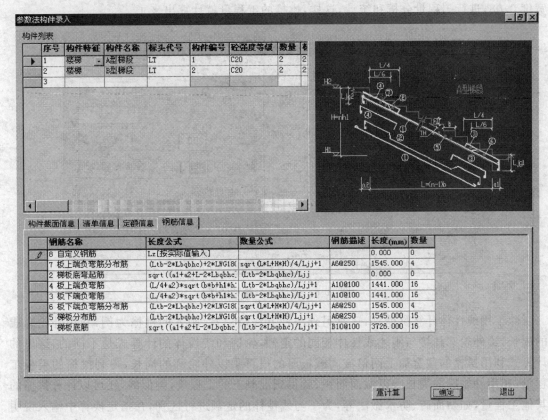

图 10-5 参数法构件钢筋信息

10.3 零星工程量计算

在三维算量系统中,对于一些零星的构件,利用三维算量强大的建模功能,我们可以建立一定的模型,用一些巧妙的方法来计算出它的工程量,如天沟、挑檐等构件的工程量,就可以用这种方法获得。在这里,重点介绍两种方法。一种是通过三维算量系统提供的线性体来获取相关的工程量,另一种是通过变通的方式来获得。先介绍线性体,如果要在 3 层顶布置挑檐,先切换到第 3 层平面,首先定义线性体的混凝土强度等级和标高,然后定义线性体的截面(如图 10-6),由于挑檐是 L 形的,就需要自定义它的截面尺寸,这个定义的过程实质

上是一个绘制图形的过程,在图面上通过绘制连续线段的方式,绘制出挑檐的截面。

系统提供了多种布置方式,这里我们选择 AA 布置方式。然后沿着柱和梁的外边线点击布置,最后系统会提问绘制是否正确,如果绘制有误,输入 N 重新绘制,这里我们输入 Y 表示绘制正确,即可完成挑檐的布置。需要说明的是,线性体显示时,是以最大截高和最大截宽为尺寸显示成矩形的,但计算时还是以定义的尺寸进行计算,图形显示并不影响工程量计算的正确性。布置完后,查询线性体的属性,可以看到线性体的几何属性已经计算出来了。给线性体挂接挑檐的定额,计算式需要做一些变动,如挑檐的模板计算式应该是底面积加上两倍底侧面积,贴瓷片的面积是底面积加侧面积,再加上挑檐的顶面积,即轨迹线长乘以顶面

宽度 0.08,进行工程量分析和统计,这样,挑檐的工程量就计算出来了。

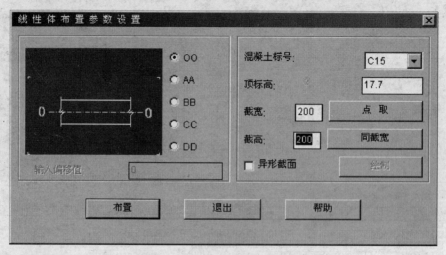

图 10-6　线性体布置对话框

除了用线性体计算挑檐外,还有另外一种方法,还是以刚才的挑檐为例,利用外轮廓线的周长,给外轮廓挂接与刚才线性体相同的定额,轮廓和线性体的计算式是不同的,这里的计算式利用挑檐的截宽加上两倍截高减板厚的值再乘以外轮廓的周长,得到挑檐的模板工程量,利用外轮廓的周长乘以截面面积,就得到混凝土的工程量,类似的,还可以计算挑檐的其他工程量,如贴面砖、防水做法等,为了与线性体的定额进行区别,在指定换算中输入说明作为标识。定额挂接完毕,就可以进行分析统计,得到挑檐的工程量。在统计结果中,可以看到以线性体计算和以轮廓计算的挑檐工程量是一样的。

10.4　使用工程量计算表计算零星工程量

在三维算量系统中,还提供了一个工具"工程量计算表"来计算零星工程量(如图 10-7)主要应用于一些复杂的零星构件的计算。如雨篷下的吊挂板,在本实例工程中,先用手动布置的方式布置弧梁的外轮廓,然后查询属性,得到轮廓周长为 14.583m,最后在工程量计算表中选择定额,定义一个构件编号,在工程量中输入 14.583 乘以吊挂板高度 0.8 再乘以 2,就可以得到模板工程量,混凝土工程量则是 14.583 乘以吊挂板高度 0.8 再乘以吊挂板宽度 0.06,类似的,其他工程量也可以用计算表计算得到。而其他构件如果采用相同定额的话,不需要再选定额,直接在从表中添加就可以了。

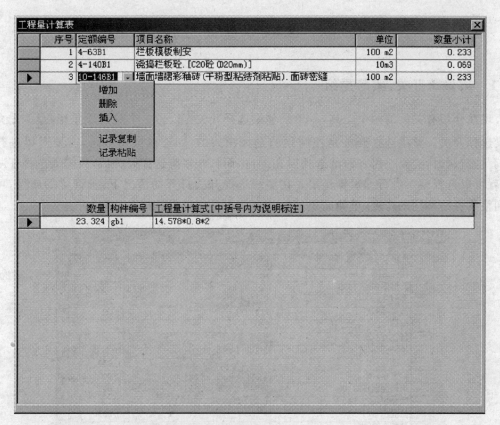

图 10-7 零星工程量计算表

第11章 工程量查询、编辑工具

11.1 梁多跨开关、梁跨重组

现在介绍有关梁的两个工具,一个是整梁选择开关 ,另一个是梁段重组 。先介绍整梁选择开关。整梁选择开关是控制梁的选择模式的,如连续梁有多跨,需要对梁进行查询、套挂定额时,需要一跨一跨的选择后在进行,而打开多跨选择开关后,只需要选择任一跨梁,就可以选择整梁进行编辑操作了。在多跨选择开关打开的情况下,查询梁的属性,可以看到整梁各跨不同的跨度、单侧面积、底面积、体积等信息(如图11-1)。

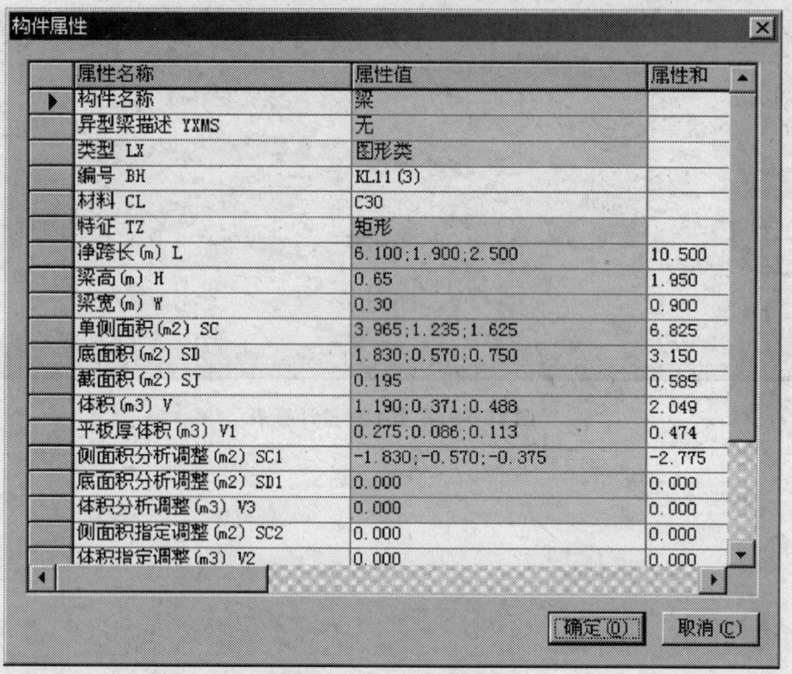

属性名称	属性值	属性和
构件名称	梁	
异型梁描述 YXMS	无	
类型 LX	图形类	
编号 BH	KL11(3)	
材料 CL	C30	
特征 TZ	矩形	
净跨长(m) L	6.100;1.900;2.500	10.500
梁高(m) H	0.65	1.950
梁宽(m) W	0.30	0.900
单侧面积(m2) SC	3.965;1.235;1.625	6.825
底面积(m2) SD	1.830;0.570;0.750	3.150
截面积(m2) SJ	0.195	0.585
体积(m3) V	1.190;0.371;0.488	2.049
平板厚体积(m3) V1	0.275;0.086;0.113	0.474
侧面积分析调整(m2) SC1	-1.830;-0.570;-0.375	-2.775
底面积分析调整(m2) SD1	0.000	0.000
体积分析调整(m3) V3	0.000	0.000
侧面积指定调整(m2) SC2	0.000	0.000
体积指定调整(m3) V2	0.000	0.000

图 11-1　整梁属性查询

此外,整梁套挂定额、复制、偏移、修改等操作都可以方便的进行。

现在介绍梁跨重组,此功能用来重新组织梁跨。激活梁跨重组命令,选取需要重新组织

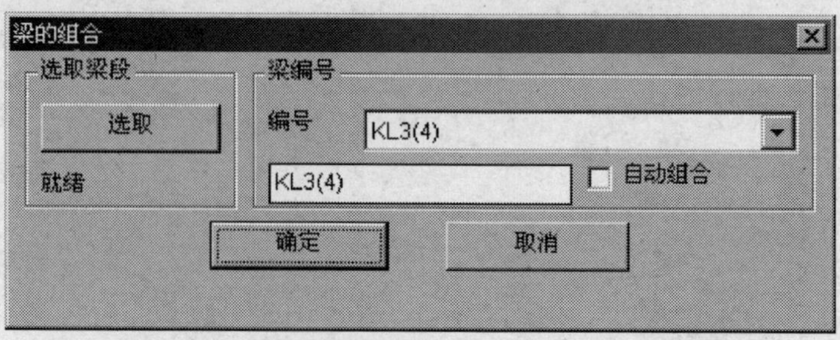

图 11-2　梁跨重新组织对话框

的梁段，输入梁的编号（如图 11-2），单击确定，系统将所有选择的梁跨重新组织为一个整梁，梁跨号的顺序也就是选择梁跨时的顺序，也就是说，重组梁跨的时候，为了防止钢筋计算错误，需要选择正确的梁跨顺序。此外，三维算量系统的梁还有一个特点，即对于一个多跨梁，删除了其中一个中间跨如跨 3，余下的梁跨 4、5 将自动修改梁跨号为 3、4……，这样，就可以保证梁的连续性。

11.2　常用选项设定

在三维算量系统的"工具——可视化设置"中，有一项"常用选项"（如图 11-3），在这里可以对一些常用的选择开关进行设定。如梁多跨选择开关，系统默认是关闭的，如果要打开，在选择框里打上钩就可以了。

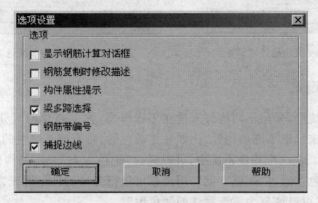

图 11-3　常用选择设置

在这几个选择中，有一个显示钢筋计算对话框，这个功能是在进行钢筋布置的时候，如柱的箍筋，它有很长的数量公式和长度公式，如果没有选择这个选项，单击确定后，就直接布置钢筋，但是选择了这个选项后，单击确定就会出现一个计算式对话框（如图 11-4），显示了钢筋长度和数量的计算过程。

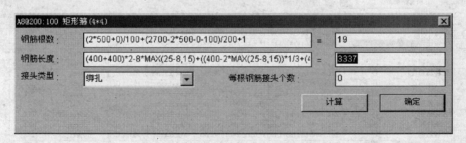

图 11-4　钢筋计算对话框

另外，对于钢筋，还有一个选项就是"钢筋复制时修改描述"（如图 11-5），这个功能是在进行钢筋复制时，控制是否可以修改钢筋描述。

另外还要介绍一个常用的功能"捕捉边线"，这个功能主要是针对三维算量系统中梁、墙构件边界的捕捉而设置的，比如在梁围成的一个闭合区域里手动布置板，如果没有打开"捕捉边线"功能，是捕捉不到梁的角点的，而打开后，就可以正常捕捉角点了。

图 11-5　修改钢筋描述对话框

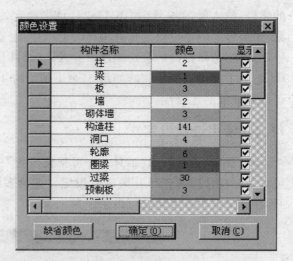

图 11-6　配色方案

11.3　配色方案设定

在三维算量系统中,采用不同构件来建立工程模型,为了直观的区分不同的构件,系统采用了不同的颜色来标识不同的构件,比如柱是黄色的,砖石墙是绿色的,窗是蓝色的,梁是红色的(如图 11-6)。在三维算量系统中,可以通过"配色方案"来定制构件的颜色。如修改基础和砖墙为土黄色。通过"配色方案",用户就可以把各种构件设置成为自己喜欢的颜色。单击"缺省颜色",就可以恢复为系统默认的颜色设置。

11.4　钢筋公式库维护

在三维算量系统中,可以通过钢筋公式库维护对钢筋的计算公式进行自定义的变化(如图 11-7)。

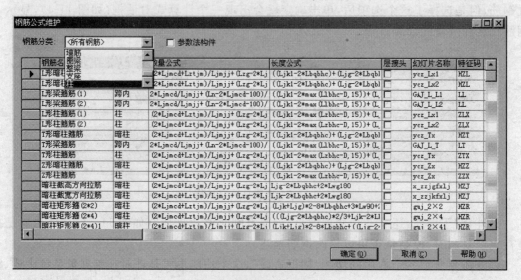

图 11-7　钢筋公式库维护

首先通过钢筋分类过滤不同构件的钢筋公式,然后可以对钢筋公式进行编辑或增加、删除钢筋公式。对于参数法构件的钢筋，选择参数法构件选项后，就可以通过同样的操作对钢筋公式进行编辑或增加、删除钢筋公式。单击钢筋公式后面的按钮，可以看到公式各个参数值的具体含义，方便进行钢筋编辑（如图 11-8）。

图 11-8　编辑钢筋公式

11.5　标准做法库维护

在三维算量系统中，可以对一些标准图集加以利用。在挂接定额时，可以采用一些标准

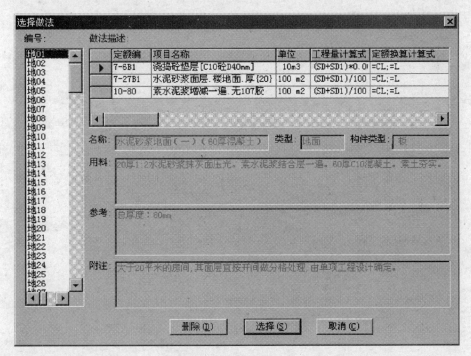

图 11-9　选择标准做法

图集(如图11-9),如轮廓,要计算外墙装饰的话,通过做法选择,就可以直接在标准做法中选择定额,就不用一条一条的去挂接了。同样,也可以把自己的做法保存起来,在下次挂接相同的定额时直接加以利用。而对于这些标准做法的维护,就可以到"标准做法库维护"中进行,在这里可以分构件显示标准做法,每一个做法都关联了多条定额,对这些定额做相关的编辑修改或增加删除,就完成了标准做法库的维护。

第12章　三维算量2003新增及改进功能

12.1　工程合并

为适应多人协同合作,快速计算大型工程的工程量的要求,三维算量2003提供了将各人分工所作的工作进行合并,最后统一输出工程量的功能。

对同一工程的多人协同分工合作,应该遵循工程前期整体设置→分工计算工程量→工程汇总合并这样一个流程。工程合并主要是对工程构件及其所关联的清单、定额的合并,为保证合并的准确性,工程属性、结构总说明、轴网和楼层要在分工之前进行整体设定,而且各人分工时必须在所负责的楼层内依据相同的轴网进行构件的布置,才能保证合并时构件位置的准确性。

执行"分析\工程合并"命令,弹出如图12-1所示的对话框,在对话框中单击选取工程文件按钮,选取想要合并的工程文件,该工程所包含的楼层将在楼层列表中列出。此外对话框中还有多个选项,"清除当前工程相应构件"是为避免多次合并造成工程构件的重复,参数法构件及零星构件与图形无关,无法判断其重复性,所以此类构件最好由一人专门负责,切忌进行多次重复合并。选择相关的选项,然后选取相应的楼层及构件即可进行合并。

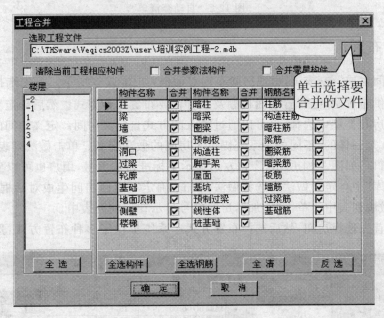

图12-1　工程合并

12.2　自动套清单

在三维算量2003中,系统还提供了自动挂接清单的功能,系统根据图形构件的具体属性信息,结合工程量清单计价规范(GB 50500—2003)最新标准,给构件自动挂接上标准清单。

单击"自动套清单"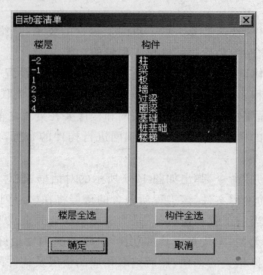按钮，在弹出的"自动套清单"对话框（如图 12-2 所示）中选择楼层和构件，与手动的方式一样，楼层和构件可以通过"CTRL"键和"SHIFT"键进行多选，也可以单击"全选"按钮选择全部的楼层和构件。单击"确定"按钮，系统开始自动挂接清单，已经挂接了清单的构件会改变颜色。

图 12-2　自动套清单

12.3　房间布置

单击"房间生成"按钮，出现房间布置对话框，如图 12-3 所示。首先选择需要生成的构件，系统提供布置侧壁、布置地面顶棚及两者皆要布置三种方式。然后确定要布置的房间编号，可以在房间类型中选择，也可以通过输入的方式自定义房间。定义房间的高度范围与三维算量 7.0 是一样的，不同的是系统提供了房间的做法定义。单击做法列表中的按钮，进入选择做法窗口，如图 12-4 所示，窗口左边显示了标准做法编号，用户也可以到前面介绍过的"标准做法库"中自定义做法。选择做法，单击"确定"，返回房间生成对话框，选择的做法编号显示在做法列表中。单击"增加"，房间编号显示在房间列表中。

布置时，首先选择房间，然后选择布置方式。系统提供了多种布置方式：选点绘制内边

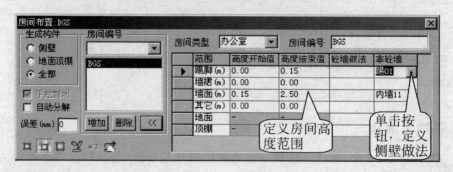

图 12-3　房间布置对话框

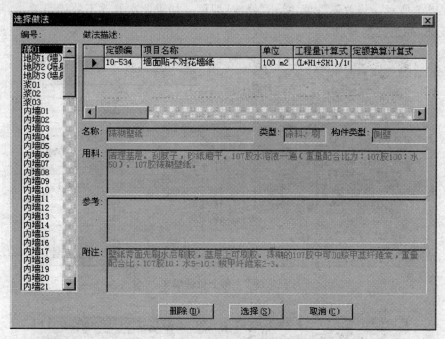

图 12-4 选择标准做法

界(按误差值补缺口方式,仅墙、柱参与),用这种方式,程序在绘制房间构件会自动补齐宽度小于误差值的缺口;选点绘制内边界(按误差值延长墙方式,所有可见图元参与),用这种方式,程序在绘制房间构件时会自动将墙体延长一个误差值,然后再分析边界区域;选点绘制外边界(按误差值延长墙方式,所有可见图元参与)以及手动画边界。这里我们布置办公室,并采用第一种方式布置。布置前,还需要注意一些选项:"手绘封闭"是指定在手绘侧壁方式下自动封闭绘制的多义线;"自动分解"是指定在绘制侧壁时区分所属墙体或柱的材料自动进行分解。布置时,在封闭区域内单击,房间就布置完成了。

如果布置房间时没有选择"自动分解",或是墙、柱的材料发生了变化,则可以利用"房间炸开"的功能,分解侧壁构件。单击"房间炸开" 按钮,命令行中将出现炸开选项,输入 T,自动炸开当前楼层所有侧壁,输入 A,自动炸开全部楼层的所有侧壁,输入回车或空格,则手动选择侧壁,进行炸开处理。侧壁炸开后,即可对每一段侧壁的高度范围和做法进行修改。

此外,系统还提供了房间复制的功能,其作用是把地面顶棚的做法、侧壁做法及高度范围从参考房间复制到目标房间,复制时,只能单独选择地面顶棚或侧壁进行复制。现在以侧壁为例进行说明:单击"房间复制" ,按照系统提示,选择参考侧壁,然后选择目标侧壁。复制完成后,查看目标侧壁的属性,发现它的高度范围和做法都已经与参考侧壁一样了。

12.4 构件编辑

与三维算量 7.0 相比,构件编辑功能发生了很大的变化。在三维算量 2003 中,提供了批量修改、查询构件信息的功能。

单击"构件编辑" 按钮,可以选取单个或多个构件,而开放修改的属性取决于选取的构件类型和属性。比如选择单个柱,系统提供修改编号、材料、高度、偏移值、截面尺寸等属性，如图 12-5 所示。修改属性值，单击"修改"即可。如果此次修改不能满足要求，可以单击"撤消"按钮，撤消此次修改。

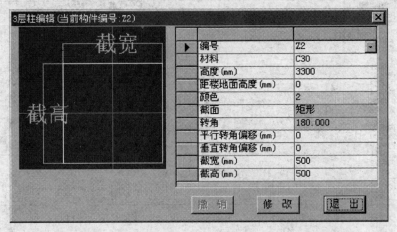

图 12-5　单个构件编辑

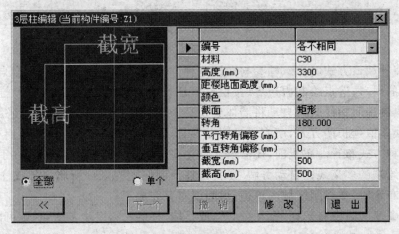

图 12-6　多个构件编辑

　　选择多个构件编辑，系统提供了两种编辑方式：选择"全部"，则修改会作用于所选全部构件，选择"单个"则作用于所有所选构件中的某一个构件，并且当前正在处理的构件在屏幕中亮显。"下一个"按钮只作用于"单个"选项方式，主要用轮流切换处理。

　　构件编辑完成后，需要重新分析统计，才能得到正确的工程量。

附录一 实例工程输出报表

（一）建筑工程量汇总表

建设单位：THSWARE

工程名称：某公司综合楼 施工单位：某建筑工程公司

序号	项目编码	项 目 名 称	工程量	项目单位	项目换算计算式	指定换算
1	10-125	墙面墙裙陶瓷锦砖.砂浆粘贴	1.060	100m²		女儿墙贴瓷片
2	10-125	墙面墙裙陶瓷锦砖.砂浆粘贴	0.565	100m²		楼梯间外墙贴瓷片
3	10-127	零星项目陶瓷锦砖.砂浆粘贴	0.757	100m²		踢1
4	10-128	墙面墙裙陶瓷锦砖.干粉型胶粘剂粘贴	1.485	100m²		墙2
5	10-128	墙面墙裙陶瓷锦砖.干粉型胶粘剂粘贴	1.822	100m²		裙1
6	10-138	柱（梁）面瓷板.砂浆粘贴	0.018	100m²		独立柱踢脚
7	10-146B1	墙面墙裙彩釉砖（干粉型胶粘剂粘贴）.面砖密缝	8.179	100m²		外墙面砖
8	10-148B2	柱（梁）面镶贴彩釉砖（砂浆粘贴）.面砖密缝	0.162	100m²		独立柱墙裙
9	10-148B5	柱（梁）面镶贴彩釉砖（胶粘剂粘贴）.面砖密缝	0.110	100m²	L@(1,1.8)；H@(-,4.5)；	
10	10-148B5	柱（梁）面镶贴彩釉砖（粘结剂粘贴）.面砖密缝	0.090	100m²		雨篷梁装饰
11	10-158	墙面贴条形面砖（干粉型胶粘剂粘贴）.面砖密缝	0.843	100m²		线性体

制表： 计算人： 第1页,共12页 技术支持:0755－26727381 2003-08-18

（二）建筑工程量汇总表

建设单位：THSWARE

工程名称：某公司综合楼 施工单位：某建筑工程公司

序号	项目编码	项 目 名 称	工程量	项目单位	项目换算计算式	指定换算
53	4-119B1	浇捣圆形柱、多边形柱混凝土.[C20混凝土(D20mm)]	0.128	10m³	ZG@(-,30)；[材料换算]CLHS=D0112\FD0110；CL=C20	
54	4-122B1	浇捣单、连、框架、悬、肋梁混凝土.[C20混凝土(D20mm)]	0.083	10m³	ZG@(-,30)；[材料换算]CLHS=D0110\FD0110；CL=C20	
55	4-126B1	浇捣弧形梁、拱形梁混凝土.[C20混凝土(D20mm)]	0.076	10m³	ZG@(-,30)；[材料换算]CLHS=D0110\FD0110；CL=C20	
56	4-132B1	浇捣平板、肋板、井式板混凝土.[C20混凝土(D20mm)]	0.069	10m³	ZG@(-,30)；[材料换算]CLHS=D0110\FD0110；CL=C20	
57	4-138B1	浇捣天沟挑檐混凝土.[C20混凝土(D20mm)]	0.764	10m³		轮廓
58	4-138B1	浇捣天沟挑檐混凝土.[C20混凝土(D20mm)]	0.781	10m³		线性体

制表： 计算人： 第8页,共12页 技术支持:0755－26727381 2003-08-18

（三）构件工程量汇总表

建设单位：THSWARE

工程名称：某公司综合楼　　　　　　　　　　　　　　　　施工单位：某建筑工程公司

构件名称	工程量名称	工程量	计算式说明	换算计算式
板	板模板面积	109.924	$SD+SD_1+SD_2$	$H=0.110$；
板	板模板面积	45.348	$SD+SD_1+SD_2$	$H=0.120$；
板	板模板面积	894.907	$SD+SD_1+SD_2$	$H=0.150$；
板	板混凝土体积	152.119	$V+V_1+V_2$	$CL=C30$；$ZG@(-,30)$；
侧壁	墙面面积	1174.571	$L\times H3+SH3$	
侧壁	墙裙面积	182.192	$L\times H2+SH2$	
侧壁	踢脚线长	666.052	$L+L2$	
地面顶棚	地面面积	1068.274	$SD+SD_1+SD_2$	
地面顶棚	天棚抹灰面积	1246.404	$ST+ST_1+ST_2+SZLC$	
洞口	洞侧壁面积（如窗侧抹灰）	169.398	$SC[]CL=$铝合金；	
洞口	洞口面积	26.640	S	$CL=$铝合金；
柱	柱混凝土体积	20.178	$V+V_2-V_1$	$CL=C20$；$ZG@(-,30)$；
柱	柱混凝土体积	49.928	$V+V_2-V_1$	$CL=C30$；$ZG@(-,30)$；

制表：　　　计算人：　　　　　第1页，共4页　　　　　技术支持：0755－26727381　　　2003-08-18

（四）建筑工程量表

建设单位：THSWARE

工程名称：某公司综合楼　　　　　施工单位：某建筑工程公司　　　　　第5页，共103页

序号	项目编号	项目名称	项目单位	项目工程量	构件编号	工程量计算式	楼层	明细工程量	定额换算	指定换算	位置信息
57					L1	（净跨长4.815×截高0.400）［单侧面积(m²)］＋(0.06+0.2)×4.815［净跨长(m)］	1	3.178			E：4-E：3
58.	10-158	墙面贴条形面砖(干粉型胶粘剂粘贴)、面砖密缝	100m²	0.843						线性体	
59					554B3	（截宽0.450×轨迹线长81.804）［底面积(m²)］＋（截高0.450×轨迹线长81.804）［单侧面积(m²)］＋81.804［轨迹线长(m)］×0.08	3	84.258			E：1-A：1
60	10-158	墙面贴条形面砖(干粉型胶粘剂粘贴)、面砖密缝	100m²	0.824						轮廓	
61					54709	80.000［周长(m)］×(0.5+0.45+0.08)	3	82.400			A-E：1-5
62	10-21	砖墙面、墙裙抹水泥砂浆(厚14+6mm)，两遍	100m²	0.056						挑檐内侧	
63					54F24	18.721［周长(m)］×3－2.7［高度范围1(m)］	4	5.616			3-E：RTLwPs-4
64	10-21	砖墙面、墙裙抹水泥砂浆(厚14+6mm)，两遍	100m²	1.822						裙1	

续表

序号	项目编号	项目名称	项目单位	项目工程量	构件编号	工程量计算式	楼层	明细工程量	定额换算	指定换算	位置信息
65					餐厅和走道	18.280[长(m)]×1.5−0.15[墙裙(m)]+−4.757(−4.757[洞口面积])[墙裙面积分析调整(m²)]	1	17.221			C-5：4-RTwRs
66					餐厅和走道	44.560[长(m)]×1.5−0.15[墙裙(m)]+−15.180(−15.180[洞口面积])[墙裙面积分析调整(m²)]	2	44.976			C-5：2-RTwRs
67					餐厅和走道	44.560[长(m)]×1.5−0.15[墙裙(m)]+−15.180(−15.180[洞口面积])[墙裙面积分析调整(m²)]	3	44.976			C-5：2-RTwRs
68					餐厅和走道	68.060[长(m)]×1.5−0.15[墙裙(m)]+−16.862(−16.862[洞口面积])[墙裙面积分析调整(m²)]	1	75.019			A-E：1-4
69	10-21	砖墙面、墙裙抹水泥砂浆9厚14+6mm),两遍	100m²	1.485						墙2	
70					卫生间	11.480[长(m)]×3−0[墙面(m)]+−4.680(−4.680[洞口面积])[墙面面积分析调整(m²)]	1	29.760			5-E：RTLwPs-5
					卫生间		1	30.000			4-E：RTLwPs-4

制表：　　　计算人：　　　技术支持:0755—26727381　　　　　　　　　　　　2003-08-21

（五）建筑工程量表

建设单位:THSWARE

工程名称:某公司综合楼　　　　　施工单位:某建筑工程公司　　　　　第67页,共103页

序号	项目编号	项目名称	项目单位	项目工程量	构件编号	工程量计算式	楼层	明细工程量	定额换算	指定换算	位置信息
1134	4-119B1	浇捣圆形柱、多边形柱混凝土[C20混凝土(D20mm)]	10m³	0.128					ZG@(−30)：[材料换算]CLHS=D01112/FD0110;CL=C20		
1135					Z3	(截面面积0.152×柱高 4.200)[体积(m³)]	1	0.639			E：3
1136	4-122B1	浇捣单、连、框架、悬、肋梁混凝土[C20混凝土(D20mm)]	10m³	0.083					ZG@(−30)：[材料换算]CLHS=D0110\FD0110：CL=C20		
1137					L1(1)	(净跨长3.780×截宽0.250×截高0.400)[体积(m³)]−0.113[平板厚体积(m³)]+0.000	1	0.263			E：3-E：3
1138					L2(1A)	(净跨长4.055×截宽0.250×截高0.400)[体积(m³)]−0.122[平板厚体积(m³)]+(−0.001)	1	0.282			E：3-E：3

续表

序号	项目编号	项目名称	项目单位	项目工程量	构件编号	工程量计算式	楼层	明细工程量	定额换算	指定换算	位置信息
1139	4-126B1	浇捣弧形梁、拱形梁混凝土［C20混凝土（D20mm）］	10m³	0.076					ZG@（−30）：［材料换算］CLHS＝D0110\FD0110：CL＝C20		
1140					L1	（净跨长4.081×截宽0.200×截高0.400）［体积（m³）］−0.098［平板厚体积（m³）］+（−0.000）	1	0.228			E：3-E：3
1141					L1	（净跨长4.815×截宽0.200×截高0.400）［体积（m³）］−0.116［平板厚体积（m³）］+（−0.001）	1	0.268			E：3-E：2
1142					L1	（净跨长4.815×截宽0.200×截高0.400）［体积（m³）］−0.116［平板厚体积（m³）］+（−0.001）	1	0.268			E：4-E：3
1143	4-132B1	浇捣平板、肋板、井式板混凝土［C20混凝土（D20mm）］	10m³	0.069					ZG@（−30）：［材料换算］CLHS＝D0110\FD0110：CL＝C20		
1144					L1	0.096［平板厚体积（m³）］	1	0.098			E：3-E：3
1145					L1(1)	0.113［平板厚体积（m³）］	1	0.113			E：3-E：3
1146					L1	0.116［平板厚体积（m³）］	1	0.116			E：3-E：2
1147					L1	0.116［平板厚体积（m³）］	1	0.116			E：4-E：3

制表：　　　　计算人：　　　　　　　技术支持：0755—26727381　　　　2003-08-21

（六）工程量计算表明细

建设单位：THSWARE

工程名称：某公司综合楼　　　　　　　　　　　　　　施工单位：某建筑工程公司

序号	定额编号	项目编号	数量	单位	构件编号	工程量计算式
1	4-63B1	栏板模板制安	0.293	100m²		
			23.332		gb1	14.583×0.8×2
			6.016		gb2	3.760×0.8×2
2	4-140B1	浇捣栏板混凝土［C20混凝土（D20mm）］	0.087	10m³		
			0.699		gb1	14.583×0.8×0.06
			0.180		gb2	3.760×0.8×0.06
3	10-160B10	零星项目粘贴条形面砖（胶粘剂粘贴），面砖密缝	0.293	100m²		
			23.332		gb1	14.583×0.8×2
			6.016		gb2	3.760×0.8×2

制表：　　　　计算人：　　　　　第1页，共1页　　　　技术支持：0755—26727381　　　2003-08-18

（七）钢筋汇总表

建设单位：THSWARE

施工单位：某建筑工程公司　　　　　工程名称：某公司综合楼　　　　　第1页，共2页

直 径 （mm）	钢筋级别	钢筋类型	合 计 （t）	板钢筋 （t）	柱钢筋 （t）	梁钢筋 （t）	墙钢筋 （t）	基础钢筋 （t）	楼梯钢筋 （t）	其他钢筋 （t）
6			0.056	0.000	0.000	0.000	0.000	0.000	0.056	0.000
6		非箍筋	0.776	0.751	0.000	0.000	0.025	0.000	0.000	0.000
6		箍　筋	0.011	0.000	0.000	0.011	0.000	0.000	0.000	0.000
8		非箍筋	2.398	1.896	0.379	0.000	0.123	0.000	0.000	0.000
8		箍　筋	6.483	0.000	2.789	3.694	0.000	0.000	0.000	0.000
10			0.227	0.000	0.000	0.000	0.000	0.000	0.227	0.000
10		非箍筋	11.768	11.768	0.000	0.000	0.000	0.000	0.000	0.000
12		非箍筋	2.588	1.254	0.000	0.000	1.334	0.000	0.000	0.000
18		非箍筋	1.885	0.000	0.993	0.892	0.000	0.000	0.000	0.000
20		非箍筋	16.150	0.000	5.624	10.526	0.000	0.000	0.000	0.000
22		非箍筋	3.650	0.000	0.000	3.650	0.000	0.000	0.000	0.000
25		非箍筋	1.839	0.000	0.000	1.839	0.000	0.000	0.000	0.000
合计（t）			48.145	15.669	9.785	20.612	1.482	0.000	0.597	0.000

备注：1. 柱钢筋包括构造柱钢筋；2. 梁钢筋包括圈梁钢筋和过梁钢筋；3. 墙钢筋包括暗柱钢筋和暗梁钢筋

制表：　　　　　　　计算人：　　　　　　　　技术支持：0755—26727381　　　　2003-08-18

（八）钢筋明细表

建设单位：THSWARE

工程名称：某公司综合楼　　　　　施工单位：某建筑工程公司

当前层：第-1层　　　第8页：共61页

钢筋编号	钢筋名称	钢筋简图	级别直径	单根长度(mm)	单件数量(根)	单根长度计算式	单件数量计算式	同钢筋构件数量	合计数量(根)	会计长度(M)	会计重量(kg)	接头类型	接头数量
构件编号：KL1(2A)		本编号构件数量：1											
	梁底直筋	630 ⌐ 4900 ¬	φ18	6160	4	4900+2×690		1	4	25	49	绑扎	0
	悬挑底筋		φ18	2845	4	2100-25+15×18		1	4	9	19	绑扎	0
	端支座负筋	770 ⌐ 1333	φ22	2109	4	4000/8+770		1	4	8	25	闪光对焊	0
	梁底直筋	630 ⌐ 4000 ¬	φ18	5260	4	4000+2×680		1	4	21	42	绑扎	0
	受力锚固面筋	700 ⌐ 9400 ¬	φ20	10800	2	9400+2×700		1	2	22	53	绑扎	0
	中间支座负筋	3767	φ22	3767	4	500+max（4900，4000）/3×2		1	4	15	45	闪光对焊	0
	矩形链(2×2)	600 ⌐ 250	φ8	1848	94	[300+650-4×max(25-8.15)]×2+3×2×1	300/100+(4900-2×1)	1	94	174	69	绑扎	0

续表

钢筋编号	钢筋名称	钢筋简图	级别直径	单根长度(mm)	单件数量(根)	单根长度计算式	单件数量计算式	同钢筋构件数量	合计数量(根)	会计长度(M)	会计重量(kg)	接头类型	接头数量
	端支座负筋	770 ⌐ 1633	φ22	2403	4	4900/8＋770		1	4	10	29	闪光对焊	0

构件编号:KL2(2A)　　　本编号构件数量:1

| | 中间支座负筋 | 3767 | φ22 | 3767 | 2 | 500 + max(4000, 4900)/3×2 | | 1 | 2 | 8 | 22 | 闪光对焊 | 0 |
| | 梁底直筋 | 700 ⌐ 4000 | φ20 | 5400 | 4 | 4000＋2×700 | | 1 | 4 | 22 | 53 | 绑扎 | 0 |

制表:　　　　　计算人:　　　　　技术支持:0755—26727381　　　　　2003-08-21

（九）参数法钢筋明细表

建设单位:THSWARE

工程名称:某公司综合楼　　　　　施工单位:某建筑工程公司

当前层:第　层　　　第1页:共2页

钢筋名称	钢筋简图	级别直径	单根长度(mm)	单件数量(根)	单根长度计算式	单件数量计算式	会计数量(根)	会计长度(m)	合计重量(kg)
构件编号:LJ_1		本编号构件数量:2							
7 板上端负弯筛筋分布筋	1500	φ6	1545.00	4	(L＋b−2×Lbqbhc)＋2×LWG180	sqrt(L×L＋H×H)/4/Ljj＋1	16	24.720	0.005
4 板上端负弯筋	350 ⌐	φ10	1441.00	16	(L/4＋a2)×sqrt(b×b＋h1×h1)/b−Lbhc＋(1jg2−Lbqbhc−Th)＋(Th−Lbq	(Ltb−2×Lbqbhc)/Ljj＋1	64	92.224	0.057
3 板下端负弯筋	350 ⌐	φ10	1441.00	16	(L/4＋a2)×sqrt(b×b＋h1×h1)/b−Lbhc＋(1jg1−Lbqbhc−Th)＋(Th−Lbq	(Ltb−2×Lbqbhc)/Ljj＋1	64	92.224	0.057
6 板下端负弯筋分布筋	1500	φ6	1545.00	4	(Ltb−2×Lbqbhc)＋2×LWG180	sqrt(L×L＋H×H)/4/Ljj＋1	16	24.720	0.005
5 梯板分布筋	1500	φ6	1545.00	15	(L＋b−2×Lbqbhc)＋2×LWG180	sqrt(L×L＋H×H)/Ljj＋1	60	92.700	0.021
1 梯板底筋	▬▬▬▬▬	φ10	3726.00	16	sqrt((a1×a2＋L−2×Lbqbhc)×(a1＋	(L＋b−2×Lbqbhc)/Ljj＋1	64	288.464	0.147

构件编号:LT_2　　　本编号构件数量:2

（十）国标分部分项工程量清单汇总表

建设单位:THSWARE

工程名称:某公司综合楼　　　　　　　　　　施工单位:某建筑工程公司

项目编码	项 目 名 称	计量单位	工程数量
010302001001	实心砖墙,1.砖品种:黏土砖;2.墙体类型:砖外墙;3.墙体厚度:0.18m以外0.24m以内;4.墙体高度:4m以内;5.勾缝要求:平缝;7.配合比:石灰1:4;8.砖规格:240mm×115mm×53mm;	m³	29.806
010402001001	矩形柱,1.柱高度:4.5m以内;2.柱截面尺寸:1m以外1.8m以内;3.混凝土强度等级:材料为C30;	m³	1.728
010403002001	矩形梁,2.梁截面:0.2m以内;3.混凝土强度等级:材料为C30;	m³	1.862
020204003001	块料墙面,	m²	198.663

制表:　　　　　计算人:　　　　　第1页,共1页　　　　　技术支持:0755—26727381　　　　　2003-08-18

（十一）国标分部分项工程量清单计算表

建设单位：THSWARE

工程名称：某公司综合楼　　　　　　施工单位：某建筑工程公司　　　　　　第1页，共1页

项目编码	项　目　名　称	定额编号	工程量	工　程　内　容	单位	定额单位
010302001001	实心砖墙，1. 砖品种：黏土砖；2. 墙体类型：砖外墙；3. 墙体厚度：0.18m 以外 0.24m 以内；4. 墙体高度：4 以内；5. 勾缝要求：平缝；7. 配合比：石灰 1：4；8. 砖规格：240×115×53；		29.806	1. 砂浆制作、运输；2. 砌砖；3. 勾缝；4. 砖压顶砌筑；5. 材料运输	m³	
010302001001		3-12	1.217	砖砌外墙 1 砖[M2.5 水泥石灰砂浆]		100m²
010402001001	矩形柱，1. 柱高度：4.5 以内；2. 柱截面尺寸：1m 以外 1.8m 以内；3. 混凝土强度等级：材料为 C30。		1.728	混凝土制作、运输、浇筑、振捣、养护	m³	
010402001001		4-118B1	0.173	浇捣矩形柱混凝土.［C20 混凝土(D20mm)］		10m³

制表：　　　　　　计算人：　　　　　　技术支持：0755—26727381　　　　　　2003-08-18

（十二）国标清单措施定额汇总表

建设单位：THSWARE

工程名称：某公司综合楼　　　　　　施工单位：某建筑工程公司　　　　　　第1页，共1页

项目编码	项　目　名　称	定额编号	工程量	工　程　内　容	单位	定额单位
010402001001	矩形柱；1. 柱高度：4.5 以内；2. 柱截面尺寸：1m 以外 1.8m 以内；3. 混凝土强度等级：材料为 C30		1.728	混凝土制作、运输、浇筑、振捣、养护	m³	
010402001001		4-19B1	0.163	矩形柱模板制安，周长 1.8m 以内		100m²
010403002001	矩形梁。2. 梁截面：0.2m 以内；3. 混凝土强度等级：材料为 C30		1.862	混凝土制作、运输、浇筑、振捣、养护	m³	
010403002001		4-26B1	0.151	单梁、连联梁（框架梁、悬臂梁、肋形梁），梁宽 25cm 以内模板制安		100m²

制表：　　　　　　计算人：　　　　　　技术支持：0755—26727381　　　　　　2003-08-22

（十三）楼层数据表

建设单位：THSWARE

工程名称：某公司综合楼　　　　　　　　　　　　　　　施工单位：某建筑工程公司

序　号	楼　层	层高（m）	楼　层　说　明
1	−2	1.5	基　础
2	−1	4.2	地下室
3	1	4.2	一　层
4	2	3.3	二　层
5	3	3.3	三　层
6	4	2.7	出屋楼梯间

制表：　　　计算人：　　　　　第1页,共1页　　　技术支持:0755−26727381　　　2003-08-18

附录二 实例工程施工图

建筑设计研究院

目　录

综合楼（建筑图纸部分）

			共2页	第1页
			日期	2003.2
			阶段	施工图

序号	图号	名　称	折算幅面	备注
1	建施-01	建筑设计说明	A2	
2	建施-02	平面位置图	A2	
3	建施-03	一层平面图	A2	
4	建施-04	二、三层平面图	A2	
5	建施-05	地下室平面图、1-1剖面图	A2	
6	建施-06	立面图	A2	
7	建施-07	2-2剖面图	A2	
8	建施-08	厕所详图	A2	
9	建施-09	门窗详图及门窗表	A2	
10	建施-10	屋面排水示意图、节点详图	A2	
11	建施-11	楼梯详图		
		目　录	14A2	
		总　计	1共A2	

技术总负责人：　　审核：　　设计：

目-1

建筑设计研究院

目　录

综合楼（结构图纸部分）

			共2页	第2页
			日期	2003.2
			阶段	施工图

序号	图号	名　称	折算幅面	备注
1	结施-01	结构设计说明	A2	
2	结施-02	基础平面图	A2	
3	结施-03	J-1、J-2、J-3详图	A2	
4	结施-04	J-4~J-8详图	A2	
5	结施-05	地下室结构平面图、一层结构平面图	A2	
6	结施-06	二层结构平面图	A2	
7	结施-07	屋面结构平面图	A2	
8	结施-08	一层楼面梁结构图	A2	
9	结施-09	二层楼面梁结构图	A2	
10	结施-10	屋面梁结构图	A2	
11	结施-11	地下室楼面梁结构图、地下室柱平面结构图	A2	
12	结施-12	一层柱平面结构图	A2	
13	结施-13	二、三层柱平面结构图	A2	
14	结施-14	平面梁节点大样图	A2	
15	结施-15	柱子节点大样图	A2	
16	结施-16	楼梯结构图	A2	
		目　录	1共A2	
		总　计	1共A2	

技术总负责人：　　审核：　　设计：

目-2

建筑设计说明

一、本工程为综合楼工程，建筑面积为1193m²。

二、本工程的设计是依据甲方提供的设计任务书、规划部门的意见、本工程的岩土工程勘察报告及国家现行的设计规范进行的。

三、本单体建筑消防等级为2级。

四、本工程系统采用当地规划测量门规定的绝对标高为系统，±0.000相当于当地绝对标高的绝对标高为+26.600m，各层标高均为建筑面层。

五、图中尺寸以毫米为单位，标高以米为单位，除顶层屋面层为结构标高外，其他均为建筑标高。

六、本工程外墙均用300mm厚炉渣空心砖，内墙无墙采用180mm厚的内隔墙采用MU10烧结页岩砖，M10水泥砂浆砌筑，墙采60mm厚的内隔墙采用MU10烧结页岩砖，M5混合砂浆砌筑。

七、±0.000以下室内外墙采用0.100m处作20mm厚1：M5水泥砂浆砌筑水泥砂浆防潮层。

八、建筑构造用料及作法：

1. 室内墙作法：
   (1) 8～10mm厚防滑地砖铺实找平，水泥浆擦缝；
   (2) 25mm厚1：4干硬性水泥砂浆结合层，面上撒素水泥；
   (3) 素水泥浆结合层一道；
   (4) 钢筋混凝土楼板

2. 土旁实
   (1) 8～10mm厚防滑地砖铺实找平，水泥浆擦缝；
   (2) 25mm厚1：4干硬性水泥砂浆结合层一道；
   (3) 素水泥浆结合层一道；
   (4) 钢筋混凝土楼板

楼1：
   (1) 8～10mm厚防滑地砖铺实找平，水泥浆擦缝；
   (2) 25mm厚1：4干硬性水泥砂浆结合层，面上撒素水泥；
   (3) 1.5mm厚聚氨酯防水涂料，面上撒素水泥；
   四周沿墙上翻150mm；
   (4) 刷基层处理剂一道；
   (5) 20mm厚C20泥混凝土找坡，最薄处不小于20mm；
   (6) 50mm厚C20轻泥混凝土找坡1：0.5%，最薄处不小于20mm；
   (7) 钢筋混凝土楼板

墙1（150mm高）：
   (1) 20mm厚1：3水泥砂浆；
   (2) 8～10mm厚黑、素面砖，水泥浆擦缝

墙：(1) 20mm厚1：3水泥砂浆
   (2) 4～5mm厚面砖，水泥浆擦缝

墙1：(1) 5mm厚1：3水泥砂浆
   (2) 5mm厚1：2水泥砂浆
   (3) 清利腻子
   (4) 刷或滚乳胶漆两遍

墙2：(1) 20mm厚1：3水泥砂浆
   (2) 4～5mm厚面砖，水泥浆擦缝

顶1：(1) 防前混凝土素水泥一道；
   (2) 5mm厚1：3水泥砂浆
   (3) 清利腻子
   (4) 刷或滚乳胶漆两遍

顶2：(1) 防前混凝土素水泥一道
   (2) 20mm厚1：2水泥砂浆；面上清理干净

注：一层平顶吊顶顶高600mm×600mm；二、三层平顶高度为2500mm。

2. 外墙作法：
   贴面砖面1：20mm厚1：2水泥砂浆贴5mm厚面砖
   （2）20mm厚1：2水泥砂浆贴5mm厚面砖
   （3）刷外墙无机乳胶涂料一道

刷涂料1：
   (1) 刷界面剂过渡一层
   (2) 5mm厚1：1：3水泥石灰砂浆面层
   (3) 13mm厚1：1：5水泥石灰砂浆底层
其他素平米详见立面图。

3. 台阶做法详见98ZJ901①；面层同相邻地面做法；

4. 屋面做法见98ZJ901①：（上人屋顶，有保温层）
   (1) 30mm厚1：3水泥砂浆保护层，C20预制混凝土块，缝宽3～5mm，
   缝1：1水泥砂浆填缝；
   (2) 2层3mm厚APP改性沥青防水卷材；
   (3) 刷基层处理剂一道
   (4) 20mm厚1：2.5水泥砂浆找平层
   (5) 干铺150mm厚加气混凝土砌块
   (6) 钢筋混凝土屋面板，板面清扫干净

屋2：无上人屋面
   (1) 4mm厚APP改性沥青防水卷材，表面带页岩保护层
   (2) 刷基层处理剂一道
   (3) 20mm厚1：2.5水泥砂浆找平层
   (4) 干铺150mm厚加气混凝土砌块
   (5) 钢筋混凝土屋面板，板面清扫干净

九、楼梯做法：
   1. 梯面：同走廊楼面；

2. 楼梯底板：同顶棚；
3. 楼梯扶手：选用图集98ZJ401；
4. 栏杆地脚应用膨胀螺栓与后浇筑固定；

十、门窗：
   1. 预埋直墙或柱中的木（铁）件均应作防腐（防锈）处理。
   2. 除特别标注外，门窗均为墙中线定位。
   3. 实有门框见图集98ZJ681，木门制品选用70、90框钢料
   5. 门窗设计要求由厂家加工，内容需由厂点成活二遍。构造节点，均由厂家负责提供做法。

十一、防腐层：在-0.100m处作20mm厚1：2水泥砂浆5防水砂浆。

十二、共他：
   1. 墙体每500或设2.0.6标筋与相邻钢筋混凝土柱（墙）拉筋连通，如墙体上有门窗时钢筋混凝土地梁，再刷调合漆两顶
   2. 凡表未排水处坡度的地方，均用C20钢筋混凝土找坡，
   厚度未注明1，用1：2水泥砂浆找平
   3. 凡人防等地的应去刷防腐油
   5. 所有洞口、沟沿凹，水泥砂浆分两顶
   6. 餐厅办公室内无用铝合金制作，镶白色玻璃，形式及尺寸见详图
   7. 一切管道穿过墙体时，在施工中预留孔洞，预埋套管并用防水堵严，
   经甲方等有关后方予使用
   8. 本设计接七度抗震复核设计，未不查的应遵的国家技术规范执行。

十三、凡图中未注明和本说明未提及之处，均按国家现行技术规范和相应规范执行。

部位	地 面	楼 面	踢脚	墙 裙	墙 面	天 棚
楼梯间	地1（红色300mm×300mm地砖）	楼1（红色300mm×300mm地砖）	踢1（150mm×200mm地砖）		墙1	顶1
教室、办公室 办公室	地1（红色300mm×300mm地砖）	楼1（红色300mm×300mm地砖）	踢1（150mm×200mm地砖）		墙1	顶1
餐厅、走道	地1（红色300mm×300mm地砖）	楼1（红色300mm×400mm地砖）	踢1（150mm×200mm地砖）		墙1	顶2
厨房	地1（红色300mm×300mm地砖）	楼2（红色300mm×400mm地砖）	踢1（150mm×200mm地砖）		墙1	顶2
卫生间	地1（红色300mm×300mm地砖）	楼2（红色300mm×400mm地砖）	踢1（150mm×200mm地砖）	1500高	墙2（白色瓷砖150mm×300mm面砖）	顶2
地下室	地1（红色300mm×300mm地砖）				墙2（白色瓷砖300mm×300mm面砖）	顶1

建设设计研究院	工程名称		综合楼
	图　名		建筑设计说明
证 号		设计号	
单位负责人	审　核	图　号	建施-01
技术负责人	校　对	比　例	
工程负责人	设　计	日　期	
专业负责人	制　图	档案号	

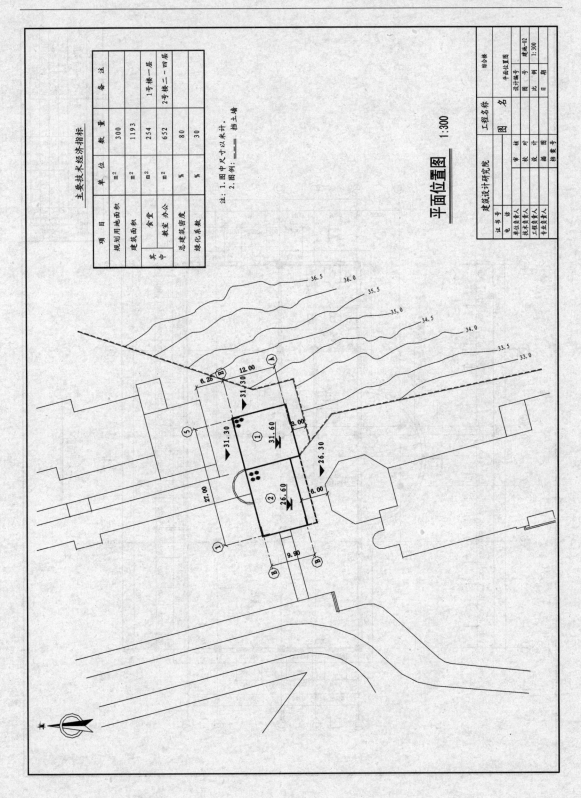

主要技术经济指标

项 目	单 位	数 量	备 注
规划用地面积	m²	300	
建筑面积	m²	1193	1号楼一层
其中	教室 办公	m²	254	2号楼二~四层
	食堂	m²	652	
总建筑密度	%	80	
绿化系数	%	30	

注:1.图中尺寸以米计。
2.图例:━━━━ 档土墙。

平面位置图 1:300

建筑设计研究院

工程名称		综合楼
图 名		平面位置图
设计编号		建施-02
图 号		
比 例		1:300
日 期		

证书号		审 核
电 话		校 对
单位负责人		设 计
技术负责人		绘 图
工程负责人		档案号
专业负责人		

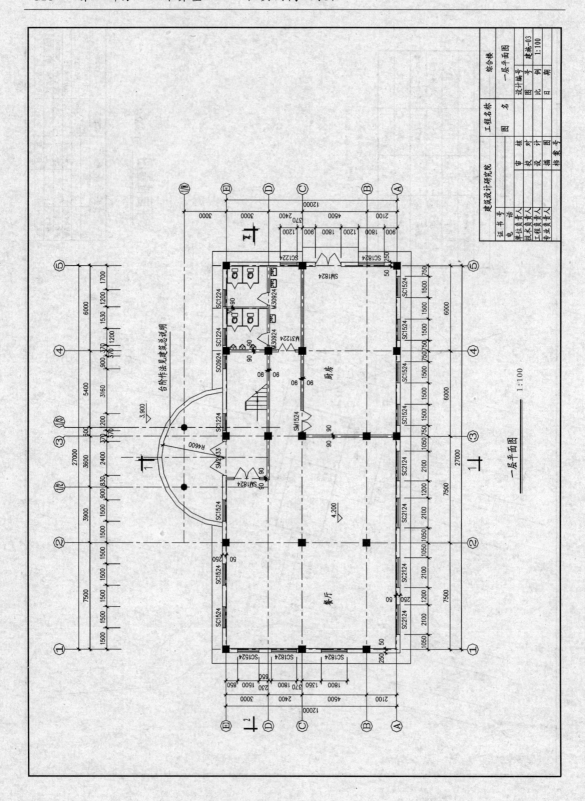

一层平面图 1:100

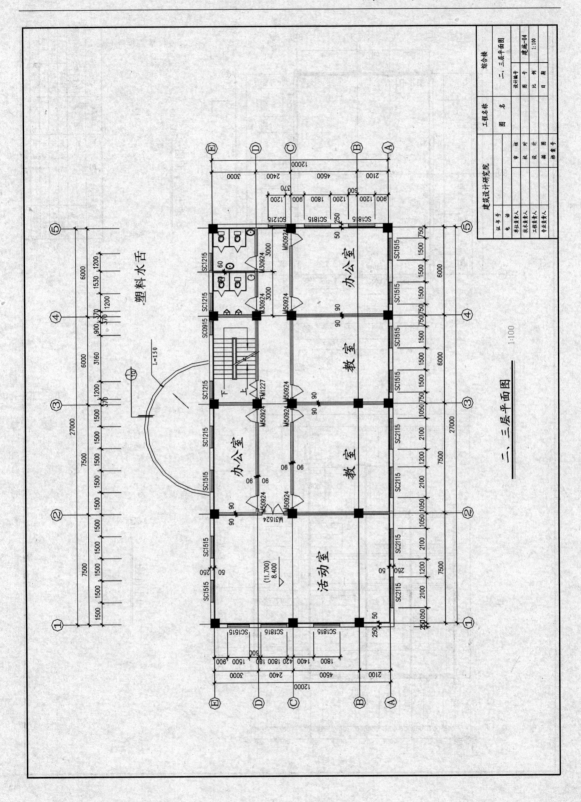

二、三层平面图 1:100

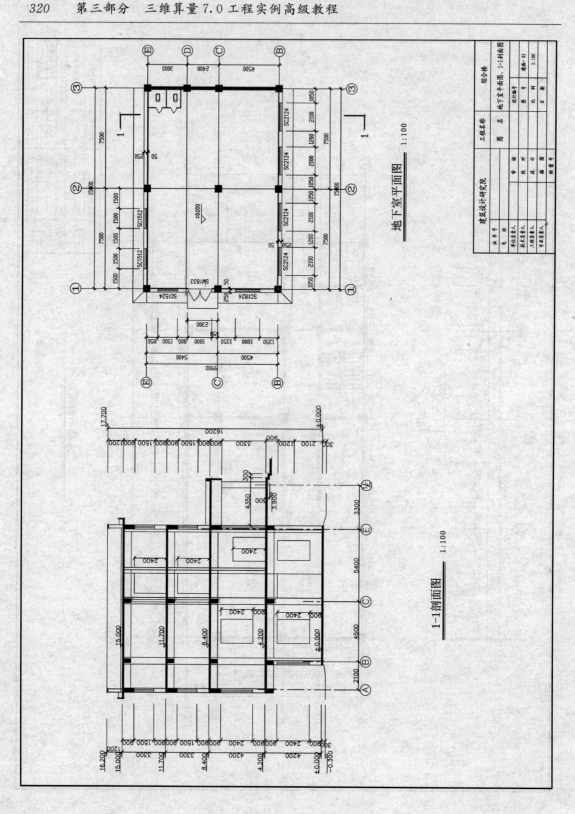

地下室平面图　1:100

1-1剖面图　1:100

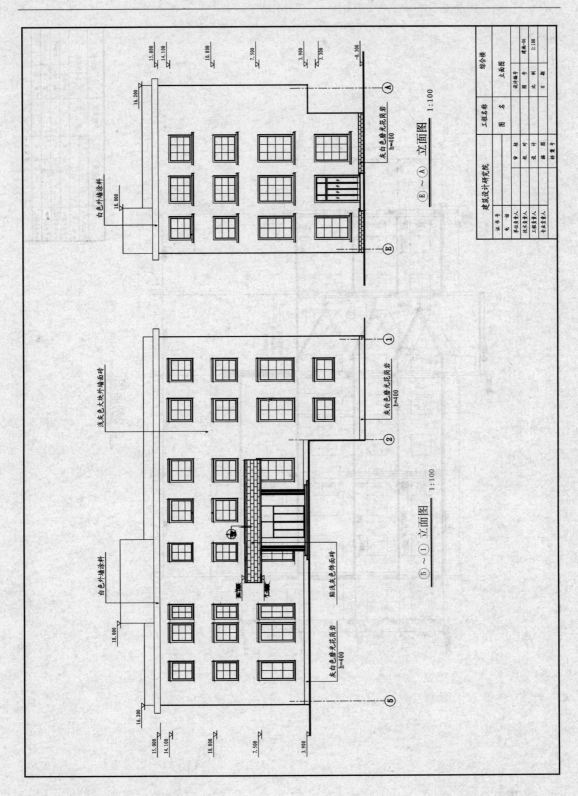

建筑设计研究院

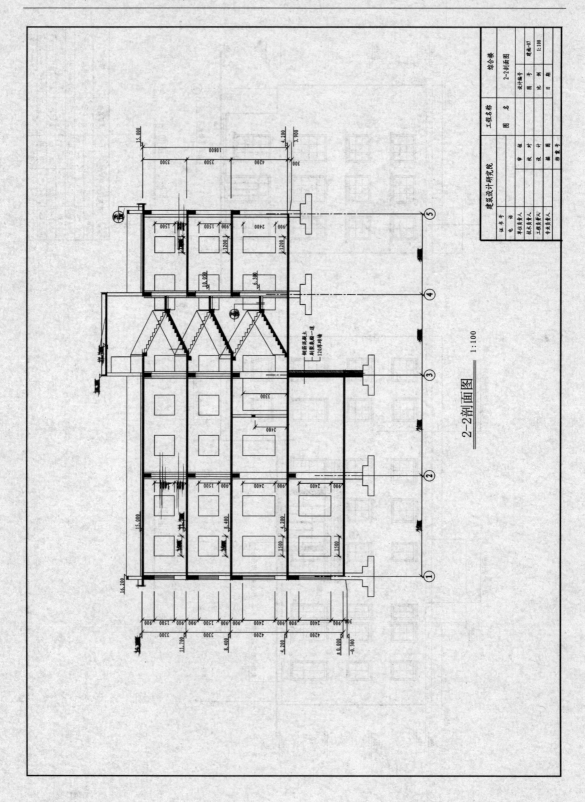

2-2剖面图

1:100

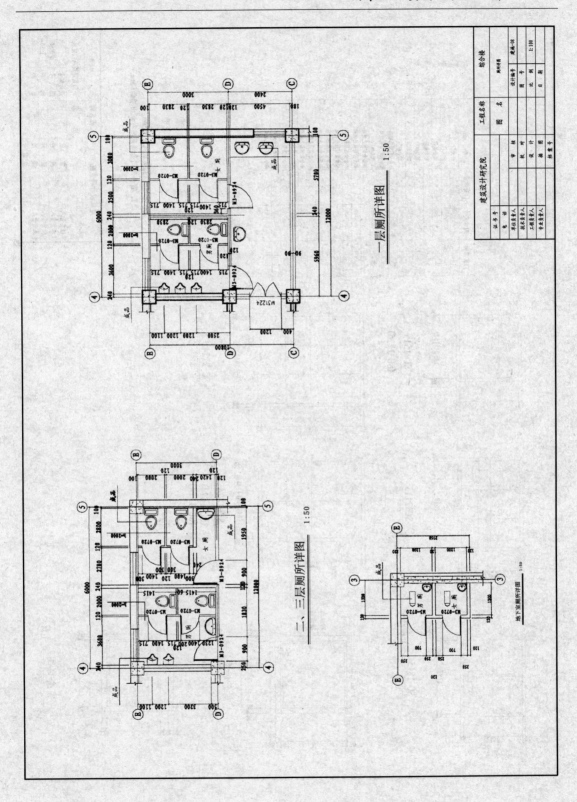

一层厕所详图 1:50

二、三层厕所详图 1:50

地下室厕所详图 1:50

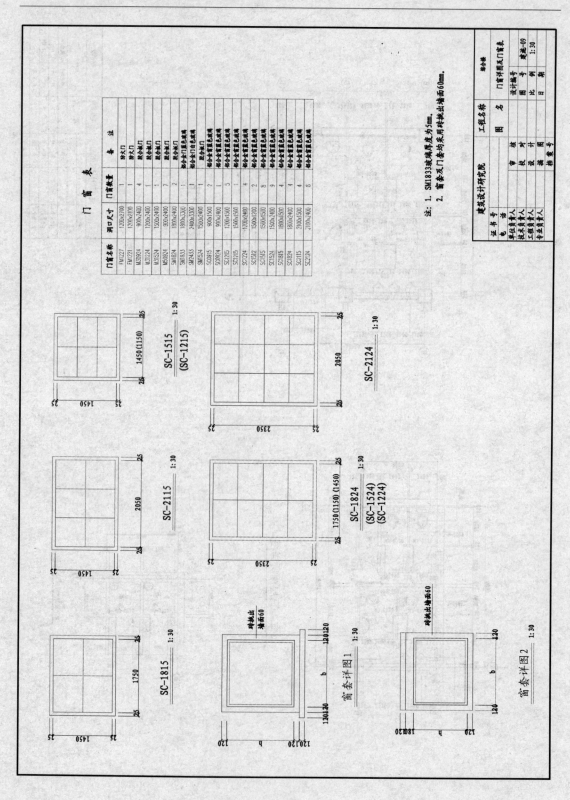

门窗表

门窗名称	洞口尺寸	门窗数量	备 注
FM1227	1200x2700	1	防火门
FM1221	1200x2100	1	防火门
M3924	900x2400	4	胶合板门
M2724	1200x2400	1	胶合板门
M3524	1500x2400	7	胶合板门
M5924	900x2400	2	胶合板门
SM1824	1800x2400	1	铝合金门连窗全玻璃
SM1833	1800x3300	1	铝合金门连窗全玻璃
SM7433	7400x3300	1	铝合金门连窗全玻璃
SM1524	1500x2400	2	铝合金门连窗全玻璃
SC0915	900x1500	2	铝合金百页全玻璃
SC0924	900x2400	5	铝合金百页全玻璃
SC2115	1200x1500	1	铝合金百页全玻璃
SC1215	1500x1500	1	铝合金百页全玻璃
SC1724	1200x2400	4	铝合金百页全玻璃
SC1512	1500x1200	2	铝合金百页全玻璃
SC1515	1500x1500	8	铝合金百页全玻璃
SC1524	1500x2400	9	铝合金百页全玻璃
SC1815	1800x1500	5	铝合金百页全玻璃
SC1824	1800x2400	4	铝合金百页全玻璃
SC2115	2100x1500	4	铝合金百页全玻璃
SC2124	2100x2400	8	铝合金百页全玻璃

注: 1. SM1833玻璃厚度为5mm。
    2. 窗套及门套均采用铝制框出墙面60mm。

SC-1515 1:30
(SC-1215)

SC-2124 1:30

SC-2115 1:30

SC-1824 1:30
(SC-1524)
(SC-1224)

SC-1815 1:30

窗套详图1 1:30

窗套详图2 1:30

建筑设计研究院

门窗详图及门窗表

工程名称		
图 名		
设计编号		
图 号	建施-09
比 例	1:30
日 期	
档案号	

证书号
单位负责人
技术负责人
工程负责人
专业负责人
审 核
校 核
设 计
制 图

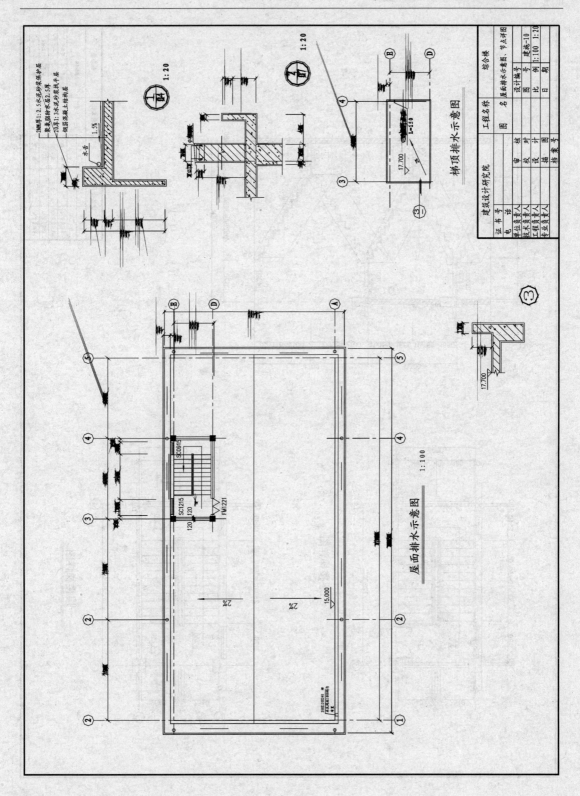

梯顶排水示意图

屋面排水示意图 1:100

建筑设计研究院	工程名称	综合楼
	图名	屋面排水示意图、节点详图

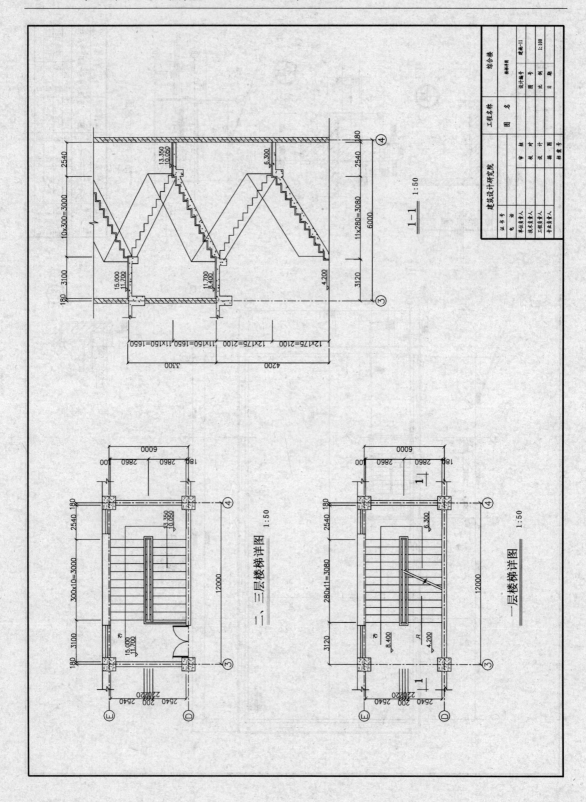

1-1　1:50

二、三层楼梯详图　1:50

一层楼梯详图　1:50

建筑设计研究院		工程名称	综合楼
		图　名	楼梯详图
注 考 号		设计编号	建施-11
电　话		图　号	
单位负责人	审　核	比　例	1:100
技术负责人	校　对	日　期	
工程负责人	设　计		
专业负责人	绘　图		
	档案号		

结构设计说明

一、一般说明
1. 本设计尺寸以毫米计，标高以米计；
2. 本工程±0.000同建筑。

二、设计依据
本结构设计依据本工程的《岩土工程勘察报告》以及国家现行设计规范实施设计，设计规范包括：
1. 建筑结构设计荷载规范《GBJ9—87》
2. 建筑抗震设计规范《GBJ11—89》
3. 砌体结构设计规范《GBJ3—88》
4. 混凝土结构设计规范《GBJ10—89》
5. 建筑地基基础设计规范《GBJ7—89》

三、自然条件
1. 基本雪压为0.40kN/m²；
2. 基本风压为0.6kN/m²；
3. 抗震设防烈度为7度，建筑场地类别为Ⅱ类，抗震等级为四级（框架）；
4. 冻结深度为0.7m。

四、基础与地下部分
1. 根据辽宁省地质工程勘察总工集团沈阳勘察院分院提供的《岩土工程勘察报告》，本工程采用钢筋混凝土独立基础，本工程采用钢筋混凝土独立基础，持力层为强风化板岩，地基承载力标准值fk≥300kPa，基坑开挖后与实际不符须通知我院进行修改。
2. 基槽开挖后经有关人员验收方可进行基础施工。
3. 基础就位线放线后应严格检核，如发现地基土与勘察报告不符，须会同勘察、设计和建设单位有关研究处理后，为可继续施工。施工过程中应填写隐蔽工程记录。
4. 独立基础底板及JL采用C20混凝土，钢筋采用Ⅰ—Ⅱ级，混凝土保护层：基础为35mm，JL为25mm。JL纵筋搭接时上部筋在跨中搭接，下部筋在任意处搭接，搭接长度为500mm。
5. 一层地下室墙采用现浇框架结构体系。

五、本工程采用现浇框架工程

六、钢筋混凝土工程
1. 钢筋搭接长度除注明外均为36d，锚固长度除注明外均为主筋内30d；
2. 柱和梁采用钢筋弯钩角度为135°，弯钩为主筋内30d，次梁采用锚筋内主筋内10d；
3. 柱中纵向钢筋直径大于20mm均采用电渣压力焊，同一截面的搭接根据规范少于总截面积的50%，柱子与

（内外墙的连接设连接拉结墙筋，自柱底-0.5m自柱顶预埋2∅6∅500筋，端两柱顶预埋2∅6∅500筋，锚入柱内＞200mm，深入墙中＞1000mm；
4. 梁支座处不得留筋搭接，混凝土施工中要捣密实，确保质量；
5. 钢筋保护层厚度：板15mm，梁25mm，剪力墙35mm，基础梁35mm；
6. 现浇板中注明的分布筋为∅6@200，
7. 现浇板洞按设备电气图要求核准尺寸，施工时应按所定设备核准尺寸，除注明的核准预留孔及洞边附加钢筋外，小于或等于300mm×300mm的洞口，混凝土现浇过不开洞，钢筋绕过不剪断，洞口大于300mm×300mm时，在洞四周设加固钢筋，补足截断的钢筋面积，未右出洞详图；
8. 现浇主次梁相交处，主次梁上设抗剪节支吊筋见：各层楼各伸过洞边20d；
9. 次梁挂作法及支吊筋做法见《00G101》图集；
10. 各楼层中门窗洞上需做过梁的，过梁采用地梁或地梁采内450mm；
11. 楼梯构造柱的钢筋采用B4301，焊条采用E4301，钢筋采用电弧焊接出。点大样图；
12. 预埋件钢筋为Q235b，焊接采用电弧焊接的，按下未采用；

七、材料
1. 混凝土：梁板柱及楼梯均采用C30；
2. 钢筋：Ⅰ级、Ⅱ级；
3. 墙体材料见建筑说明；

钢筋种类	搭接焊	帮条焊
Ⅰ级钢	E4301	E4303
Ⅱ级钢	E5001	E5003

八、未说
1. 本工程施工时，所有孔洞及预留洞应预留预埋，有关专业密切配合，不得事后剔凿、不得事后剔凿，以防遗漏。
2. 本工程施工时各专业密切的，均应按图集施工要求进行施工。
3. 设计中采用标准图集的，均应按工艺施工方可进行。
4. 本工程避雷引下线施工见电气图。
5. 本说明未尽事宜均按照国家现行施工及验收规范执行。

建筑设计研究院				工程名称		综合楼	
证 书 号				图 名		结构设计说明	
单位负责人		审 核		设计编号			
技术负责人		校 对		图 号		结施-01	
工程负责人		设 计		比 例			
专业负责人		绘 图		日 期			
		档案号					

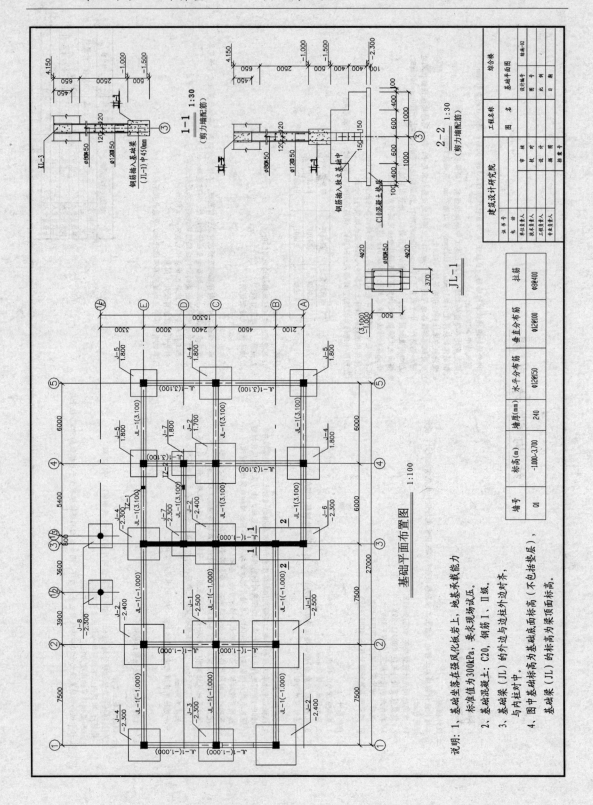

基础平面布置图 1:100

墙号	标高(m)	墙厚(mm)	水平分布筋	垂直分布筋	拉筋
Q1	-1.000~-3.700	240	φ12@150	φ12@100	φ8@400

说明：1、基础坐落在强风化板岩上，地基承载能力
　　　　标准值为300kPa，要求现场试压。
　　　2、基础混凝土：C20，钢筋Ⅰ、Ⅱ级。
　　　3、基础梁（JL）的外边与边外柱对齐，
　　　　与内柱对中。
　　　4、图中基础标高为基础底面标高（不包括垫层），
　　　　基础梁（JL）的标高为梁项面标高。

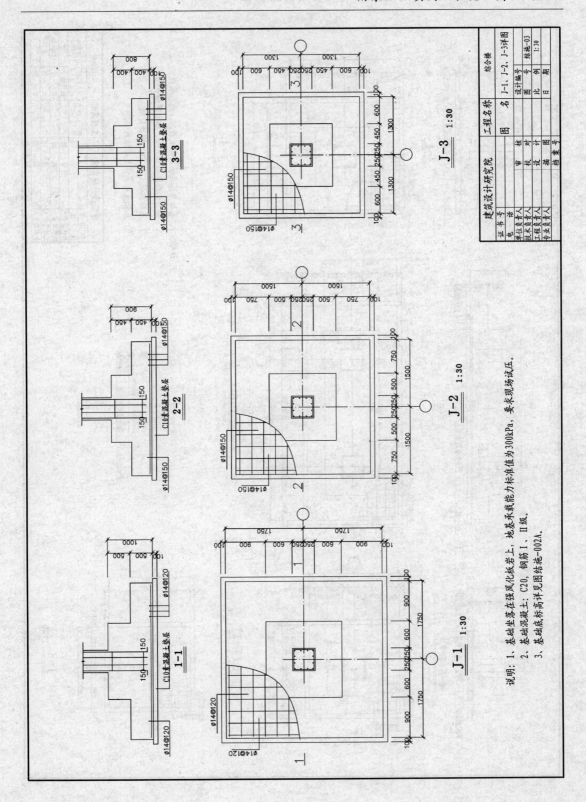

建筑设计研究院	工程名称	综合楼
	图　名	J-1、J-2、J-3详图
证书号	设计编号	
审　定	图　号	结施-03
校　对	比　例	1:30
电算负责人	设　计	
单位负责人	描　图	
技术负责人	日　期	
工程负责人	档案号	
专业负责人		

说明: 1、基础坐落在强风化板岩上，地基承载力标准值为300kPa，要求现场试压。

2、基础混凝土: C20, 钢筋 I、II级。

3、基础底标高详见图结施-002A。

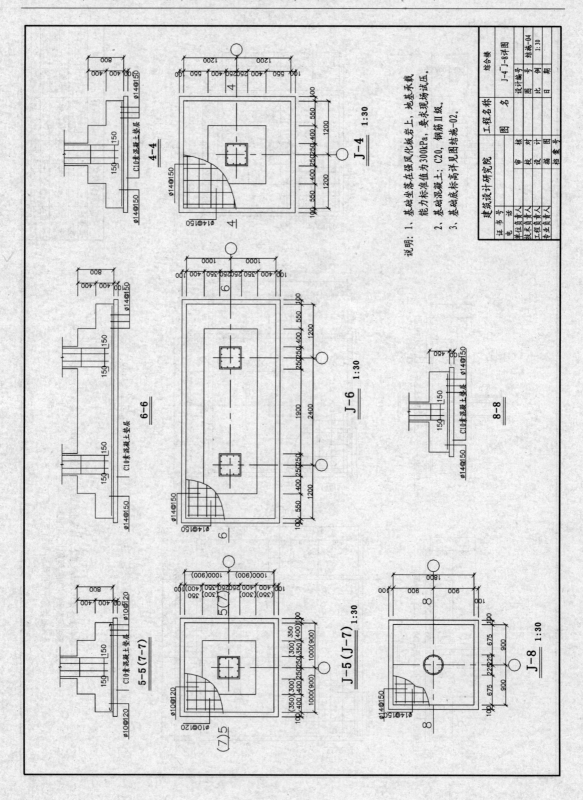

说明：1. 基础坐落在强风化板岩上，地基承载能力标准值为300kPa，要求现场试压。
2. 基础混凝土：C20，钢筋Ⅱ级。
3. 基础底标高详见图结施-02。

建筑设计研究院	工程名称	综合楼
证书号	图名	J-4〜J-8详图
电话		
单位负责人	审核	设计编号
技术负责人	校对	图号 结施-04
工程负责人	设计	比例 1:30
专业负责人	描图	日期
	档案号	

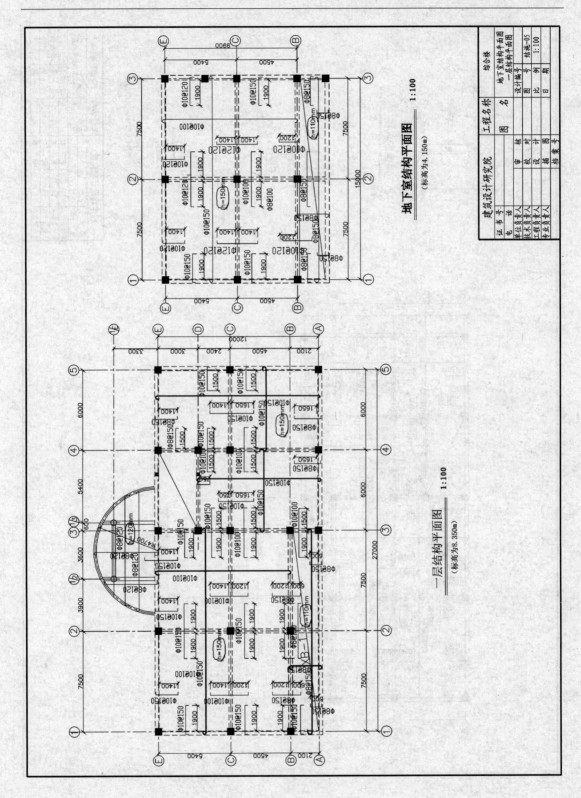

地下室结构平面图 1:100

（标高为4.150m）

一层结构平面图 1:100

（标高为8.350m）

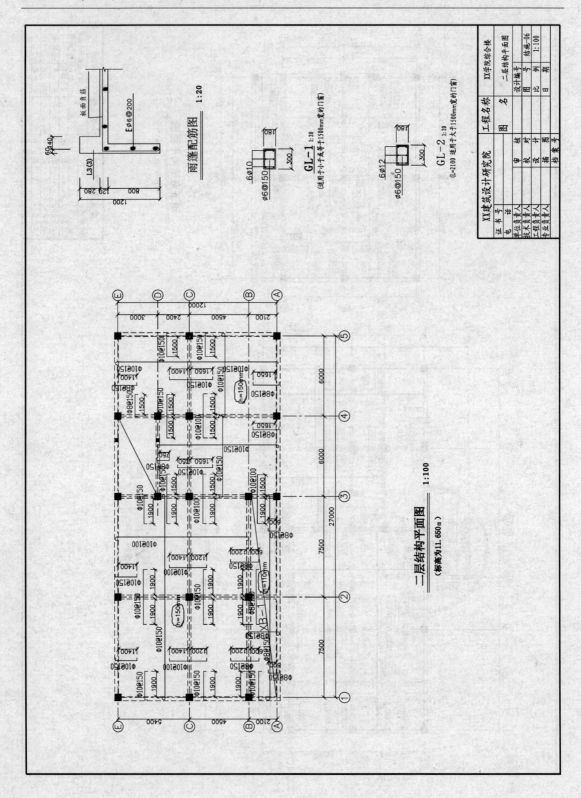

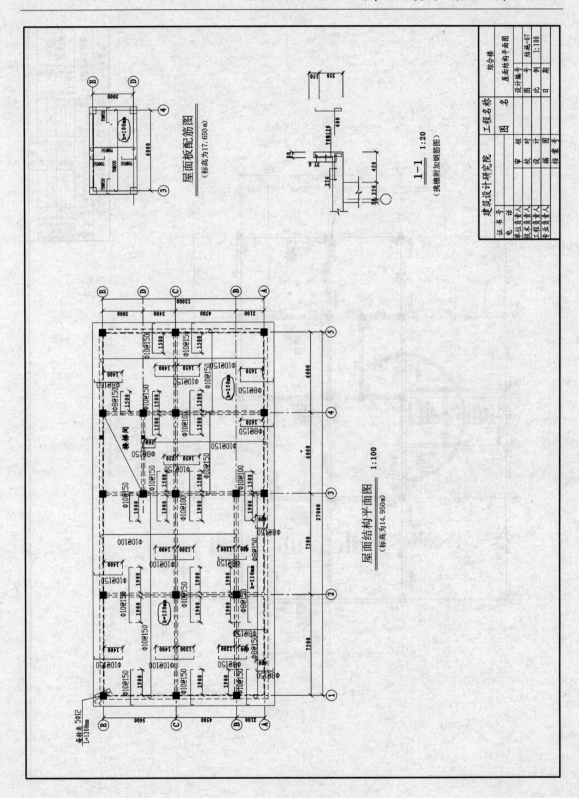

屋面板配筋图
（标高为17.650 m）

1—1 1:20
（挑檐附加钢筋图）

屋面结构平面图 1:100
（标高为14.950 m）

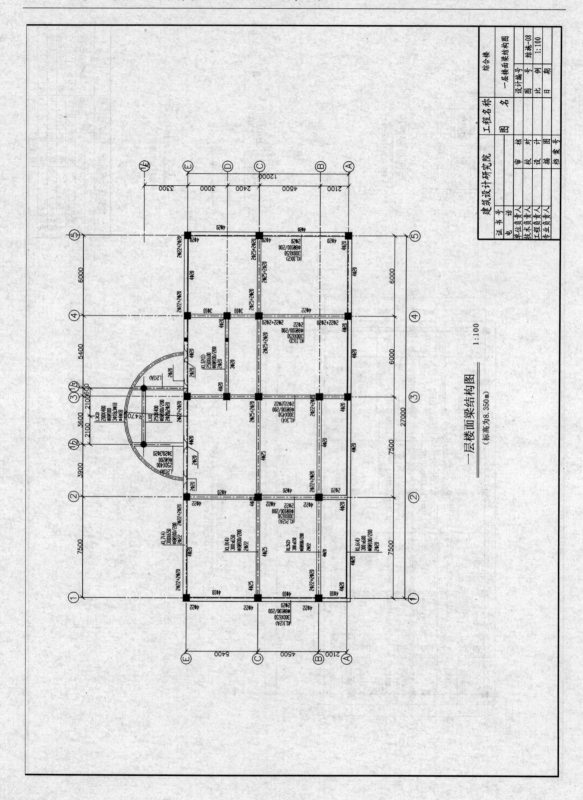

一层楼面梁结构图
1:100
（标高为8.350m）

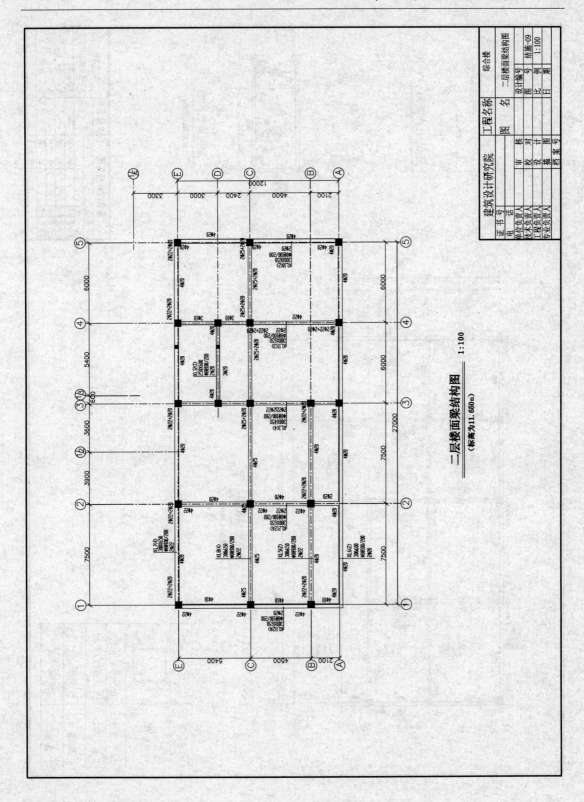

二层楼面梁结构图
1:100

(标高为11.650m)

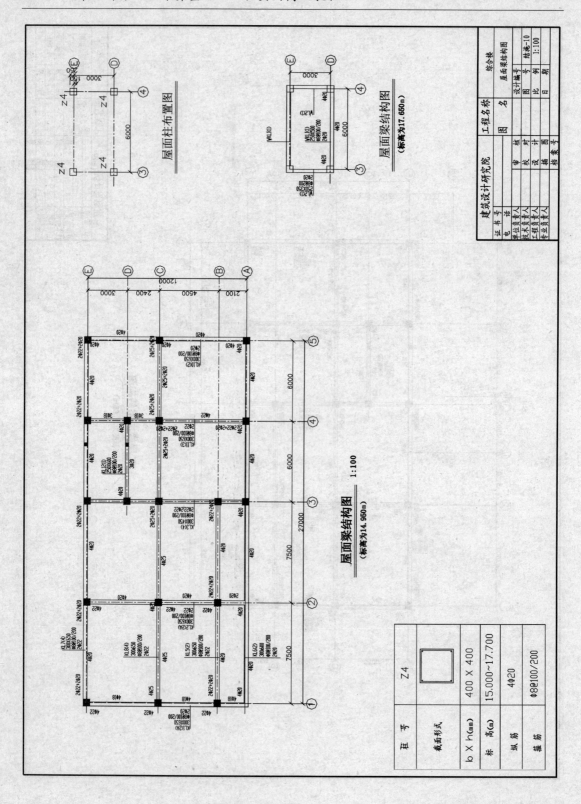

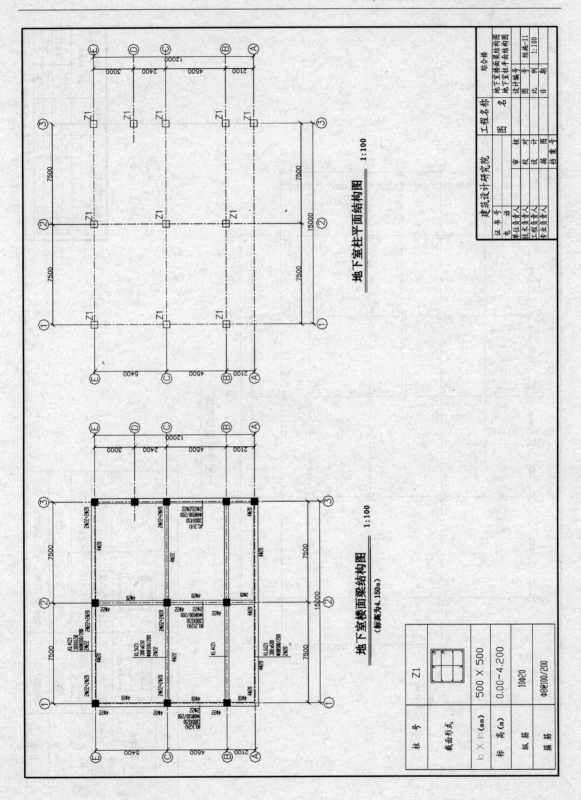

地下室柱平面结构图 1:100

地下室楼面梁结构图 1:100
(标高为4.150m)

柱 号	Z1
截面形式	
b×h(mm)	500×500
标 高(m)	0.00~4.200
纵 筋	10Φ20
箍 筋	Φ8@100/200

建筑设计研究院		工程名称	综合楼
证书号		图名	地下室楼面梁结构图 地下室柱平面结构图
电话		设计编号	结施-11
审定负责人	审核	图例	1:100
技术负责人	校对	比例	
工程负责人	设计	日期	
专业负责人	描图		
	档案号		

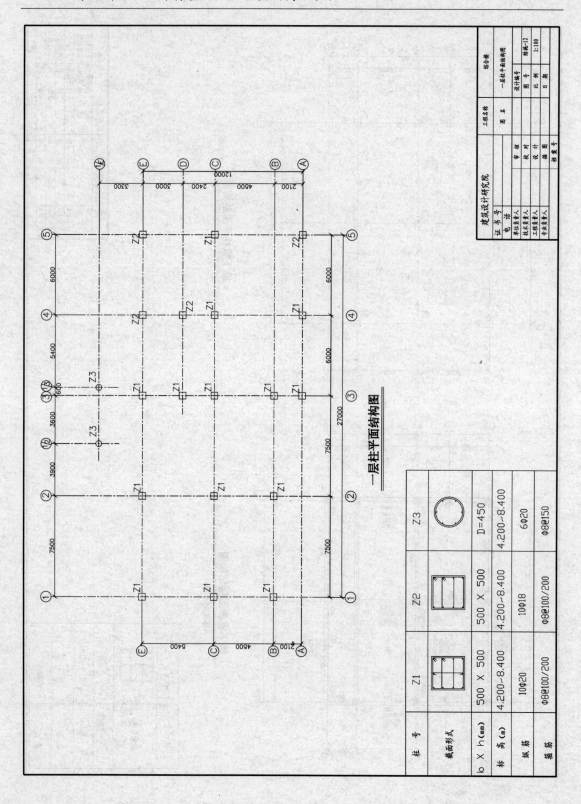

一层柱平面结构图

柱 号	Z1	Z2	Z3
截面形式			
b × h (mm)	500 × 500	500 × 500	D=450
标 高 (m)	4.200~8.400	4.200~8.400	4.200~8.400
纵 筋	10Φ20	10Φ18	6Φ20
箍 筋	Φ8@100/200	Φ8@100/200	Φ8@150

建筑设计研究院		工程名称	综合楼
证书号		图 名	一层柱平面结构图
电 话		设计编号	结施-12
单位负责人		图 号	
技术负责人		比 例	1:100
工程负责人	审 核	日 期	
专业负责人	校 对		
	设 计		
	描 图		
档案号			

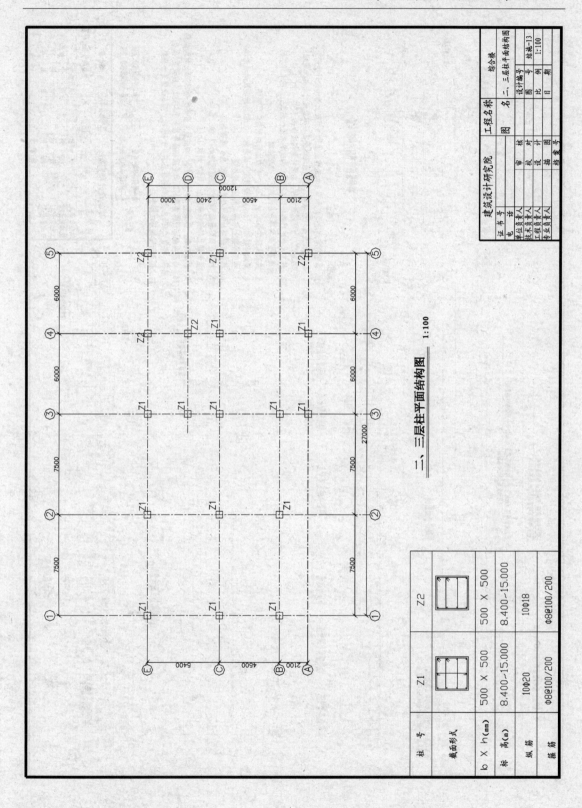

二、三层柱平面结构图 1:100

柱 号	Z1	Z2
截面形式		
b×h(mm)	500×500	500×500
高(m)	8.400~15.000	8.400~15.000
纵 筋	10Φ20	10Φ18
箍 筋	Φ8@100/200	Φ8@100/200

建筑设计研究院				工程名称	综合楼
证书号				图 名	二、三层柱平面结构图
电话				设计编号	结施-13
审	单位负责人		校 对	图 例	1:100
技术负责人			设 计	日 期	
工程负责人			绘 图		
专业负责人			档案号		

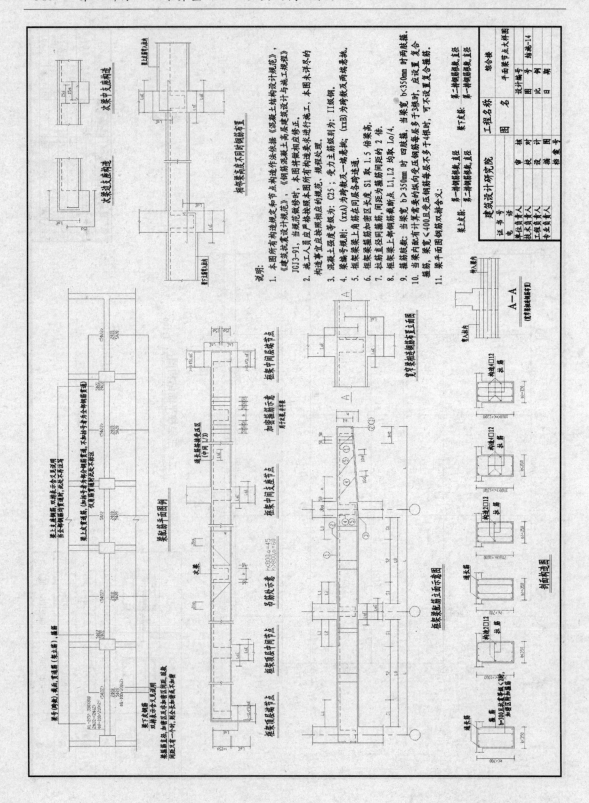

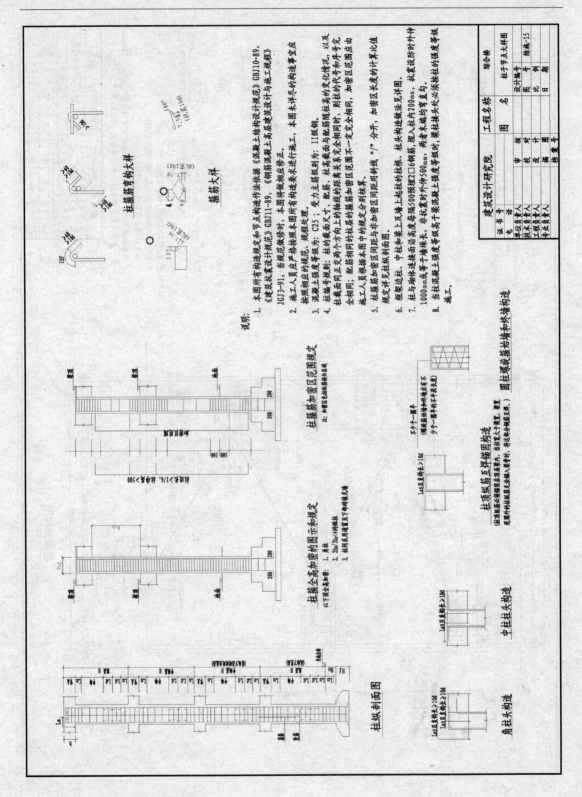

柱箍筋弯钩大样

箍筋大样

说明：

1. 本图所有构造规定和节点构造作法依据《混凝土结构设计规范》GBJ10-89、《建筑抗震设计规范》GBJ11-89、《钢筋混凝土高层建筑结构设计与施工规程》JGJ3-91，当规范修改时，本图相应应修正。

2. 施工人员应严格按照本图所有构造要求进行施工，本图未尽的构造事宜应遵照相关的规范，现场处理。

3. 混凝土强度等级为：C25；受力主筋为：II级钢。

4. 柱编号规则：柱的截面尺寸、柱筋、箍筋，柱同一轴线上柱高的变化情况，以及柱截面两个方向上的轴线或柱高的代号和序号予以全相同；柱筋相同的柱的距离的箍筋加密区范围不一定全相同，加密区范围应由施工人员根据本图中的规定之分别核算。

5. 柱箍筋加密区间距与非加密区间距用料线"/"分开，柱尖构造做法见详图。

6. 框架边柱、中柱伸至梁上及梁上起点柱的柱筋，柱尖构造做法见详图。

7. 柱与柱连连接面高度每隔500预埋2Φ6钢筋，埋入柱内200mm，长度防时外伸1000mm或等于梁柱高等于柱端长，非况度时外伸500mm，两青末端均须直勾。

8. 当柱混凝土强度等级高于梁混凝土强度等级时，梁柱接头大处必须按柱的强度等级浇筑。

柱箍筋加密区范围规定

柱箍全高加密的图示规定

柱顶纵筋互相焊锚固构造

圆柱梁箍及箍梁构造和终端构造

中柱柱头构造

角柱柱头构造

柱纵剖面图

建筑设计研究院	工程名称		某合楼
	图 名	柱下节点大样图
证书号	设计编号	图号	结施-15
电 话	审 核	设 计	比 例
单位负责人	校 对	制 图	日 期
技术负责人	设 计		
工程负责人	描 图		
专业负责人	档案号		

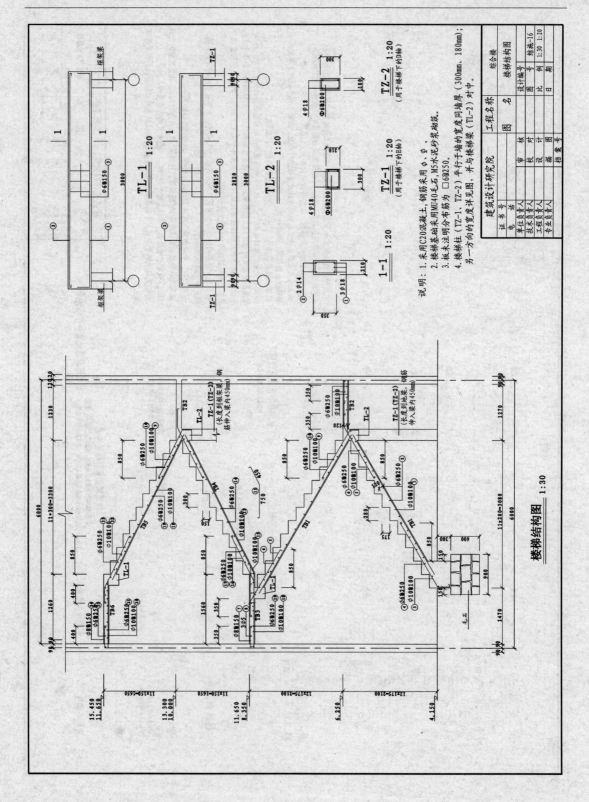

楼梯结构图 1:30

附录三　用于钢筋计算的系统变量名表

变量名	变　量　解　释
D	直径
JCBHC	基础保护层厚度
LA	钢筋锚固长度
LBH	板厚
LBQBHC	墙板的保护层厚
LCLK	次梁宽,吊筋计算用
LDJPZ	吊筋平直段单边长,多为 20D
LDXBHC	地下保护层厚,指一般建筑物 0.000 以下的保护层厚,多为 3.5cm
LFB	分布长度,箍筋、板钢筋类的分布长度
LGZZBHC	构造柱的保护层厚度
LJG	截高,矩形截面的梁或柱的截面高
LJG1	截高,矩形截面的梁或柱的截面高
LJG2	截高,矩形截面的梁或柱的截面高
LJJ	间距,箍筋、板、墙钢筋类的分布间距
LJK	截宽,矩形截面的梁或柱的截面宽
LJK1	截宽,矩形截面的梁或柱的截面宽
LJK2	截宽,矩形截面的梁或柱的截面宽
LJK3	截宽,矩形截面的梁或柱的截面宽
LJLDJ	架立搭接长度,10mm 以内架立筋的搭接长度,多为 100mm,10mm 以外架立筋的搭接长度,多为 150mm
LJMCD	梁柱端加密长度
LJMJJ	加密间距,加密区的分布间距
LJY1	箍筋长度的经验调整值 1,查书后定
LJY2	箍筋长度的经验调整值 2,查书后定
LJY3	箍筋长度的经验调整值 3,查书后定
LJY4	箍筋长度的经验调整值 4,查书后定
LL	钢筋搭接长度
LLBHC	梁的保护层厚
LLZZ	梁的左端头支座
LN	梁单跨跨净长
LN1	点选的第一跨梁长
LN2	点选的第二跨梁长(单选时无)
LNA	两个支座之间的距离
LNB	梁全长或除悬挑后的梁全长(有悬挑时)

变量名	变　量　解　释
LNX	带悬挑梁全长
LQC	剪力墙长
LQDG	墙内洞高
LQDK	墙内洞长
LQG	剪力墙高
LQH	剪力墙厚
LRZZ	梁的右端头支座
LW90	直角调整,指弯 90°钢筋的外包长度与下料长度的调整值,为−1.75D
LWB	外包,直筋类的长方向外包长度
LWB1	外包 1,异形板筋的 PLINE 长度。
LWG135	弯钩 135°,若弯钩平直段长度是 3D,则此弯钩为 4.9D
LWG180	弯钩 180°,若弯钩平直段长度是 3D,则此弯钩为 6.25D
LWG90	弯钩 90°,若弯钩平直段长度是 3D,则此弯钩为 3.5D
LWGPZ	弯钩平直段长度,多为 3D 或 10D
LWW	弯曲总长,多用于悬挑跨端头钢筋各种弯曲总长。
LYBFB	异形板分布筋总长
LZ	自定义数据
LZBHC	柱的保护层厚
LZG	柱高
LZJING	柱净高(计算程序暂时无法处理 max(),临时增加)
LZTJM	柱头加密长度
LZZ	梁的中间支座
NYBFB	异形板分布筋钢筋数量
QLGJSL	圈梁每个 L 交点的角筋的数量
QLGS	圈梁根数
QLLJD	圈梁 L 交点数量
QLQC	圈梁的全长
QLSL	一个圈梁包含段数
QLTJD	圈梁 T 交点数量
WKZBHC	桩基础保护层厚度